KB078757

제과·제빵 기능사 필기

이승식 · 김지은 · 홍여주 공저

일진사

머리말

먹거리는 우리의 일상생활과 밀접한 관계가 있다. 경제 발전과 더불어 식생활 문화가 서구화되면서 빵·과자가 우리의 생활 깊숙이 자리 잡고 있으며 제과·제빵 기술력 또한 세계적인 수준으로 거듭나고 있다.

이렇게 친숙해진 식생활 문화와 더불어 제과·제빵을 교육하는 전문 기관도 증가하고 있으며 교육의 형태도 점점 다양해지고 있다.

이 책은 제과·제빵기능사 필기시험을 준비하는 수험생들에게 도움을 주기 위하여 광범위한 내용을 체계적이고 간결하게 구성함으로써 최소의 시간으로 최대의 효과를 거둘 수 있도록 하였다.

특히 출제 빈도가 높은 기출 문제를 수록하여 자격증 취득을 준비하는 수험생들에게 합격의 기쁨을 안겨주고자 다음과 같은 특징으로 구성하였다.

첫째, 2020년 개정된 제과·제빵기능사 출제 기준에 따라 체계적이고 간결하게 내용을 정리하였다.

둘째, 자주 출제되는 문제를 본문에 함께 수록함으로써 핵심이론＋예상문제로 효율적인 학습이 이루어질 수 있도록 하였다.

셋째, 실제 출제된 문제들로 구성한 기출 모의고사와 2020년 CBT 복원문제를 수록하여 스스로 출제 경향을 파악하고 학습 수준을 점검할 수 있도록 하였다.

끝으로, 이 책으로 공부하신 모두에게 합격의 영광이 있기를 바라며, 특히 책이 나오기까지 관심과 배려를 아끼지 않고 도움을 주신 도서출판 **일진사** 임직원 여러분께 깊은 감사를 드린다.

저자 일동

제과기능사 출제기준

직무 분야	식품가공	중직무 분야	제과 · 제빵	자격 종목	제과기능사	적용 기간	2020.1.1. ~ 2022.12.31.

○ 직무내용 : 제과 제품 제공을 위한 체계적인 기술과 생산계획을 수립하여 생산, 판매, 위생 및 관련 업무를 하는 직무

필기검정방법	객관식	문제 수	60	시험시간	1시간

과목명	주요항목	세세항목
재료	1. 재료 혼합	1. 배합표 작성 및 점검 2. 재료 준비 및 계량 3. 재료의 성분 및 특징 4. 기초 재료과학 5. 재료의 영양학적 특성
과자류 제조	1. 반죽 및 반죽 관리	1. 반죽법의 종류 및 특징 2. 반죽의 결과 온도 3. 반죽의 비중
	2. 충전물 · 토핑물 제조	1. 재료의 특성 및 전처리 2. 충전물 · 토핑물 제조 방법 및 특징
	3. 반죽 정형	1. 분할 패닝 방법 2. 제품별 성형 방법 및 특징
	4. 반죽 익힘	1. 반죽 익히기 방법의 종류 및 특징 2. 익히기 중 성분 변화의 특징 3. 관련 기계 및 도구
	5. 포장	1. 냉각 방법 및 특징 2. 장식 재료의 특성 및 제조 방법 3. 제품 포장의 목적 4. 포장재별 특성과 포장 방법 5. 제품 관리
	6. 저장 유통	1. 저장 방법의 종류 및 특징 2. 유통 · 보관 방법 3. 저장 · 유통 중 변질 및 오염원 관리 방법
위생관리	1. 위생안전관리	1. 식품위생법 관련 법규 2. HACCP, 제조물 책임법 등의 개념 및 의의 3. 식품 첨가물 4. 개인 위생관리 5. 식중독의 종류, 특징 및 예방 방법 6. 감염병의 종류, 특징 및 예방 방법 7. 작업환경 위생관리 8. 소독제 9. 미생물의 종류와 특징 및 예방 방법 10. 방충 · 방서 관리 11. 공정의 이해 및 관리 12. 공정별 위해요소 파악 및 예방
	2. 생산작업 준비	1. 작업환경 및 작업자 위생 점검 2. 설비 및 기기의 종류 3. 설비 및 기기의 위생 · 안전 관리

제빵기능사 출제기준

직무 분야	식품가공	중직무 분야	제과 · 제빵	자격 종목	제빵기능사	적용 기간	2020.1.1. ~ 2022.12.31.
○ 직무내용 : 빵류 제품 제공을 위한 체계적인 기술과 생산계획을 수립하여 판매, 생산, 위생 및 관련 업무를 하는 직무							
필기검정방법	객관식		문제 수		60		시험시간	1시간

과목명	주요항목	세세항목
재료	1. 재료 혼합	1. 배합표 작성 및 점검 2. 재료 준비 및 계량 3. 재료의 성분 및 특징 4. 기초 재료과학 5. 재료의 영양학적 특성
빵류 제조	1. 반죽 및 반죽 관리	1. 반죽법의 종류 및 특징 2. 반죽의 결과 온도 3. 반죽의 비중
	2. 충전물 · 토핑물 제조	1. 재료의 특성 및 전처리 2. 충전물 · 토핑물 제조 방법 및 특징
	3. 반죽 발효	1. 발효 조건 및 상태 관리
	4. 반죽 정형	1. 반죽 분할 2. 반죽 둥글리기 3. 발효 조건 및 상태 관리 4. 성형하기 5. 패닝 방법
	5. 반죽 익힘	1. 반죽 익히기 방법의 종류 및 특징 2. 익히기 중 성분 변화 특징 3. 관련 기계 및 도구
	6. 마무리	1. 냉각 방법 및 특징 2. 장식 재료의 특성 및 제조 방법 3. 제품 포장의 목적 4. 포장재별 특성과 포장 방법 5. 제품 관리 6. 저장 방법의 종류 및 특징 7. 유통 · 보관 방법 8. 저장 · 유통 중 변질 및 오염원 관리 방법
위생관리	1. 위생안전관리	1. 식품위생법 관련 법규 2. HACCP, 제조물 책임법 등의 개념 및 의의 3. 식품 첨가물 4. 개인 위생관리 5. 식중독의 종류, 특징 및 예방 방법 6. 감염병의 종류, 특징 및 예방 방법 7. 작업환경 위생관리 8. 소독제 9. 미생물의 종류와 특징 및 예방 방법 10. 방충 · 방서 관리 11. 공정의 이해 및 관리 12. 공정별 위해요소 파악 및 예방
	2. 생산작업준비	1. 작업환경 및 작업자 위생 점검 2. 설비 및 기기의 종류 3. 설비 및 기기의 위생 · 안전 관리

차 례

제3편　과자류 제조

제6편　제빵기능사 출제문제　　　제빵기능사 ●

제과기능사는 1, 2, 3, 4편을
제빵기능사는 1, 2, 5, 6편을
학습하시면 됩니다!

제과제빵
기능사필기

제**1**편

재 료
(공통 과목)

제1장 재료 혼합

제 1 장

재료 혼합

---

1 배합표 작성 및 점검

배합표는 제품을 만드는 데 필요한 재료의 양을 나타낸 것으로, 날씨와 작업장의 상태에 따라 달라질 수 있으므로 기본 배합에 충실하면서 상황에 따라 조절한다.

1 배합표 작성   * 빵, 과자의 배합표의 기준 : baker's %

① baker's %(베이커스 퍼센트) : 밀가루의 양을 100으로 보고 각 재료가 차지하는 양을 %로 나타낸다.

② True %(트루 퍼센트) : 전체 재료의 양을 100으로 보고 각 재료가 차지하는 양을 %로 나타낸다.

2 배합량 계산

① 각 재료의 무게(g) = 밀가루 무게(g) × 각 재료의 비율

② 밀가루 무게(g) = $\dfrac{총\ 반죽\ 무게(g)}{총\ 배합률}$

③ 총 반죽 무게(g) = 밀가루 무게(g) × 총 배합률

예상문제 ⊚

1. 제빵에서 배합표를 작성할 때 baker's %의 기준이 되는 재료는?

① 설탕   ② 물

③ 밀가루   ④ 유지

해설 베이커스 퍼센트는 밀가루의 양을 100이라 할 때 각 재료의 양을 %로 나타낸 것이므로 기준이 되는 재료는 밀가루이다.

정답 1. ③

2 재료 준비 및 개량

1 재료 준비

(1) 밀가루 * 모양과 형태를 유지하는 구조 형성 기능

① 케이크는 단백질 함량이 7~9%, 회분 함량이 0.4% 이하, pH 5.2인 박력분을 사용하여 만든다.

② 가볍고 부드러운 케이크를 만들려면 회분 함량이 0.35% 이하인 고급 박력분을 사용한다.

③ 파운드 케이크는 일반적으로 박력분을 사용하지만 쫄깃한 식감을 나타내기 위해 중력분과 강력분을 혼합하여 사용하기도 한다.

(2) 소금

① 열 반응을 촉진시켜 껍질색을 진하게 한다.

② 삼투압과 pH 완충작용으로 잡균의 번식을 억제시킨다.

③ 케이크 반죽의 단백질을 강화시키는 경화제의 기능으로 반죽의 물성을 좋게 한다.

④ 설탕을 많이 사용했을 때는 소금이 단맛을 순화시키고, 설탕을 적게 사용했을 때는 단맛을 증진시킨다.

예상문제

1. 소금이 제과에 미치는 영향이 아닌 것은?

① pH를 조절한다.   ② 향을 좋게 한다.

③ 잡균의 번식을 억제시킨다.   ④ 반죽의 물성을 좋게 한다.

해설 pH 조절을 위해서는 중조(탄산수소나트륨), 주석산크림 등을 사용한다.

정답 1. ①

---

(3) 설탕

① **감미제** : 제품에 단맛을 내는 감미 재료로 사용한다.

② **윤활작용(퍼짐성)** : 흐름작용을 이용하여 쿠키 반죽의 퍼짐률을 조절할 수 있다.

③ **착색제** : 캐러멜화 반응과 메일라드 반응으로 껍질을 착색시킨다.

④ **연화작용** : 글루텐으로 생성·발전하는 것을 방해하므로 식감을 부드럽게 한다.

⑤ **수분 보유제** : 수분 보유력이 있어 제품의 노화를 지연시키고 신선도를 지속시킨다.

⑥ **천연 착향제** : 설탕 본래의 향과 갈변 반응으로 생성되는 냄새로 인해 제품에 향을 부여한다.

(4) 달걀

① **구조 형성제** : 밀가루와 함께 결합작용으로 제품의 구조를 형성한다.

② **농후화제** : 달걀이 가열되면 열에 의해 응고되어 제품을 걸쭉하게 한다.

③ **팽창제** : 공기를 혼입하여 반죽을 부풀린다.

④ **천연 유화제** : 노른자의 레시틴은 기름과 수용액을 혼합시킬 때 유화제 역할을 한다.

(5) 유지

① **가소성** : 유지가 상온에서 고체 모양을 유지하는 성질

② **크림성** : 믹싱할 때 공기를 혼입하여 크림이 되는 성질

③ **안정성** : 산소에 의해 변질되는 산패를 억제하는 성질

④ **유화성** : 물을 흡수하여 보유하는 성질

⑤ **쇼트닝성** : 제품에 부드러움이나 바삭함을 주는 성질

(6) 우유

① **착색제** : 우유에 함유된 유당은 캐러멜화 반응으로 껍질색을 진하게 한다.

② **수분 보유제** : 수분 보유력이 있어 노화를 지연시키고 신선도를 연장시킨다.

예상문제 ◉

1. 케이크를 만들 때 사용하는 달걀의 역할이 아닌 것은?

① 팽창작용   ② 결합제 역할

③ 유화작용   ④ 글루텐 형성작용

해설 케이크를 만들 때는 달걀의 글루텐 형성작용을 억제시켜야 한다.

2. 제과에서 유지의 기능이 아닌 것은?

① 연화작용   ② 공기 포집

③ 노화 촉진   ④ 보존성 개선

해설 유지는 수분 증발을 억제하여 노화를 방지하는 역할을 한다.

정답 1. ④ 2. ③

(7) 물

① 효소와 효모의 활성 제공
② 제품별 특성에 맞게 반죽 온도를 조절한다.
③ 원료를 분산하고 글루텐을 형성시키며 반죽의 되기를 조절한다.

2 재료 개량

① 재료를 낭비하지 않고 균일한 제품을 만들기 위해 정확하게 계량한다.
② 재계량 시 재료의 무게를 측정할 경우 저울을 사용한다.
③ 부피를 측정할 경우 계량스푼과 계량컵을 사용한다.

🔍 **무게단위의 환산**
- 1kg = 1000g
- 1g = 1000mg
- 1g = 0.001kg
- 1mg = 0.001g

---

3 재료의 성분 및 특징

1 밀가루 및 가루 제품

(1) 밀의 구조 및 특성

① **배아(씨눈)** : 밀의 2~3%를 차지하며, 지방이 많아 저장성을 나쁘게 하므로 제분할 때 분리하여 식용, 약용, 사료용으로 사용한다.
② **껍질** : 밀의 14%를 차지하며 외피, 종피, 호분층으로 이루어져 있다.
③ **내배유** : 밀가루를 구성하는 주된 부위로, 밀의 83%를 차지한다.

예상문제 🔘

1. 밀의 83%를 차지하는 밀가루의 주요 구성 부위는?

① 내배유   ② 배아
③ 껍질   ④ 세포

해설 밀의 구조 : 배아 2~3%, 껍질 14%, 내배유 83%

정답 1. ①

(2) 제분과 제분수율

① **제분** : 밀을 내배유로부터 껍질과 배아 부위를 분리하고 내배유 부위를 부드럽게 만들어 전분을 손상되지 않게 고운 가루로 만드는 것이다.

② **템퍼링(조질)** : 제분하려고 하는 밀에 첨가하는 물이 온도, 처리시간에 변화를 주어 파괴된 밀이 잘 분리되도록 내배유를 부드럽게 만드는 공정이다.

③ **제분수율** : 밀을 제분하여 밀가루를 만들 때 밀에 대한 밀가루 양을 %로 나타낸 것이다.

㈎ 제분수율이 낮을수록 껍질 부위가 적고 고급분이 되지만 영양가는 떨어진다.

㈏ 제분수율이 증가하면 섬유소와 단백질 함량이 증가하므로 소화율은 감소한다.

㈐ 제분수율이 증가하면 비타민 B_1, B_2 함량과 무기질(회분) 함량이 증가한다.

> 🔍 **제분수율과 회분 함량**
> • 제분수율이 같을 때는 연질소맥이 경질소맥보다 회분 함량이 낮다.
> • 밀의 제분수율이 낮을수록 회분 함량이 적어진다. 영양가가 높아지는 것은 아니다.

(3) 밀가루의 성분   * 글리아딘 : 반죽의 신장성과 점성   * 글루테닌 : 반죽의 탄력성

① **단백질**

㈎ 밀가루로 빵을 만들 때 가장 중요한 지표로 삼는 것이 단백질 함량이다.

㈏ 밀가루에 있는 여러 단백질 중에서 글리아딘과 글루테닌은 글루텐의 주성분을 이루는 단백질이다.

㈐ 밀가루의 단백질 함량

밀가루의 단백질 함량

제품명	단백질 함량	용도	제분한 밀
강력분	11~13%	빵	경질소맥
중력분	9~11%	국수, 면류	–
박력분	7~9%	과자	연질소맥

㈑ 글루텐과 단백질과의 관계

$$젖은\ 글루텐(\%) = \frac{젖은\ 글루텐\ 반죽의\ 무게(g)}{밀가루\ 무게(g)} \times 100$$

$$건조\ 글루텐(\%) = \frac{젖은\ 글루텐(\%)}{3} = 단백질\ 함량(\%)$$

② **수분** : 밀가루에 10~14% 정도 들어 있으며, 밀가루 수분이 1% 감소하면 반죽의 흡수율이 1.3~1.6% 증가한다.

③ **탄수화물** : 밀가루 함량의 70%를 차지하며 대부분 전분으로 이루어져 있다.

④ **회분** : 550~600℃의 열에서 10시간 정도 태워 재로 만든 후 재의 무게를 %로 나타낸 것으로, 회분을 구성하는 성분은 무기질이다.

⑤ **지방** : 밀가루에는 지방이 1~2% 포함되어 있으며 산패와 밀접한 관련이 있다.

예상문제 🔘

1. 밀가루 반죽에서 글루텐의 탄성에 관계하는 단백질은?

① 알부민   ② 글로불린

③ 글루테닌   ④ 글리아딘

해설 글루테닌은 글루텐의 탄성과 관련이 있으며 반죽을 질기고 탄력 있게 한다.

2. 밀가루 25g에서 젖은 글루텐 6g을 얻었다면 이 밀가루는 어디에 속하는가?

① 박력분   ② 중력분

③ 강력분   ④ 제빵 전용 밀가루

해설 젖은 글루텐 $= \dfrac{\text{젖은 글루텐 반죽의 무게}}{\text{밀가루 무게}} \times 100 = \dfrac{6}{25} \times 100 = 24\%$

∴ 건조 글루텐 $= \dfrac{\text{젖은 글루텐}}{3} \times 100 = \dfrac{24}{3} = 8\%$ → 박력분

정답 1. ③   2. ①

(4) 밀가루의 저장 및 표백

① **밀가루의 저장** : 온도 18~24℃, 습도 55~60%

② **밀가루의 표백**

㉮ 자연 표백 : 제분 후 2~3개월 정도 자연 숙성

㉯ 인공 표백 : 화학 첨가제 사용 예 염소, 이산화염소, 과산화벤조일

(5) 제빵에 적합한 밀가루의 선택 기준

① 단백질 양이 많고 질이 좋은 것

② 2차 가공 내성이 좋을 것

③ 흡수량이 많을 것

④ 제품의 특성을 잘 파악하여 알맞은 밀가루를 선택할 것

(6) 기타 가루

① 호밀가루

㈎ 칼슘과 인이 풍부하고 영양가가 높다.

㈏ 펜토산 함량이 높아 반죽을 끈적거리게 하고 글루텐 형성을 방해한다.

㈐ 밀은 글리아딘과 글루테닌이 전체 단백질의 90%이고, 호밀은 25%이다.

㈑ 밀가루와 비교했을 때 단백질의 질적인 차이는 없지만 양적인 차이가 있다.

② **오트밀** : 귀리를 눌러 으깬 것으로 빵이나 쿠키에 넣어 사용한다.

③ 옥수수가루

㈎ 옥수수 단백질인 제인은 리신(라이신)과 트립토판이 결핍된 불완전 단백질이다.

㈏ 일반 곡류에 부족한 트레오닌과 메티오닌이 많으므로 다른 곡류와 섞어 사용하면 좋다.

④ **프리믹스** : 제과·제빵용 건조 재료와 팽창제 및 유지 재료를 알맞은 배합률로 균일하게 혼합한 가루로, 물과 섞어 편리하게 반죽할 수 있다.

예상문제 ◉

1. 호밀에 관한 설명 중 틀린 것은?

① 호밀 단백질은 밀가루 단백질에 비해 글루텐을 형성하는 능력이 떨어진다.

② 밀가루에 비해 펜토산 함량이 낮아 반죽이 끈적거린다.

③ 제분율에 따라 흰색, 중간색, 검은색 호밀가루로 분류한다.

④ 호밀분에 지방 함량이 높으면 저장성이 나빠진다.

[해설] 호밀은 밀가루에 비해 펜토산 함량이 높아 반죽이 끈적거린다.

[정답] 1. ②

---

2 감미제

(1) 설탕(자당)

① **전화당** : 설탕을 가수분해하여 얻어지는 같은 양의 포도당과 과당 혼합물

② **분당** : 정제 설탕을 가공하여 미세 분말상태로 만든 것

③ **액당** : 자당 또는 전화당이 물에 녹아 있는 용액 상태의 당

$$액당의\ 당도(\%) = \frac{설탕의\ 무게}{설탕의\ 무게 + 물의\ 무게} \times 100$$

(2) 전분당

① **포도당** : 셀룰로오스 또는 전분을 가수분해하여 만든 것
② **물엿** : 포도당, 맥아당, 이당류, 덱스트린이 혼합된 반유동성 감미물질
③ **이성화당** : 포도당과 과당이 혼합된 액상의 감미제

(3) 맥아와 맥아 시럽

① **맥아**
　㈎ 발아시킨 보리의 낟알이다.
　㈏ 탄수화물의 분해 효소인 아밀라아제가 전분을 맥아당으로 분해한다.
　㈐ 맥아당은 발효성 탄수화물이며, 발효성 탄수화물의 증가로 발효가 촉진된다.
② **맥아 시럽** : 맥아분(엿기름)에 물을 넣고 열을 가하여 만든 것
③ **맥아 제품을 사용하는 이유**
　㈎ 가스 생산량 증가
　㈏ 껍질색 개선
　㈐ 제품 내부의 수분 함유량 증가
　㈑ 부가적 향의 발생

(4) 당밀　　* 당밀을 사용하는 제품 : 호밀빵, 엔젤 푸드 케이크

① 사탕수수에서 설탕을 생산하고 남은 시럽 상태의 물질이다.
② 제과에서 많이 사용하는 럼주는 당밀을 발효시킨 후 증류하여 만든다.

(5) 올리고당

① 단당류가 3~10개 구성된 당으로 감미도가 설탕의 30% 정도이다.
② 소화 효소에 의해 분해되지 않고 대장까지 도달하여 비피더스균의 먹이가 되어 장 활동을 활발하게 한다.
③ 청량감이 있고 설탕에 비해 항충치성이 있다.

(6) 유당(젖당)

① 우유의 유당은 동물성 당류이므로 이스트에 의해 발효되지 않는다.
② 잔류당으로 남아 구울 때 갈변 반응을 일으킨다.

🔍 **갈변(갈색화) 반응**
• 캐러멜화 반응 : 당류 + 고온(160℃ 이상)
• 마이야르 반응 : 환원당(설탕 제외) + 단백질(아미노산)

(7) 기타 감미제

당류의 상대적 감미도(자당 100% 기준)

과당	전화당	자당	포도당	소르비톨	맥아당	갈락토오스	유당
175	130	100	75	60	32	32	16

예상문제

1. 맥아를 사용하는 이유가 아닌 것은?

① 가스 생산량 증가　　　　　② 껍질색 개선
③ 오븐 스프링의 팽창　　　　④ 제품 내부의 수분 함유량 증가

2. 상대적 감미도가 순서대로 나열된 것은?

① 과당 > 자당 > 포도당 > 유당 > 전화당 > 맥아당
② 과당 > 전화당 > 자당 > 포도당 > 맥아당 > 유당
③ 전화당 > 과당 > 자당 > 유당 > 맥아당 > 포도당
④ 전화당 > 자당 > 과당 > 유당 > 포도당 > 맥아당
해설 과당(175) > 전화당(130) > 자당(100) > 포도당(75) > 맥아당(32) > 유당(16)

정답 1. ③　2. ②

3 유지류

(1) 유지의 종류 및 특성

① **버터** : 우유의 유지방으로 만들고 수분은 14~17% 들어 있다.
② **마가린** : 대두유, 면실유 등 식물성 유지로 만든 것으로, 버터의 대용품이다.
③ **라드(lard)** : 돼지의 지방 조직으로부터 분리하여 얻은 지방이다.
④ **쇼트닝** : 동·식물성 유지에 수소를 첨가하여 만든 것으로, 라드의 대용품이다.
⑤ **튀김 기름** : 튀김 기름의 4대 적 – 공기(산소), 수분(물), 온도(열), 이물질

(2) 유지의 화학적 반응

① **가수분해** : 유지는 가수분해를 통해 중간 산물을 만들고 지방산과 글리세린이 된다.
② **산패** : 유지를 공기 중에 오래 두었을 때 산화되어 맛이 떨어지고 색이 변하는 현상이다.

③ **건성** : 유지가 공기 중의 산소를 흡수하여 점성이 증가하고 고체가 되는 성질이다.

> • 유지의 산패를 촉진하는 요인 : 공기(산소), 온도(열), 수분(물), 빛(자외선), 금속류, 이물질
> • 유지의 산패 정도를 나타내는 값 : 산가, 아세틸가, 과산화물가, 카르보닐가

예상문제

1. 수분 함량이 가장 적은 것은?

① 생크림　　　　　　　　② 쇼트닝
③ 버터　　　　　　　　　④ 마가린

해설 쇼트닝은 수분 함량이 0%이다.

2. 수소를 첨가하여 얻은 제품은?

① 생크림　　　　　　　　② 쇼트닝
③ 라드　　　　　　　　　④ 양기름

해설 쇼트닝은 동·식물성 유지에 수소를 첨가하여 경화유로 만든다.

정답 1. ②　2. ②

---

(3) 제과·제빵에서 유지의 물리적 특성

① **가소성** : 온도가 낮아도 단단하지 않고 온도가 높아도 모양을 유지하는 성질
② **크림성** : 공기를 어느 정도 포집할 수 있는지 나타내는 성질
③ **유화성** : 버터나 쇼트닝이 물을 흡수하는 능력
④ **쇼트닝성** : 각각의 제품이 어느 정도 부드러운지 나타내는 성질 예 식빵, 크래커
⑤ **안정성** : 오랫동안 보관하기 위해 지방의 산화와 산패를 억제하는 성질

4 우유와 유제품

(1) 우유의 성분　*우유에 가장 많이 함유된 단백질 : 카세인

① **우유** : 수분 87.5%, 고형물 12.5%
② **비중** : 평균 1.03 전후
③ **수소 이온 농도** : pH 6.6
④ 우유 속 유당은 락타아제에 의해 분해되지만, 이스트에는 락타아제가 없으므로 이스트에 의해 분해되지 않는다.

(2) 우유 제품   * 신선한 우유 : pH 6.6

① **시유(시장 우유)** : 살균 또는 멸균하여 포장하고 냉장시킨 우유
② **농축우유** : 우유 중의 수분을 증발시켜 고형물 함량을 높인 우유 예 연유, 생크림
③ **유장(유청, 훼이)** : 우유에서 유지방, 카세인을 분리하고 남은 제품으로 유당이 주성분이다. 식빵에 1~5% 첨가되어 있다.
④ **치즈** : 우유나 유즙에 레닌을 넣어 카세인을 응고시킨 후 발효·숙성시켜 만든다.
⑤ **분유**
　㈎ 가당분유 : 우유에 당류를 더하고 분말상태로 만든 것
　㈏ 전지분유 : 우유에서 수분만 제거하여 분말상태로 만든 것
　㈐ 탈지분유 : 우유에서 수분과 유지방을 제거하여 분말상태로 만든 것으로, 고단백질이며 저열량이라 제과·제빵에 많이 이용한다.

🔍 탈지분유의 기능
- 반죽의 완충작용이 있다.
- 수분 흡수율을 높인다.
- 글루텐을 강화시킨다.
- 반죽 및 발효 내구성을 높인다.

예상문제 ●

1. 우유에 가장 많이 함유된 단백질은?
　① 시스테인　　　　　　　　② 글리아딘
　③ 락토알부민　　　　　　　④ 카세인
　해설 우유 중에서 약 80%를 차지하는 주된 단백질은 카세인이다.

2. 일반적으로 신선한 우유의 pH는?
　① 4.0~4.5　　　　　　　　② 3.0~4.0
　③ 5.5~6.0　　　　　　　　④ 6.5~6.7
　해설 일반적으로 신선한 우유의 pH는 6.6이다.

3. 치즈를 만드는 데 관계되는 효소는?
　① 레닌　　　　　　　　　　② 펩신
　③ 치마아제　　　　　　　　④ 판크레아틴
　해설 치즈는 우유나 유즙에 레닌을 넣어 카세인을 응고시킨 후 발효·숙성시켜 만든다.

정답 1. ④ 2. ④ 3. ①

5 달걀   * 저장 온도 : 5~10℃

달걀의 부위별 구성

달걀의 부위	구성비	수분	고형분
껍질	10%	–	–
전란	90%	75%	25%
노른자	30%	50%	50%
흰자	60%	88%	12%

* 껍질 : 노른자 : 흰자 = 10% : 30% : 60%

(1) 달걀의 신선도 검사   * 신선한 달걀의 난황계수 : 0.4

① 6~10%의 소금물에 담갔을 때 가라앉는다.

② 등불에 비췄을 때 흰자는 진하고 노른자는 공 모양으로 움직임이 없어야 한다.

③ 달걀을 깼을 때 노른자가 깨지지 않고 노른자 높이가 높은 것이 좋다.

④ 달걀 껍질이 거칠고, 흔들었을 때 소리가 나지 않는 것이 좋다.

(2) 달걀의 역할   * 커스터드 크림 : 농후화제 + 결합제

① **결합제** : 점성과 응고성이 있다.

② **농후화제** : 가열하면 응고되어 걸쭉하게 된다.

③ **유화제** : 노른자에 들어 있는 레시틴이 천연 유화제 역할을 한다.

④ **팽창제** : 거품기로 저으면 달걀 단백질에 의해 피막이 형성되어 공기를 포집한다.

예상문제 ◉

1. 달걀의 기포성과 포집성이 가장 좋은 온도는 몇 도인가?

① 0℃   ② 5℃

③ 30℃   ④ 50℃

2. 커스터드 크림에서 달걀이 주로 하는 역할은?

① 쇼트닝 작용   ② 결합제

③ 팽창제   ④ 저장성

해설 달걀은 크림을 걸쭉하게 하는 농후화제와 점성을 부여하는 결합제 역할을 한다.

정답 1. ③   2. ②

6 이스트

(1) 이스트의 생식 * 학명 : Saccharomyces cerevisiae(사카로미세스 세레비시에)

① **발육의 최적 온도** : 28~32℃
② **발육의 최적 pH** : pH 4.5~4.8
③ 탄산가스(CO_2 가스)와 알코올, 유기산을 생성하여 반죽을 팽창시킨다.

(2) 이스트에 들어 있는 효소

효소	작용
인베르타아제	설탕을 포도당과 과당으로 분해한다.
말타아제	맥아당을 포도당과 포도당으로 분해한다.
치마아제	포도당을 탄산가스와 알코올로 분해한다.
리파아제	지방을 지방산과 글리세린으로 분해한다.
프로테아제	단백질을 펩타이드와 아미노산으로 분해한다.

> 🔍 **락타아제**
> 락타아제는 유당을 포도당과 갈락토오스로 분해하는 효소이므로 제빵용 이스트에는 들어 있지 않다.

(3) 이스트의 취급 방법

① **생이스트(압착효모)**
　㈎ 수분 : 70~75%, 고형분 : 25~30%
　㈏ 보관 온도 : 0℃에서 2~3개월, 13℃에서 2주, 22℃에서 일주일을 넘기기 어렵다.
② **활성 건조효모** * 설탕 5% 미만 첨가 : 발효력 증가
　㈎ 수분 : 7.5~9.0%, 고형분 : 91~92.5%
　㈏ 활성 건조효모를 사용할 경우 생이스트의 40~50%를 사용한다.
　㈐ 수화 방법 : 이스트 양의 4배 분량인 물(40~50℃)에 녹이고 5~10분 정도 수화시킨다.
　㈑ 장점 : 보관이 용이하고 계량하기 편리하며 경제적이다.

(4) 이스트의 취급과 저장 * 이스트 세포 파괴 시작 온도 : 48℃

① 소금, 설탕, 제빵 개량제 및 뜨거운 물에 직접 닿지 않도록 조심한다.
② 7℃에서 휴지, 10℃부터 활동 시작, 35℃가 될 때까지 활발하며 60℃에 멈춘다.

7 물

(1) 물의 경도

① **연수(60ppm 이하)** : 글루텐을 약화시켜 반죽이 연하고 끈적거린다. 예 빗물, 증류수
② **아연수(61~120ppm 미만)** : 부드러운 물에 가깝다.
③ **아경수(120~180ppm 미만)** : 제빵에 가장 좋은 물이다. 예 수돗물
④ **경수(180ppm 이상)** : 발효를 지연시킨다. 예 바닷물, 광천수, 온천수

(2) 제과 · 제빵에서 물의 기능

① 글루텐을 형성한다.
② 효소를 활성화시킨다.
③ 반죽의 농도와 온도를 조절한다.
④ 설탕과 소금 등 재료를 분산시킨다.
⑤ 전분의 수화 및 팽윤을 도와준다.

예상문제

1. 제빵용 이스트에는 없기 때문에 발효되지 않고 잔류당으로 빵 전체에 남는 것은?

① 말타아제 ② 락타아제
③ 프로테아제 ④ 디아스타아제

해설 락타아제는 당을 포도당과 갈락토오스로 분해하는 효소이므로 제빵용 이스트에 없다.

2. 빵 반죽의 물로 가장 알맞은 것은?

① 60ppm 이하 ② 61~120ppm 미만
③ 120~180ppm 미만 ④ 180ppm 이상

해설 아경수(120~180ppm 미만)는 반죽의 글루텐을 적당히 경화시키므로 빵 반죽의 물로 가장 알맞다.

3. 제빵 제조 시 물의 기능으로 알맞지 않은 것은?

① 글루텐 형성을 돕는다. ② 반죽 온도를 조절한다.
③ 이스트 먹이 역할을 한다. ④ 효소의 활성화에 도움을 준다.

해설 물은 이스트가 먹이를 섭취할 때 매개체 역할을 한다.

정답 1. ② 2. ③ 3. ③

8 초콜릿

초콜릿은 코코아 $\frac{5}{8}$(62.5%), 카카오버터 $\frac{3}{8}$(37.5%)의 성분으로 이루어져 있다.

(1) 템퍼링

초콜릿의 템퍼링은 액체 상태의 초콜릿에 온도 변화를 주어 광택이 있고 잘 굳는 상태로 만드는 과정이다.

(2) 초콜릿 보관 방법과 블룸

① **초콜릿 보관**

㉮ 온도 : 15~18℃

㉯ 습도 : 50% 이하

② **초콜릿의 블룸(bloom)**

㉮ 블룸 : 온도 변화에 따라 초콜릿 표면에 일어나는 현상

㉯ 설탕 블룸(슈거 블룸) : 초콜릿을 습도가 높은 곳에 보관할 때 초콜릿에 들어 있는 설탕이 수분을 흡수하여 녹았다가 재결정이 되어 표면이 하얗게 변하는 현상

㉰ 지방 블룸(팻 블룸) : 초콜릿을 온도가 높은 곳에 보관하거나 직사광선에 노출 시켰을 때 지방이 분리되었다가 다시 굳어지면서 얼룩이 생기는 현상

* 템퍼링이 잘못되면 → 지방 블룸 　　* 온도가 지나치게 낮거나 습도가 높으면 → 설탕 블룸

9 과실류 및 주류

과실류 및 주류는 빵이나 과자의 바람직하지 못한 냄새를 없애고 풍미와 향을 준다.

① **양조주(발효주)** : 곡물, 과일을 원료로 당화시켜 발효시킨 술로 대부분 알코올 농도가 낮다.

② **증류주** : 발효시킨 양조주를 증류시킨 것으로 대부분 알코올 농도가 높다.

　예 소주, 가오량주, 위스키, 브랜디, 럼, 보드카, 진

③ **혼성주** : 증류수를 기본으로 정제당을 넣고 과일 등의 추출물로 향미를 낸 것으로 대부분 알코올 농도가 높다.

> 🔍 **혼성주(리큐르)의 종류**
> • 오렌지 리큐르 : 그랑 마르니에, 쿠앵트로, 퀴라소, 트리플 섹
> • 체리 리큐르 : 마라스키노, 키르슈
> • 커피 리큐르 : 칼루아

예상문제

1. 초콜릿의 보관 온도 및 습도로 가장 알맞은 것은?

① 온도 18℃, 습도 45% ② 온도 24℃, 습도 60%

③ 온도 30℃, 습도 70% ④ 온도 36℃, 습도 80%

해설 온도 : 15~18℃, 습도 : 50% 이하

2. 혼성주 중 오렌지 성분을 원료로 하여 만들지 않는 것은?

① 퀴라소 ② 쿠앵트로

③ 마라스키노 ④ 그랑 마르니에

해설 마라스키노는 체리를 원료로 한 리큐르이다.

정답 1. ① 2. ③

🔟 계면활성제

① **모노 – 디글리세리드** : 가장 많이 사용하는 계면 활성제로, 식품을 유화시킨다.

② **레시틴** : 옥수수와 대두로부터 추출하며 달걀노른자에 들어 있다.

③ **HLB**

㉮ HLB 수치가 9 이하 : 친유성, 기름에 용해

㉯ HLB 수치가 11 이상 : 친수성, 물에 용해

11 화학적 팽창제

① 사용하기 간편하나 팽창력이 약하다.

② 갈변 및 뒷맛을 좋지 않게 하는 단점이 있다.

③ 주로 과자에 사용되며 연화작용은 하지만 향은 좋아지지 않는다.

④ 베이킹파우더, 탄산수소나트륨, 암모늄염, 주석산칼륨

12 이스트 푸드

① **반죽의 pH 조절** : pH 4~6 정도가 좋다.

② **이스트의 영양소인 질소 공급** : 염화암모늄, 황산암모늄, 인산암모늄

③ **물 조절제** : 물의 경도를 조절하여 제빵성을 향상시킨다.

예 황산칼슘, 인산칼슘, 과산화칼슘

④ **반죽 조절제** : 반죽의 물리적 성질을 좋게 하기 위해 효소제와 산화제를 사용한다.

   (가) **효소제** : 반죽의 신장성을 강화한다. 예 프로테아제, 아밀라아제

   (나) **산화제** : 반죽의 글루텐을 강화시켜 제품의 부피를 증가시킨다.

      예 아스코르브산(비타민 C), 브롬산칼륨, ADA

   (다) **환원제** : 글루텐을 연화시켜 반죽시간을 줄인다. 예 글루타티온, 시스테인

> 🔍 **이스트 푸드**
> 밀가루 무게의 0.1~0.2%를 사용하며, 요즈음은 제빵 개량제로 대체하여 무게의 1~2%를 사용한다.

예상문제 🎯

1. 이스트 푸드에 대한 설명으로 틀린 것은?

   ① 발효를 조절한다.   ② 밀가루 무게의 2~5%를 사용한다.

   ③ 이스트의 영양을 보급한다.   ④ 반죽 조절제로 사용한다.

   해설 이스트 푸드는 밀가루 무게의 0.1~0.2%를 사용한다.

정답 1. ②

---

13 안정제

① **한천** : 우뭇가사리를 끓여서 녹인 후 얼렸다가 건조시킨 것으로, 찬물에 녹지 않고 자기 무게의 약 20배의 물을 흡수한다.

② **젤라틴** : 동물의 껍질이나 뼈 등에 존재하는 단백질인 콜라겐의 유도 물질로, 동물의 피부, 뼈 및 근육조직을 산이나 알칼리로 처리한 후 끓여서 추출한다.

③ **펙틴** : 젤리, 잼 등을 만드는 데 사용하며 과자류, 약품, 섬유산업에 사용한다.

④ **시엠시(CMC)** : 셀룰로오스로부터 만든 제품으로, 산에 대한 저항성이 약하며 찬물에 쉽게 용해된다.

14 향신료

① **넛메그** : 톡 쏘는 독특한 향이 있고 약간 단맛이 나며 과자, 소시지 등에 이용한다.

② **정향** : 꽃봉오리인 정향을 말린 것으로 단맛이 강한 크림 소스에 이용한다.

③ **오레가노** : 피자 소스에 필수적으로 들어가는 것으로, 톡 쏘는 향기가 특징이다.

④ **계피** : 녹나무 속 중 계피나무 껍질에서 나오는 향신료이다.

⑤ **올스파이스** : 올스파이스 나무 열매를 익기 전 말린 것으로 파이, 비스킷에 이용한다. 자메이카 후추라고도 한다.

🔍 **빵, 과자에 안정제를 사용하는 목적**
- 흡수제로 노화 지연 효과
- 크림 토핑의 거품 안정
- 아이싱이 부서지는 것을 방지

예상문제 ⊚

1. 안정제를 사용하는 목적이 아닌 것은?

① 아이싱의 끈적거림 방지
② 젤리나 잼 제조에 사용
③ 크림 토핑물 제조 시 부드러움 제공
④ 케이크나 빵에서 흡수율 감소

2. 아이싱의 안정제로 사용되는 것 중 동물성은?

① 한천　　　　　　　　　　② 젤라틴
③ 로커스트빈 검　　　　　　④ 카라야 검

해설 젤라틴은 동물의 껍질이나 연골 속의 콜라겐을 정제한 것이다.

정답 1. ④　2. ②

4　기초 재료과학

1 탄수화물

(1) 탄수화물(당질)의 분류

① **단당류**

　㈎ 포도당 : 동물 체내의 간, 근육에 글리코겐 형태로 저장되어 있으며 적혈구, 뇌세포, 신경세포의 주요 에너지원으로 혈당을 형성한다.

　㈏ 과당 : 단맛이 가장 강하며 당류 중 가장 빨리 소화·흡수된다.

　㈐ 갈락토오스 : 포도당과 결합하여 유당의 형태로 유즙에 함유되어 있다.

② **이당류**

　㈎ 자당(서당, 설탕) : 감미도를 측정하는 기준이며, 인베르타아제에 의해 포도당과 과당으로 분해된다.

　㈏ 맥아당(엿당) : 말타아제에 의해 포도당과 포도당으로 분해되며, 엿기름에 존재한다.

(다) 유당 : 락타아제에 의해 포도당과 갈락토오스로 분해되며, 대장 내 유산균을 자라게 하여 정장작용을 한다.

* 유당불내증 : 유당을 소화하지 못하는 증상으로, 요구르트가 좋다.

③ **다당류**

(가) 전분(녹말)   * 노화가 늦게 진행되며, 찹쌀 전분은 대부분이 아밀로펙틴이다.
- 아밀로오스 : 요오드 반응에서 청색 반응, 직쇄 구조, $\alpha-1$, 4 결합
- 아밀로펙틴 : 요오드 반응에서 적자색 반응, 측쇄 구조, $\alpha-1$, 4 및 $\alpha-1$, 6 결합

(나) 섬유소(셀룰로오스) : 해조류와 채소류에 많으며, 초식동물만 에너지원으로 사용한다.

(다) 글리코겐 : 동물의 에너지원으로 이용되는 동물성 전분으로, 간이나 근육에 저장되어 있다.

(2) 전분의 호화와 노화

① **전분의 호화** : 전분에 물을 넣고 가열하면 입자가 팽창하고 점성이 증가하여 콜로이드 상태가 되는데, 이를 호화라 하고 $\alpha-$전분이라 한다.

② **전분의 노화** : 호화된 $\alpha-$전분을 그대로 방치하면 딱딱하게 굳거나 거칠어지며 $\beta-$전분으로 되돌아가는데, 이를 노화라 하고 노화의 최적 온도는 $-7 \sim -10℃$이다.

* 수분 30~60%일 때 가장 빠르게 진행된다.

예상문제 ◎

1. 유당이 가수분해되면 무엇이 생성되는가?

① 과당 + 포도당   ② 포도당 + 맥아당
③ 과당 + 갈락토오스   ④ 갈락토오스 + 포도당

해설 락타아제는 유당을 갈락토오스와 포도당으로 분해하는 역할을 한다.

정답 1. ④

---

2 지방

탄소(C), 수소(H), 산소(O)로 구성된 유기화합물이며, 물에 쉽게 용해되지 않고 에테르, 알코올, 벤젠 등의 유기용매에 녹는 영양소이다.

(1) 지방(지질)의 분류

① **단순지방(중성지방)** : 3분자의 지방산과 1분자의 글리세린이 결합된 것이다.

② **복합지방**

    ㉮ 인지질(중성지방＋인) : 난황, 콩, 간 등에 많이 함유되어 있으며, 지방 대사에 관여한다. ⑩ 레시틴, 세팔린

    ㉯ 당지질(중성지방＋당) : 세포막의 안정성을 유지시키고, 세포간 인식을 촉진시 킨다.

③ **유도지방**

    ㉮ 지방산 : 글리세린과 결합하여 지방을 구성한다.

    ㉯ 콜레스테롤 : 뇌, 척수, 신경조직에 많이 들어 있는 동물성 스테롤이다.

    ㉰ 에르고스테롤 : 효모, 버섯, 클로렐라에 있는 식물성 스테롤로, 프로비타민 D 라고 한다.

(2) 지방의 구조

① **포화 지방산**

    ㉮ 단일결합으로 이루어진 지방산이며, 식물성이지만 동물성 유지에 다량 함유되어 있다.

    ㉯ 포화 지방산이 많은 지방은 융점이 높고 상온에서 고체 상태이다.

    ㉰ 종류 : 뷰티르산, 팔미트산, 스테아르산

② **불포화 지방산**

    ㉮ 이중 결합이 있는 지방산으로, 이중 결합이 많을수록 산화되기 쉽다.

    ㉯ 수소 첨가에 따라 포화 지방산이 될 수도 있으며, 비타민 E가 많이 함유되어 있다.

    ㉰ 종류 : 리놀레산, 리놀렌산, 아라키돈산, 올레산

> 🔍 **필수 지방산(비타민 F)**
> 리놀레산, 리놀렌산, 아라키돈산 등은 모두 불포화 지방산으로 체내에서 합성되지 않아 반드시 식품에서 섭취해야 한다.

예상문제 🎯

1. 다음 중 단순지방에 속하지 않는 것은?

    ① 면실유   ② 인지질

    ③ 스테롤   ④ 왁스

    해설 인지질은 단순지방이 아니라 복합지방이다.

2. 정상적인 건강 유지를 위해 반드시 필요한 지방산으로 체내에서 합성되지 않아 식품으로 섭취해야 하는 것은?

① 포화 지방산　　　　　　　　　② 불포화 지방산

③ 필수 지방산　　　　　　　　　④ 고급 지방산

정답 1. ②　2. ③

3 단백질　　* 단백질의 기본 구성단위 : 아미노산

탄소(C), 수소(H), 질소(N), 산소(O) 등의 원소로 구성된 유기 화합물이며, 질소가 단백질의 특성을 규정짓는다.

(1) 단백질의 분류

① **단순 단백질** : 가수분해에 의해 아미노산만 생성되는 단백질

　㈎ 글로불린 : 물에는 녹지 않지만 묽은 염류 용액에는 녹는다.

　㈏ 글루텔린 : 묽은 산, 알칼리에 녹는다. 예 밀의 글루테닌

　㈐ 알부민 : 물에 쉽게 녹고 열과 알코올에 쉽게 응고된다.

　㈑ 프롤라민 : 묽은 산, 알칼리, 70~80% 알코올에 녹는다.

　　예 밀의 글리아딘, 옥수수의 제인, 보리의 호르데인

② **복합 단백질**

　㈎ 인단백질 : 단순 단백질과 인산이 에스테르 결합하여 형성된다. 예 카세인(우유)

　㈏ 색소 단백질 : 각종 금속, 유기 색소가 결합하여 형성된다. 예 헤모글로빈

　㈐ 핵단백질 : 세포의 활동을 지배하는 세포핵을 구성하는 단백질이다.

　㈑ 당단백질 : 복잡한 탄수화물과 단백질이 결합한 화합물이며, 글루코프로테인이라고도 한다.

　㈒ 금속 단백질 : 철, 구리, 아연, 망간 등과 결합한 단백질이며, 호르몬의 구성성분이다.

③ **유도 단백질**

　㈎ 1차 유도 단백질 : 변성 단백질(젤라틴)

　㈏ 2차 유도 단백질 : 가수분해된 단백질(프로테오스, 펩톤)

🔍 **필수 아미노산**
- 이소류신, 류신, 리신(라이신), 페닐알라닌, 트립토판, 발린, 메티오닌, 트레오닌
- 어린이와 회복기 환자는 성인 필수 아미노산 8가지 이외에도 히스티딘, 아르기닌이 더 필요하다.

예상문제

1. 단순 단백질이 아닌 것은?

① 프롤라민   ② 헤모글로빈

③ 글로불린   ④ 알부민

정답 1. ②

4 효소

(1) 효소의 성질

① 온도, 수분, pH 등의 영향을 받는다.

② 유기 화학 반응의 촉매 역할을 하므로 특정 기질에 대한 효소의 반응 속도는 일반적인 화학 반응 속도보다 훨씬 빠르다.

(2) 제빵에 관계하는 효소

탄수화물(산화효소) 분해효소

효소	작용
치마아제	단당류(갈락토오스, 과당, 포도당)를 알코올과 이산화탄소로 분해한다. * 제빵용 이스트에 존재
퍼옥시다아제	카로틴계의 황색 색소를 무색으로 산화시킨다.

탄수화물(이당류) 분해효소

효소	작용
락타아제	유당을 갈락토오스와 포도당으로 분해한다.
인베르타아제	자당을 과당과 포도당으로 분해한다.
말타아제	맥아당을 포도당 2분자로 분해시킨다.

탄수화물(다당류) 분해효소

효소	작용
아밀라아제	전분이나 글리코겐처럼 α-결합을 한 다당류를 가수분해한다.
셀룰라아제	섬유소를 포도당으로 분해한다.
이눌라아제	이눌린을 과당으로 분해한다.

지방 분해효소

효소	작용
리파아제	지방을 지방산과 글리세린으로 분해한다.
스테압신	지방을 지방산과 글리세린으로 분해한다.

단백질 분해효소

효소	작용
프로테아제	단백질을 펩톤, 폴리펩티드, 펩티드, 아미노산으로 분해한다.
펩신	단백질을 펩타이드로 분해한다.
트립신	단백질을 펩타이드로 분해한다.
펩티다아제	펩티드를 가수분해하여 아미노산으로 전환한다.

예상문제

1. 이스트에 존재하지 않는 효소는?

　① 아밀라아제　　　　　　　　② 말타아제
　③ 프로테아제　　　　　　　　④ 락타아제

　해설 락타아제는 당을 포도당과 갈락토오스로 분해하는 효소이므로 이스트에는 없다.

2. 인베르타아제의 역할은?

　① 자당을 과당과 포도당으로 분해한다.
　② 유당을 갈락토오스와 포도당으로 분해한다.
　③ 맥아당을 포도당 2분자로 만든다.
　④ 지방을 지방산과 글리세린으로 만든다.

　해설 인베르타아제는 사탕 제조 시 첨가하면 설탕의 재결정화를 막는 효과도 있다.

3. 빵 발효에 관련된 효소로서 포도당을 분해하는 효소는?

　① 아밀라아제　　　　　　　　② 말타아제
　③ 리파아제　　　　　　　　　④ 치마아제

　해설 아밀라아제는 전분을, 말타아제는 맥아당을, 리파아제는 지방을, 치마아제는 포도당을 가수분해한다.

정답 1. ④　2. ①　3. ④

5 재료의 영양학적 특성

1 영양소

① **열량 영양소** : 탄수화물, 지방, 단백질 ← 에너지원
② **구성 영양소** : 단백질, 무기질, 물 ← 근육, 골격 형성
③ **조절 영양소** : 무기질, 비타민, 물 ← 체내 생리작용과 대사작용

2 영양과 건강

① **기초 대사량** : 생명 유지에 꼭 필요한 최소의 에너지 대사량으로 체온 유지, 호흡, 심장 박동 등 무의식적 활동에 필요한 열량
   ㈎ 성인의 1일 기초 대사량 : 1200~1600kcal이다.
   ㈏ 기초 대사량은 근육량에 비례하고 나이에는 반비례한다.
② **활동 대사량** : 사람이 하루 동안 활동하는 데 필요한 에너지의 양
③ **에너지 대사율** : 노동 대사량을 기초 대사량으로 나눈 값으로, 행한 작업의 강도를 알 수 있는 기준

$$에너지\ 대사율 = \frac{노동\ 대사량}{기초\ 대사량}$$

④ **에너지 권장량**
   ㈎ 표준 성인 : 남자 2500kcal, 여자 2000kcal
   ㈏ 청소년 : 남자 2600kcal, 여자 2100kcal
   ㈐ 성인의 에너지 적정 비율
   • 탄수화물 65%
   • 지방 20%
   • 단백질 15%
⑤ **에너지원 영양소의 1g당 칼로리**

에너지원 영양소의 1g당 칼로리

탄수화물	지방	단백질	알코올	유기산
4kcal	9kcal	4kcal	7kcal	3kcal

🔍 **영양과 건강**
• 체중 1kg당 단백질 권장량이 가장 많은 대상은 0~2세의 영유아이다.
• 칼로리 계산 = {(탄수화물의 양 + 단백질의 양)×4kcal} + (지방의 양×9kcal)

예상문제

1. 성인 1일 단백질 섭취량은 체중(kg)당 1.13g이다. 66kg 성인이 섭취하는 단백질 열량은?

① 74.6kcal   ② 298.3kcal

③ 671.2kcal   ④ 264kcal

해설 단백질 섭취량$=66 \times 1.13 = 74.58$g, 단백질 1g은 4kcal의 열량을 낸다.

∴ 66kg 성인이 섭취하는 단백질 열량$=74.58 \times 4 ≒ 298.3$kcal

2. 기초 대사에 관한 설명으로 틀린 것은?

① 아무 일도 하지 않고 누워서 측정한다.

② 체온 유지, 심장 박동, 호흡에 필요한 열량이다.

③ 남자와 여자의 기초 대사량은 동일하다.

④ 체표 면적이 큰 사람의 기초 대사량이 많다.

해설 기초 대사량은 여자보다 남자가 많고 성인보다 어린아이가 많다.

정답 1. ②   2. ③

3 탄수화물

(1) 탄수화물의 영양학적 특성

① **단당류**

㈎ 포도당 : 동물 체내의 간, 근육에 글리코겐 형태로 저장되어 있으며 적혈구, 뇌세포, 신경세포의 주요 에너지원으로 혈당을 형성한다.

㈏ 과당 : 포도당을 섭취하면 안 되는 당뇨병 환자에게 감미료로 사용한다.

㈐ 갈락토오스 : 유아에게 특히 필요하다.

② **이당류**

㈎ 자당(서당, 설탕) : 당류의 단맛을 비교하는 기준이 되며, 감미도 측정 기준이 된다.

㈏ 맥아당(엿당) : 어린이나 소화기 계통의 환자에게 좋다.

㈐ 유당(젖당) : 대장 내 유산균을 자라게 하여 정장작용을 하며, 칼슘 흡수를 돕는다.

③ **다당류**

㈎ 전분(녹말) : 찬물에 잘 풀어진다.

㈏ 덱스트린 : 전분보다 분자량이 적고 물에 약간 용해되며 점성이 있다.

㈐ 글리코겐 : 쉽게 포도당으로 변해 에너지원으로 쓰이며, 호화나 노화를 일으키지 않는다.

㈃ 펙틴 : 반섬유소라 하여 소화·흡수는 되지 않지만 장내 세균 및 유독물질을 흡착·배설하는 성질이 있다.

㈁ 올리고당 : 단당류 3~10개로 구성된 당으로, 장내 비피더스균을 무럭무럭 자라게 한다.

㈂ 셀룰로오스 : 체내에서 소화되지 않지만 장을 자극하여 배설작용을 촉진시킨다.

예상문제

1. 다음 중 단당류가 아닌 것은?

① 포도당   ② 과당

③ 갈락토오스   ④ 맥아당

해설 맥아당은 이당류이며, 어린이나 소화기 계통의 환자에게 좋다.

2. 유용한 장내 세균의 발육을 왕성하게 하여 장에 좋은 영향을 미치는 이당류는?

① 설탕   ② 유당

③ 맥아당   ④ 포도당

해설 유당은 대장 내 유산균을 자라게 하여 정장작용을 한다.

정답 1. ④   2. ②

---

(2) 탄수화물의 기능

① **에너지 공급** : 탄수화물은 1g당 4kcal의 열량을 낸다.

② **소화 흡수율** : 흡수율은 98%로 대부분 체내에서 이용된다.

③ **혈당 유지** : 혈액의 농도는 0.1% 정도이다.

④ **감미 제공** : 설탕, 과당, 전화당, 포도당, 맥아당, 유당 등 단맛의 강도는 다르지만 식품 제조나 조리 시 감미료로 널리 이용된다.

⑤ **단백질 절약작용** : 탄수화물을 충분히 섭취함으로써 단백질이 절약될 수 있다.

(3) 탄수화물의 대사

① 단당류는 그대로 흡수되나 이당류와 다당류는 소화관 내에서 포도당으로 분해되어 소장에서 흡수된다.

② 에너지로 이용되고 남은 포도당은 간과 근육에 글리코겐으로 저장된다.

③ **과잉 섭취** : 비만, 당뇨병, 동맥경화증

4 지방

(1) 지방의 영양학적 특성

① **단순지방** : 중성지방, 왁스(납)

② **복합지방**

㈎ 인지질 : 레시틴, 세팔린이 있으며 지방 대사에 관여한다.

㈏ 당지질 : 세포막의 안정성을 유지하고 세포간 인식을 촉진시킨다.

㈐ 단백지질(중성지방 + 단백질)

③ **유도지방**

㈎ 콜레스테롤 : 척추동물에서 발견되는 동물성 스테롤이며 뇌, 척수에 많이 들어 있다.

㈏ 에르고스테롤(프로비타민 D) : 효모, 버섯, 클로렐라에 많은 식물성 스테롤이다.

㈐ 필수지방산(비타민 F) : 체내에서 합성되지 않아 반드시 식품에서 섭취해야 하는 지방산이며 리놀레산, 리놀렌산, 아라키돈산 등이 있다.

(2) 지방의 기능

① **에너지 공급** : 지방은 1g당 9kcal의 열량을 낸다.

② 외부의 충격으로부터 인체의 내장기관을 보호하며 피하 지방은 체온을 유지시킨다.

③ 장내에서 윤활제 역할을 하면서 변비를 막아준다.

예상문제 🔘

1. 탄수화물이 소화, 흡수되어 수행하는 기능이 아닌 것은?

① 뼈를 자라게 한다.　　　　　② 에너지를 공급한다.

③ 단백질 절약작용을 한다.　　④ 분해되면 포도당이 생성된다.

해설 뼈대를 형성하고 뼈를 자라게 하는 것은 무기질이다.

2. 지방의 기능이 아닌 것은?

① 지방의 A, D, E, K의 운반·흡수작용　② 체온의 손실 방지

③ 티아민의 절약작용　　　　　　　　　④ 정상적인 삼투압 조절에 관여

해설 정상적인 삼투압 조절에 관여하는 것은 물의 기능이다.

정답 1. ①　2. ④

(3) 지방의 대사

① 지방은 리파아제에 의해 가수분해되며, 지용성 비타민의 흡수를 촉진시킨다.
② **과잉 섭취** : 비만, 동맥경화, 유방암, 대장암

5 단백질

(1) 필수 아미노산

① 체내 합성이 안 되므로 반드시 음식물에서 섭취해야 한다.
② 성인에게는 이소류신, 류신, 리신(라이신), 페닐알라닌, 트립토판, 발린, 메티오닌, 트레오닌이 필요하다.
③ 어린이와 회복기 환자에게는 8종류 이외에도 히스티딘, 아르기닌이 더 필요하다.

(2) 단백질의 영양학적 특성

① **완전 단백질** : 카세인(우유), 알부민(달걀) 등 동물성 단백질과 글리시닌(콩)
② **부분적 불완전 단백질** : 성장을 돕지 못하지만 생명만 유지시키는 단백질
　　예 글리아딘(밀), 호르데인(보리), 오리제닌(쌀)
③ **불완전 단백질** : 생명 유지나 성장에 관계 없는 단백질
　　예 제인(옥수수), 젤라틴(육류)

(3) 단백질의 영양가 평가 방법

① **생물가** : 체내의 단백질 이용률을 나타낸 것으로, 생물가가 높을수록 체내 이용률이 높다.

$$\text{생물가(\%)} = \frac{\text{체내에 저장된 질소의 양}}{\text{체내에 흡수된 질소의 양}} \times 100$$

② **단백가** : 필수 아미노산 비율이 이상적인 비교 단백질을 가정하여, 이를 100으로 잡고 다른 단백질의 영양가를 비교하는 방법이다.
　　* 단백가가 높을수록 영양가가 많다.

$$\text{단백가(\%)} = \frac{\text{물 온도−사용할 물 온도}}{\text{표준 단백질 중 아미노산의 양}} \times 100$$

　　* 예 달걀(100) > 쇠고기(83) > 우유(78) > 대두(73) > 쌀(72) > 밀가루(47)

🔍 **제한 아미노산**
식품에 함유되어 있는 필수 아미노산 중 이상형보다 적은 아미노산을 말한다.

(4) 단백질의 기능

① 1g당 4kcal의 열량을 낸다.

② 체조직과 혈액 단백질, 효소, 호르몬 등을 구성한다.

③ 체내 삼투압 조절로 체내 수분 함량을 조절하고 체액의 pH를 유지한다.

④ 열량 섭취량이 부족하거나 에너지원이 부족하면 단백질이 에너지원으로 사용된다.

⑤ 한국인 영양 섭취 기준에 의한 1일 총 열량의 10~20% 정도를 단백질로 섭취해야 한다.

(5) 단백질의 소화 흡수 대사

① 단백질을 가수분해하면 여러 종류의 아미노산으로 생성된다.

② 생성된 아미노산은 소장에서 흡수된다.

③ 흡수된 아미노산은 각 조직에 운반되어 조직 단백질을 구성한다.

④ 남은 아미노산은 간으로 운반되어 저장했다가 필요에 따라 분해한다.

⑤ 최종적으로 분해되면 나머지는 소변으로 배설된다.

⑥ **과잉 섭취** : 발육 장애, 부종, 피부염, 간 질환, 머리카락 변색, 저항력 감퇴

예상문제

1. 단백가가 가장 높은 식품은?

① 찹쌀　　　　　　　　　　② 쇠고기

③ 달걀　　　　　　　　　　④ 우유

해설 달걀(100) > 쇠고기(83) > 우유(78) > 대두(73) > 쌀(72) > 밀가루(47)

2. 단백질의 가장 중요한 기능은?

① 체온 유지　　　　　　　② 유화작용

③ 체조직 구성　　　　　　④ 체액의 압력 조절

해설 단백질은 체조직 및 혈액 단백질, 효소, 호르몬 등을 구성한다.

정답 1. ③　2. ③

---

6 무기질

(1) 구성 영양소의 역할

① **경조직(뼈, 치아)의 구성** : 칼슘(Ca), 인(P)

② **연조직(근육, 장기, 혈액)의 구성** : 황(S), 인(P)
③ **체내 기능 물질 구성**

㉮ 티록신(갑상선 호르몬)의 구성 : 요오드(I)
㉯ 비타민의 구성 : 황(S)
㉰ 비타민 B의 구성 : 코발트(Co)
㉱ 헤모글로빈의 구성 : 철(Fe)
㉲ 인슐린 호르몬의 구성 : 아연(Zn)

(2) 조절 영양소의 역할

① **삼투압 조절** : 나트륨(Na), 염소(Cl), 칼륨(K)
② **혈액 응고** : 칼슘(Ca)
③ **심장의 규칙적 고동** : 칼슘(Ca), 칼륨(K)
④ **체액의 중성 유지** : 칼슘(Ca), 칼륨(K), 나트륨(Na), 마그네슘(Mg)
⑤ **신경 안정** : 칼륨(K), 나트륨(Na), 마그네슘(Mg)
⑥ **위액 샘 조직 분비** : 염소(Cl)
⑦ **장액 샘 조직 분비** : 나트륨(Na)

(3) 무기질의 영양학적 특성   * 무기질 : 인체의 4~5%

① 체내에서 합성되지 않으므로 음식물로부터 공급되어야 한다.
② 다른 영양소보다 요리할 때 손실이 크다.

(4) 무기질의 급원식품 및 결핍증

무기질의 급원식품 및 결핍증

종류	급원식품	결핍증
칼슘(Ca)	우유 및 유제품, 멸치, 달걀	구루병, 골다공증, 골연화증, 성장 지연
인(P)	우유, 치즈, 콩류, 어패류, 난황	결핍증이 거의 없다.
철(Fe)	간, 녹색 채소	빈혈
구리(Cu)	동물 내장, 해산물, 견과류, 초콜릿, 콩	악성 빈혈
요오드(I)	해조류, 어패류	갑산선종, 부종
나트륨(Na)	소금, 육류, 우유	구토, 설사 * 과잉 : 동맥경화증
염소(Cl)	소금, 육류, 우유, 달걀	식욕 저하, 성장 지연, 고혈압
칼륨(K)	고구마, 감자, 멸치, 시금치, 바나나	호흡기능 약화, 부정맥 유발, 심부전증

1. 무기질의 기능이 아닌 것은?

① 우리 몸의 경조직 구성 성분이다.   ② 열량을 내는 열량 급원이다.

③ 효소의 기능을 촉진시킨다.   ④ 세포의 삼투압 평형 유지 작용을 한다.

2. 무기질에 대한 설명으로 틀린 것은?

① 나트륨은 결핍증이 없으며 소금, 육류 등에 많다.

② 마그네슘 결핍증은 근육 약화, 경련 등이며 생선, 견과류 등에 많다.

③ 철은 결핍 시 빈혈 증상이 있으며 시금치, 동물의 간 등에 많다.

④ 요오드 결핍 시 갑상선종이 생기며 유제품, 해조류 등에 많다.

해설 나트륨은 결핍되면 구토나 설사 증상이 나타나고 김치, 치즈에 많다.

정답 1. ②   2. ①

7 비타민

(1) 비타민의 종류와 특징

① 수용성 비타민

수용성 비타민의 종류 및 특성

종류	급원식품	결핍증
비타민 B_1 (티아민)	돼지고기, 쌀겨, 대두, 간, 배아	각기병, 식욕 부진, 피로, 권태
비타민 B_2 (리보플라빈)	우유, 치즈, 간, 살코기, 녹색 채소	구순구각염, 설염, 피부염, 안구 건조증
비타민 B_3 (나이아신)	간, 육류, 콩, 효모, 생선	펠라그라병, 피부염
비타민 B_6 (피리독신)	효모, 육류, 간, 난황, 바나나	피부염(쥐는 생장이 멈춘다.)
비타민 B_{12} (시아노코발라민)	육류, 간, 내장, 난황	악성 빈혈, 간 질환
비타민 C (아스코르브산)	시금치, 풋고추, 감귤, 딸기	괴혈병, 잇몸 출혈
비타민 B_9 (엽산, 폴산)	간, 두부, 치즈, 밀, 난황	거적아구성 빈혈, 장염

② **지용성 비타민**

지용성 비타민의 종류 및 특성

종류	급원식품	결핍증
비타민 A (레티놀)	간유, 김, 난황, 녹색 채소, 해조류	야맹증, 안구 건조증, 각막 연화증
비타민 D (칼시페롤)	어유, 간유, 난황, 버섯, 버터	구루병, 골연화증, 골다공증
비타민 E (토코페롤)	식물성 유지, 갑각류, 녹색 채소	불임증, 근육 위축증
비타민 K (필로퀴논)	간유, 난황, 녹색 채소	혈액 응고 지연

* 칼슘 흡수를 돕는 비타민 : 비타민 D

(2) 비타민의 영양학적 특성

① 탄수화물, 지방, 단백질의 대사에 조효소 역할을 한다.
② 에너지를 발생하거나 체물질이 되지는 않는다.
③ 신체 기능을 조절한다.

8 물

(1) 물의 영양학적 기능   * 물 : 체중의 2/3 정도

① 체액을 일정하게 유지시킨다.
② 영양소와 노폐물 등을 운반하고 체온을 조절한다.
③ 각종 영양소와 대상 물질의 화학 반응에서 촉매제 역할을 한다.
④ 탄력이 있어 외부의 충격으로부터 체내 내장기관을 보호한다.
⑤ 피부의 수분을 유지하고 관절의 움직임을 원활히 하여 연골과 뼈의 마모를 완화시킨다.

(2) 체액(물)의 손실로 인한 증상

① 전해질의 균형이 깨지며 혈압이 낮아진다.
② 허약, 무감각, 근육 부종이 일어난다.
③ 손발이 차고 창백하며 식은땀이 난다.
④ 맥박이 빠르고 약해지며 호흡이 짧아진다.
⑤ 심할 경우 혼수상태에 이른다.

예상문제

1. 비타민 A가 결핍되면 나타나는 주요 증상은?

① 야맹증, 성장발육 불량 ② 각기병, 불임증
③ 괴혈병, 구순 구각염 ④ 악성 빈혈, 신경 마비

해설 비타민 A 결핍 : 야맹증, 안구 건조증, 각막 연화증, 성장발육 불량

2. 인체의 구성 성분 중 가장 많은 부분을 차지하며 성인의 경우 체중의 약 60%를 차지하는 것은?

① 단백질 ② 지방
③ 비타민 ④ 물

해설 물은 체중의 2/3 정도를 차지한다.

3. 6대 영양소 중 하나로 영양소와 노폐물 등을 운반하는 역할을 하는 것은?

① 물 ② 탄수화물
③ 단백질 ④ 척수액

해설 물은 영양소와 노폐물 등을 운반, 배출하고 체온을 조절한다.

4. 체내 수분이 몇 % 감소하면 위험한 상황에 이르는가?

① 5% 이하 ② 5% 이상 10% 미만
③ 10% 이상 15% 미만 ④ 15% 이상 20% 미만

정답 1. ① 2. ④ 3. ① 4. ④

제과제빵
기능사필기

제 **2** 편

위생관리
(공통 과목)

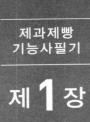

위생안전관리

1 식품위생법 관련 법규

1 식품위생   * 식품위생의 대상 : 식품, 식품 첨가물, 기구, 용기, 포장

WHO(세계보건기구)는 '식품위생이란 식품의 생육, 생산, 제조로부터 최종적으로 사람에게 섭취되기까지의 모든 단계에 있어서 식품의 안정성, 건전성, 완전 무결성을 확보하기 위해 필요한 수단'이라고 표현하였다.

2 식품위생의 목적

① 식품 영양의 질적 향상을 도모한다.
② 식품으로 인한 위생상의 위해 사고를 방지한다.
③ 국민보건의 향상과 증진에 이바지한다.

3 식품위생 관련 법규

① 식품 취급자는 연 1회 건강검진을 받아야 한다.
② 영업하려는 자는 미리 식품위생교육을 받아야 한다(조리사, 영양사 면허를 받은 자는 제외한다).
③ 식품 접객업 중 복어를 조리, 판매하는 자는 복어조리사를 두어야 한다.
④ 100명 이상의 집단 급식소 운영자는 자격증이 있는 영양사를 두어야 한다.
⑤ 의사, 한의사는 식중독 환자나 식중독이 의심되는 증세를 보이는 자의 혈액 또는 배설물을 보관하는 데 필요한 조치를 하고 관할시장, 군수, 구청장에게 보고한다.
⑥ 시장, 군수, 구청장은 지체 없이 식품의약품안전처장 및 시·도지사에게 원인과 결과를 포함하여 보고한다.

> **🔍 식품위생법에서 식품 등의 공전 내용**
> 식품, 식품 첨가물의 기준과 규격, 기구 및 용기, 포장의 기준과 규격

4 시장, 군수, 구청장에게 영업신고를 해야 하는 업종

① 식품 제조 가공업　　　　　② 즉석 식품 제조 가공업
③ 식품 운반업　　　　　　　　④ 식품 소분 판매업
⑤ 식품 냉동냉장업　　　　　　⑥ 용기 포장류 제조업
⑦ 휴게음식점 영업　　　　　　⑧ 일반 음식점 영업
⑨ 위탁급식 영업　　　　　　　⑩ 제과점 영업

5 식품위생법상 영업 허가를 받아야 하는 업종

① 식품 첨가물 제조업
② 식품 조사 처리업
③ 단란주점, 유흥주점 영업

6 식품위생법상 영업에 종사하지 못하는 질병

① 제1급 감염병
② 결핵
③ 후천성 면역결핍증
④ 피부병 기타 화농성균

예상문제

1. 식품위생법상 식품위생의 대상이 아닌 것은?

① 식품　　　　　　　　　② 식품 첨가물
③ 조리 방법　　　　　　　④ 기구와 용기, 포장

해설 식품위생법상의 식품위생은 식품, 식품 첨가물, 기구, 용기, 포장을 대상으로 하는 음식에 관한 위생을 말한다.

2. 식품위생법에서 식품 등의 공전은 누가 작성하고 보급하는가?

① 식품의약품안전처장　　　② 시, 도지사
③ 보건복지부 장관　　　　　④ 국립보건원장

해설 식품 등의 공전 내용 : 식품, 식품 첨가물의 기준과 규격, 기구 및 용기, 포장의 기준과 규격

정답 1. ③　2. ①

2 HACCP, 제조물 책임법 등의 개념 및 의의

1 HACCP(위해요소 중점관리기준) * HA : 위해요소분석, CCP : 중점관리기준

위해요소를 분석하고 중점관리기준을 파악하여 식품을 제조함으로써 식품의 안정성을 확보하기 위한 식품안전관리 인증 기준이다.

(1) HACCP의 구성요소

① HACCP PLAN : HACCP 관리계획
② SSOP : 표준위생 관리기준
③ GMP : 우수 제조기준

(2) HACCP의 7원칙

① 위해요소 분석과 위해 평가
② CCP 결정
③ CCP에 대한 한계 기준 설정
④ CCP 모니터링 방법 설정
⑤ 개선 조치 설정
⑥ 기록 유지 및 문서 유지
⑦ 검증 방법 수립

2 PL(제조물책임법) * 제조물 결함만 입증되면 제조업자에게 배상 책임이 있다.

소비자 또는 제3자가 제조물 결함으로 인해 생명, 신체, 재산에 피해를 입었을 경우 제조업자 또는 판매업자가 책임을 지고 손해를 배상하도록 하는 제조물 책임제이다.

예상문제 ○

1. HACCP 구성요소 중 일반적인 위생관리 운영기준, 영업자 관리, 종업원 관리, 운송 관리, 검사 관리, 회수 관리 등의 운영 절차는?

① HACCP PLAN   ② SSOP
③ GMP   ④ HACCP

해설 SSOP : 표준위생 관리기준

정답 1. ②

3 식품 첨가물

1 식품 첨가물의 개념

식품을 제조 및 가공할 때 품질을 좋게 하고 보존성과 기호성을 향상시키며 식품의 영양가나 그 본질적인 가치를 증진시키기 위해 인위적으로 첨가하는 물질을 말한다.

2 식품 첨가물의 조건 및 사용 기준

(1) 식품 첨가물의 조건

① 미량으로도 효과가 클 것
② 독성이 없거나 극히 적을 것
③ 무미, 무취이고 자극성이 없을 것
④ 변질 미생물에 대한 증식 억제 효과가 클 것
⑤ 공기, 빛, 열에 안정하고 pH에 의한 영향을 받지 않을 것

(2) ADI(식품 첨가물의 1일 섭취 허용량)

사람이 일생에 걸쳐 섭취했을 때 아무런 장애 없이 섭취할 수 있는 화학 물질의 1일 섭취량을 의미한다.

(3) LD_{50}(반수 치사량)   * LD_{50}의 값이 작을수록 독성이 높다.

한 무리의 실험동물 중 50%를 사망시키는 독성물질의 양으로, 독성을 나타내는 지표이다.

3 식품 첨가물의 종류 및 특징

① **방부제(보존료)** : 미생물의 번식으로 인한 식품의 변질 방지
㉮ 데히드로초산, 데히드로초산 나트륨 : 버터, 치즈, 마가린
㉯ 소르빈산(염), 소르빈산 칼륨 : 육제품, 절인 식품, 케첩, 고추장, 된장
㉰ 안식향산(염), 안식향산 나트륨 : 청량음료, 간장
㉱ 프로피온산 칼륨(염) : 빵, 프로피온산 나트륨 : 과자
㉲ 파라옥시안식향산, 에스테르 : 간장, 과일, 식초, 음료, 소스류
② **살균제** : 미생물을 단시간 내 사멸 예 표백분, 차아염소산 나트륨
③ **산화방지제(항산화제)** : 유지의 산화에 의한 변질 방지
예 비타민 E(토코페롤), BHA, BHT, 프로필 갈레이트(PG), 에르소르브산

④ **유화제(계면활성제)** : 대두 인지질(레시틴), 지방산 에스테르 4종류, 폴리소르베이트

⑤ **호료(증점제)** : 식품의 점착성(촉감 향상), 유화 안정성

　　예 카세인, 메타셀룰로오스, 알긴산나트륨

⑥ **이형제** : 분할할 때나 구울 때 빵 반죽이 붙지 않게 하는 유지　예 유동파라핀 오일

⑦ **밀가루 개량제** : 과산화벤조일(희석), 과황산암모늄, 과산화벤조일, 이산화염소, 염소, 브롬산칼륨

⑧ **팽창제** : 빵, 과자 등을 부풀려 모양 갖추는 데 사용　* 대표적인 천연 팽창제 : 효모

　　예 중조, 염화암모늄, 탄산마그네슘, 베이킹파우더

⑨ **소포제** : 식품 제조, 공정 과정에서 생기는 불필요한 거품 제거

　　예 규소수지(실리콘수지)

🔍 제과 · 제빵에 허용된 방부제(보존료)에는 프로피온산 칼슘, 프로피온산 나트륨이 있다.

예상문제 🎯

1. 식품 첨가물로서 갖추어야 할 요건으로 알맞은 것은?

① 공기, 광선에 안정할 것
② 사용 방법이 까다로울 것
③ 일시적으로 효력이 나타날 것
④ 열에 의해 쉽게 파괴될 것

해설 식품 첨가물의 조건 : 사용법이 간편할 것, 미량으로도 효과가 크고 지속적일 것, 무미 무취이고 자극성이 적을 것

2. 미생물 증식에 의해 일어나는 식품의 부패나 변패 방지를 위한 식품 첨가물은?

① 착색료　　　　　　　　　　② 보존료
③ 산화방지제　　　　　　　　④ 표백제

3. 빵이나 케이크에 허용되는 보존료는?

① 소르비톨　　　　　　　　　② 안식향산
③ 데히드로초산　　　　　　　④ 프로피온산 나트륨

해설 빵이나 케이크에 허용되는 보존료에는 프로피온산 칼슘, 프로피온산 나트륨이 있다.

정답 1. ①　2. ②　3. ④

4 개인 위생관리

개인 위생관리는 기본적인 손 씻기와 위생복, 위생모, 장갑, 앞치마 등의 위생상태를 관리하는 것이며 머리카락, 손톱, 피부 상처 등의 관리도 중요한 위생관리 중 하나이다.

1 건강 진단

매년 1회의 건강검진을 받아야 한다. 완전 포장된 식품이나 식품 첨가물을 운반하거나 판매하는 일에 종사하는 사람은 제외한다.

2 영업에 종사하지 못하는 질병

① 제1급 감염병
② 결핵
③ 피부병이나 화농성 질환
④ B형간염 환자
⑤ 후천성 면역결핍증(AIDS)

5 식중독의 종류, 특징 및 예방 방법

1 세균성 식중독

(1) 감염형 식중독   * 식중독의 원인 : 세균

감염형 식중독의 종류 및 특징

구분	살모넬라 식중독	장염 비브리오균 식중독	병원성대장균 식중독
원인균	살모넬라균	호염성 비브리오균	병원성대장균
원인 식품	육류, 어패류, 가공품	어패류 및 가공품	햄, 치즈, 가공품
잠복기	12~24시간	10~18시간 (평균 12시간)	10~24시간 (평균 12시간)
증상	구토, 복통, 설사, 발열	구토, 복통, 설사, 발열, 급성 위장염 증상, 점액 변	구토, 복통, 설사, 발열
예방	음식의 가열 섭취	조리 도구의 소독·살균	식품의 가열 조리

(2) 독소형 식중독   *식중독의 원인 : 세균의 독소

독소형 식중독의 종류 및 특징

구분	포도상구균 식중독	보툴리누스(클로스트리듐 보툴리눔) 식중독
원인균	황색 포도상구균	A, B, E, F형 보툴리누스균
독소	엔테로톡신(장관독)	뉴로톡신(신경독)
특징	잠복기가 가장 짧다.	치사율이 가장 높다.
잠복기	1~6시간(평균 3시간)	12~36시간
증상	구토, 복통, 설사	신경 마비, 시력 감퇴, 시력 저하
예방	화농성 질환, 인후염이 있는 사람의 식품 취급 금지	통조림 등의 완전 살균과 위생적인 가공 및 저온 보관

🔍 세균성 식중독의 특징
- 잠복기가 길다.
- 2차 감염이 있다.
- 소량의 균이라도 숙주 체내에서 증식하여 발병한다.

2 자연독 식중독

자연독 식중독의 종류 및 특징

구분	종류	독소
식물성 식중독	감자	솔라닌
	독버섯	무스카린, 팔린, 뉴린, 아마니타톡신
	면실유	고시폴
	독미나리	시큐톡신
동물성 식중독	복어	테트로도톡신
	섭조개, 대합조개	삭시톡신
	모시조개, 굴, 바지락	베네루핀

🔍 고시폴
면실유의 불충분한 정제로 인해 식중독을 일으키는 식물성 자연독이다.

예상문제

1. 정제가 불충분한 기름에 남아 식중독을 일으키는 고시폴은 어느 기름에서 유래하는가?

① 피마자유 ② 콩기름

③ 면실유 ④ 미강유

해설 면실유의 독소는 고시폴로 신장염, 복통, 구토, 설사를 일으킨다.

2. 복어의 독소 성분은?

① 엔테로톡신 ② 테트로도톡신

③ 무스카린 ④ 솔라닌

해설 복어의 독소 성분은 테트로도톡신으로, 끓여도 파괴되지 않는다.

정답 1. ③　2. ②

3 화학성 식중독

(1) 유해 첨가물에 대한 식중독

① **표백제** : 롱갈리트, 삼염화질소, 과산화수소

② **착색제** : 아우라민, 로다민 B

③ **감미료**

㈎ 에틸렌글리콜 : 신경장애 발생

㈏ 시클라메이트 : 설탕의 약 40배 감미, 발암 유발

㈐ 둘신 : 설탕의 250배 감미, 동물 실험 결과 간 종양, 적혈구 생산 억제

㈑ 페닐라틴 : 설탕의 약 2000배 감미

(2) 유해 금속에 의한 식중독

① **수은** : 유기 수은에 오염된 해산물 섭취로 중독, 미나마타병의 원인 물질

② **카드뮴** : 카드뮴이 산성식품에 용출되어 중독, 만성 중독 시 이타이이타이병, 골연화증

③ **납** : 도료, 안료, 농약, 납관에 의해 오염, 만성 중독 시 피로, 빈혈, 체중 감소

④ **비소** : 밀가루로 오인하고 섭취하여 구토, 위통, 경련을 일으키는 급성 중독

🔍 롱갈리트
감자, 연근, 우엉에 사용되기도 하는 표백제로, 아황산과 다량의 포름알데히드가 잔류하여 독성을 낸다.

4 곰팡이독(마이코톡신)

곰팡이독의 종류 및 특징

구분	아플라톡신 중독	맥각 중독	황변미 중독
원인 곰팡이	아스페르길루스 플라부스	맥각균	푸른곰팡이
원인 식품	메주, 땅콩, 탄수화물	보리, 밀, 호밀	저장미
독소	아플라톡신	에르고톡신 (간장독)	시트리닌, 시트리오비리딘, 아이슬랜디톡신

5 알레르기 식중독 * 항히스타민제를 복용하면 바로 치료된다.

① **원인균** : 모르가넬라균
② **독소** : 히스타민
③ **잠복기** : 5분~1시간(보통 30분 전후)
④ **원인 식품** : 꽁치, 정어리, 고등어 등의 붉은 살 생선과 그 가공품
⑤ **증상** : 안면 홍조, 상반신 홍조, 두드러기, 두통

예상문제

1. 미나마타병은 어떤 중금속에 오염된 어패류를 섭취했을 때 발병하는가?
　① 수은　　　　　　　　　　② 카드뮴
　③ 납　　　　　　　　　　　④ 아연

2. 다음 중 곰팡이독과 관계가 없는 것은?
　① 파툴린　　　　　　　　　② 아플라톡신
　③ 시트리닌　　　　　　　　④ 고시폴
　해설 고시폴은 목화씨에서 짜낸 면실유의 독소 물질로 식물성 식중독이다.

3. 알레르기성 식중독의 원인이 될 수 있는 가능성이 가장 높은 식품은?
　① 오징어　　　　　　　　　② 꽁치
　③ 갈치　　　　　　　　　　④ 광어
　해설 원인 식품 : 꽁치, 정어리, 고등어 등의 붉은 살 생선과 그 가공품

정답 1. ① 2. ④ 3. ②

6　감염병의 종류, 특징 및 예방 방법

　미생물의 감염에 의해 일어나는 병을 감염병이라 하고, 여러 사람에게 전파되는 감염병을 전염병이라 한다.

1　감염병　　* 제1~5군 감염병 → 제1~4급 감염병(2020년 개정)

(1) 감염병 발생의 3대 요소

　① **감염원(병원소)** : 환자, 보균자, 병원체 보유동물, 토양
　② **감염 경로(전파 방식)** : 전파되는 과정, 새로운 숙주로의 침입
　③ **숙주의 감수성(면역에 대한 저항성)** : 감수성이 높으면 면역성이 낮아 질병 발병이 쉽다.

(2) 감염병 발생 과정

> 병원체 → 환경 → 병원소로부터의 탈출 → 병원체의 전파 →
> 새로운 숙주에의 침입 → 숙주의 감수성과 면역

(3) 병원체에 따른 감염병의 종류

　① **세균성 감염병** : 콜레라, 장티푸스, 세균성 이질, 비브리오 패혈증, 결핵, 브루셀라증
　② **바이러스성 감염병** : 소아마비(폴리오), 홍역, 일본뇌염, A형간염, 인플루엔자
　③ **리케차성 감염병** : 발진티푸스, 발진열, 쯔쯔가무시병, Q열
　④ **원생 동물성 감염병** : 아메바성 이질

(4) 법정 감염병

　① **제1급 감염병**　* 메르스, 코로나바이러스 감염증-19
　　㈎ 생물테러 감염병 또는 치명률이 높거나 집단 발생 우려가 큰 질병
　　㈏ 발생 또는 유행 즉시 신고하고 음압 격리가 필요한 감염병
　　㈐ 종류 : 에볼라바이러스병, 페스트, 탄저, 보툴리눔 독소증, 디프테리아, 야토병, 신종 감염병 증후군, 중증 급성 호흡기 증후군(SARS), 신종인플루엔자
　② **제2급 감염병**
　　㈎ 전파 가능성을 고려하여 발생 또는 유행 시 24시간 이내에 신고하고 격리가 필요한 감염병
　　㈏ 종류 : 결핵, 홍역, 콜레라, 장티푸스, 세균성 이질, A형간염, 유행성이하선염

③ **제3급 감염병**

　(가) 발생 또는 유행 시 24시간 이내에 신고하고 발생을 계속 감시할 필요가 있는 감염병

　(나) 종류 : 파상풍, B형간염, C형간염, 일본뇌염, 말라리아, 비브리오 패혈증, 발진티푸스, 발진열, 쯔쯔가무시증, 브루셀라증, 후천성 면역결핍증, 뎅기열, Q열, 지카바이러스 감염증

④ **제4급 감염병**

　(가) 제1~제3급 감염병 외에 유행 여부를 조사하기 위해 표본 감시 활동이 필요한 감염병

　(나) 종류 : 인플루엔자, 매독, 회충증, 편충증, 요충증, 간흡충증, 폐흡충증, 장흡충증, 임질, 급성호흡기 감염증, 해외 유입 기생충 감염증, 사람유두종 바이러스 감염증

⑤ **신고 기간 및 대상**

신고 기간 및 대상

구분	신고 기간	신고 대상
제1급 감염병	즉시	발생, 사망, 병원체 검사 결과
제2, 3급 감염병	24시간 이내	
제4급 감염병	7일 이내	발생, 사망
예방 접종 후 이상 반응	즉시	이상 반응 발생

🔍 **감염병 발생 신고**

의사, 치과의사, 한의사, 의료기관의 장, 부대장, 병원체 확인기관의 장 → 관할 보건소장
(제1급 감염병의 경우 신고서 제출 전에 보건소장 또는 질병관리본부장에게 구두나 전화로 신고)

예상문제 ◎

1. 다음 법정 감염병 중 제2급 법정 감염병은?

　① 탄저　　　　　　　　　　　② 장티푸스
　③ 신종인플루엔자　　　　　　④ 에볼라바이러스병

　해설 콜레라, 장티푸스, 세균성 이질, A형간염은 제2급 감염병으로 개정되었다.

정답 1. ②

2 경구 감염병

감염자의 변이나 구토물이 감염원이 되어 식품, 식수 등 입을 통해 세균이 체내에 침입한 후 장기간 잠복하면서 증식, 발병하는 소화기계 감염병이다.

(1) 경구 감염병의 종류 및 특징

① **세균성 경구 감염병**

㉮ 장티푸스 : 파리가 매개체
- 잠복기 : 1~3주　　　　• 증상 : 오한, 고열(40℃), 피부 발진
- 예방 : 보균자의 격리, 음식물, 곤충 등의 위생 관리 및 예방 접종

㉯ 콜레라 : 대변과 구토물을 통한 물 오염　　*잠복기가 가장 짧다.
- 잠복기 : 10시간~5일　　　　• 증상 : 설사, 구토, 탈수로 인한 체온 저하
- 예방 : 외래 감염병의 검역 철저, 세균 백신에 의한 예방 접종

㉰ 파라티푸스 : 곤충이 매개체
- 잠복기 : 5일　　　• 증상 : 급성 고열과 피부 발진
- 예방 : 보균자의 격리 및 음식물, 곤충의 위생 관리 및 예방 접종

㉱ 세균성 이질 : 분변이나 파리가 매개체
- 잠복기 : 2~7일　　　　• 증상 : 설사, 복통
- 예방 : 식품 섭취 전 손과 식기류의 소독을 철저히 하고 충분히 가열한다.

㉲ 디프테리아 : 분비물에 의한 식품의 오염
- 잠복기 : 3~5일
- 증상 : 편도선이 붓고 38℃ 내외 발열
- 예방 : 톡소이드에 의한 예방 접종을 한다.

② **바이러스성 경구 감염병**

㉮ 유행성 간염 : 손에 의한 식품의 오염, 물의 오염
- 잠복기 : 25일　　　　• 증상 : 발열, 두통, 위장장애, 황달, 간병증
- 예방 : A형간염 예방 접종은 백신 근육주사

㉯ 소아마비(급성 회백수염, 폴리오) : 분변이나 파리가 매개체, 오염된 식품
- 잠복기 : 7~21일(보통 12일)　　　　• 증상 : 두통, 식욕 감퇴, 복통, 사지마비
- 예방 : 세이빈 백신(생백신) 예방 접종

㉰ 천열 : 음식과 물에 의해 감염 또는 직접 감염　　　• 잠복기 : 2~10일

㉱ 감염성 설사증 : 급성 무열성 비세균성 감염성 위장염

㉲ 홍역, 일본뇌염, 광견병, 인플루엔자 등

(2) 경구 감염병의 예방 방법

① 병원체 제거 및 병원체 전파 차단
② 인체의 저항력 증강(예방 접종, 충분한 영양 섭취와 휴식)

예상문제 ◎

1. 병원체가 음식물, 손, 식기, 완구, 곤충 등을 통해 입으로 침입하여 감염을 일으키는 것 중 바이러스에 의한 것은?

① 이질　　　　　　　　　　　② 폴리오
③ 장티푸스　　　　　　　　　④ 콜레라

해설 바이러스성 감염병 : 소아마비(폴리오), 홍역, 일본뇌염, 감염성 설사증, A형간염

2. 경구 감염병에 속하지 않는 것은?

① 장티푸스　　　　　　　　　② 콜레라
③ 세균성 이질　　　　　　　④ 말라리아

해설 • 경구 감염병 : 장티푸스, 세균성 이질, 콜레라　　　• 경피 감염병 : 말라리아

정답 1. ②　2. ④

---

3 인수공통 감염병

인수공통 감염병은 사람과 동물 사이에서 서로 이환되는 병으로, 특히 동물이 사람에게 옮기는 감염형 병을 말한다. 동물이 사람에게 전파되는 감염형 병이 70%에 이르는 것으로 알려져 있다.

(1) 인수공통 감염병의 특징

인수공통 감염병의 특징

감염병	가축	감염병	가축
결핵	소	광견병	개
탄저, 비저	양, 말	페스트	쥐
살모넬라증, 돈단독, 선모충, Q열	돼지	야토병	산토끼
		브루셀라증 (파상열)	사람(열병) 동물(유산)

(2) 인수공통 감염병의 예방 방법

① 가축의 건강관리 및 이환동물의 조기 발견과 예방

② 이환된 동물의 판매 및 수입 방지

③ 도살장이나 우유 처리장의 철저한 검사

4 기생충 감염

(1) 기생충 감염의 종류 및 특징

① **육류를 통해 감염되는 기생충**　* 중간 숙주 : 1개

　㈎ 무구조충(민촌충) : 쇠고기 생식

　㈏ 유구조충(갈고리촌충) : 돼지고기 생식

　㈐ 선모충 : 썩은 고기를 먹는 동물에 감염

② **채소를 통해 감염되는 기생충**　* 중간 숙주 : 0개

　㈎ 회충 : 인분을 비료로 사용한 것이 원인이다.

　㈏ 십이지장충 : 70℃에서 1초 만에 사멸하며 각종 소독약에 쉽게 죽는다.

　㈐ 편충 : 대장에 기생하며 우리나라에서 감염률이 상당히 높다.

　㈑ 요충 : 집단 감염 기생충

　㈒ 동양모양선충 : 절임 채소에서 나타난다.

③ **어패류를 통해 감염되는 기생충**　* 중간 숙주 : 2개

어패류를 통해 감염되는 기생충

구분	간디스토마 (간흡충)	폐디스토마 (폐흡충)	광절열두조충 (긴촌충)	요꼬가와흡충 (횡천흡충)	아나사키스충
제1중간 숙주	왜우렁이	다슬기	물벼룩	다슬기	갑각류
제2중간 숙주	잉어, 붕어	가재, 게	연어, 숭어	담수어(은어)	바다 생선

(2) 기생충 감염의 예방 방법

① 조리기구를 잘 소독하고 개인 위생관리를 철저히 한다.

② 어패류와 육류는 생식을 삼가고 익혀서 먹는다.

③ 야채는 0.2~0.3%의 중성세제나 흐르는 물에 세척하면 90% 이상의 충란이 제거된다.

예상문제 🔘

1. 다음 중 인수공통 감염병은?

① 탄저 　　　　　　　　　② 콜레라

③ 세균성 이질 　　　　　　④ 장티푸스

해설 콜레라, 세균성 이질, 장티푸스는 경구 감염병이다.

2. 감염병과 관련 내용이 바르게 연결되지 않은 것은?

① 콜레라 – 외래 감염병

② 파상열 – 바이러스성 인수공통 감염병

③ 장티푸스 – 고열 수반

④ 세균성 이질 – 점액성 혈변

해설 파상열(브루셀라증)은 세균성 인수공통 감염병이다.

3. 어패류의 생식과 가장 관계가 깊은 식중독 세균은?

① 프로테우스균 　　　　　② 장염 비브리오균

③ 살모넬라균 　　　　　　④ 바실러스균

4. 기생충과 숙주와의 연결이 잘못된 것은?

① 유구조충(갈고리촌충) : 돼지 　② 아니사키스 : 해산어류

③ 간흡충 : 소 　　　　　　④ 폐디스토마 : 다슬기

해설 무구조충(민촌충) : 소

정답 1. ① 　2. ② 　3. ② 　4. ③

---

5 **위생동물** ＊ 발육기간이 짧고 식성 범위가 넓어 피해가 크다.

(1) 위생동물의 종류별 질병

① **쥐** : 페스트, 와일씨병, 이질, 살모넬라증, 신증후군출혈열, 쯔쯔가무시병, 발진열

② **파리** : 콜레라, 장티푸스, 디프테리아, 세균성 이질, 결핵, 구충증, 회충증

③ **바퀴벌레** : 이질, 장티푸스, 콜레라, 살모넬라, 소아마비, 디프테리아, 파상풍

④ **진드기** : 유행성출혈열, 쯔쯔가무시병, 재귀열, Q열

⑤ **모기** : 말라리아, 일본뇌염, 사상충증, 황열, 뎅기열

⑥ **이** : 발진티푸스, 재귀열

예상문제 ●

1. 위생동물의 일반적인 특징이 아닌 것은?

① 식성 범위가 넓다.
② 음식물과 농작물에 피해를 준다.
③ 병원성 미생물을 식품에 감염시키는 것도 있다.
④ 발육기간이 길다.

해설 위생동물에 해당하는 쥐, 파리, 바퀴벌레 등은 발육기간이 짧다.

2. 쥐나 곤충류에 의해 발생될 수 있는 식중독은?

① 살모넬라 식중독 　　　　　 ② 클로스트리듐 보툴리눔 식중독
③ 포도상구균 식중독 　　　　　 ④ 장염 비브리오 식중독

정답 1. ④　2. ①

---

7 작업환경 위생관리

① 제조 과정상 발생할 수 있는 오염을 최소화하기 위해 청결구역을 분리한다.
② 작업장 외부에 옷을 갈아입을 수 있는 공간을 정한다.　　*외출복과 위생복은 구분하여 보관
③ 작업장(출입문, 벽, 창문, 천장)은 누수, 외부의 오염물질이나 해충, 설치류 등의 유입을 차단할 수 있도록 밀폐 가능한 구조이어야 한다.
④ 외부로 개방된 흡기구, 배기구 등에는 여과망이나 방충망 등을 부착해야 한다.
⑤ 작업 종료 후 식품, 취급시설에 직·간접적으로 접촉한 부분은 세척하여 오염을 제거한다.

8 소독제

1 소독과 살균 　*소독력의 크기 : 멸균>소독>방부

(1) 소독

① **소독** : 물리적 또는 화학적인 방법으로 병원균만을 사멸시키는 것을 말한다.
② **소독제의 구비조건**
　㉮ 냄새가 나지 않아야 한다.

(나) 미량으로 살균력이 있어야 한다.

(다) 경제성과 안정성이 있어야 한다.

(라) 침투력이 크고 사용법이 간단해야 한다.

(2) 살균   * 방부 : 미생물 번식으로 인한 식품의 부패를 방지하는 것

살균은 물리적·화학적 자극을 주어 모든 미생물을 사멸시키는 것으로, 완전한 무균 상태가 되도록 하는 것이다.

② 물리적 소독·살균 방법

① **자외선 살균법** : 일광 또는 자외선 살균을 이용하는 방법이다.   * 조리기구의 표면 살균

② **열탕 소독법(자비 멸균법)** : 끓는 물(100℃)에 넣어 10~30분간 가열하는 방법으로 식기, 행주 등에 이용한다.

③ 화학적 방법

① **염소** : 음료수 소독이나 수영장, 상하수도 소독에 이용한다.

② **역성비누** : 원액을 200~400배로 희석하여 손, 식품, 기구 등에 이용한다. 무독성이고 살균력이 강하나 비누와 섞어 쓰거나 단백질이 있으면 효과가 떨어진다.

③ **과산화수소** : 3% 수용액을 피부, 상처 소독에 이용한다.

④ **0.1% 승홍수** : 비금속 기구의 소독에 이용한다.

⑤ **석탄산** : 순수하고 안정하여 살균력 표시의 기준이 된다.

예상문제

1. 소독력이 매우 강한 표면활성제로 손이나 용기 및 기구의 소독제로 알맞은 것은?

① 크레졸   ② 석탄산액

③ 과산화수소   ④ 역성비누

해설 역성비누는 무독성이며 살균력이 강하지만 보통 비누와 섞어 쓰거나 유기물이 존재하면 살균력이 떨어진다.

2. 다음 중 작업공간의 살균에 가장 적합한 것은?

① 자비 멸균법   ② 자외선 살균

③ 적외선 살균   ④ 가시광선 살균

정답 1. ④   2. ②

9 미생물의 종류와 특징 및 예방 방법

1 미생물의 특성

① 육안으로 식별이 불가능할 정도의 작은 생물을 지칭한다.
② 식품의 제조·가공에 이용되기도 하지만 식중독과 감염병의 원인이 되기도 한다.

2 미생물의 종류

(1) 세균류 　* 형태 : 구균(둥근 모양), 간균(막대 모양), 나선균(나선 모양)

① **바실루스** : 호기성 또는 통성 혐기성 간균, 빵의 부패 유발
② **프로테우스** : 호기성 간균, 육류나 달걀의 부패 유발
③ **락토바실루스** : 혐기성 간균, 요구르트나 치즈의 부패 유발

(2) 진균류

① **곰팡이** : 실 모양의 균사로 구성되어 있다.
　㈎ 거미줄곰팡이 : 과일, 채소, 빵 등의 변패에 관여한다.
　㈏ 아플라톡신 : 누룩균에서 생산되며, 진균독 중 독성이 매우 강하고 발암성, 돌연변이성이 있으며, 탄수화물이 풍부한 농산물이나 곡류에서 잘 번식한다.
② **효모**
　㈎ 통성 혐기성 미생물이며 세균보다 크기가 크다.
　㈏ 출아에 의해 무성 생식법으로 번식하며 비운동성이다.
　㈐ 빵, 술 등 식품의 제조에 관여한다.
③ **바이러스**
　㈎ 미생물 중 가장 작은 것으로 살아 있는 세포에서만 생존한다.
　㈏ 독감, 감기, 에이즈, 천연두, 소아마비, 구제역, 메르스 등에 존재한다.
④ **리케차**
　㈎ 세균과 바이러스의 중간 형태이며 살아 있는 세포에서만 증식한다.
　㈏ 발진티푸스의 병원체이며 식품과 큰 관련이 없다.

> 🔍 **미생물의 크기**
> 곰팡이 > 효모 > 세균 > 리케차 > 바이러스

예상문제 ◉

1. 세균의 대표적인 3가지 형태에 포함되지 않는 것은?

① 구균 　　　　　　　　　　② 나선균

③ 간균 　　　　　　　　　　④ 페니실린균

해설 세균은 형태에 따라 구균, 간균, 나선균의 3가지로 분류한다.

2. 아플라톡신은 다음 중 어디에 속하는가?

① 감자독 　　　　　　　　　② 효모독

③ 세균독 　　　　　　　　　④ 곰팡이독

해설 아플라톡신은 곰팡이독으로 누룩균에서 생산되며 진균독 중 독성이 매우 강하다.

3. 식품의 부패와 관련된 미생물에 대한 설명으로 옳은 것은?

① 식품을 냉장 저장하면 미생물이 사멸되므로 부패를 완전히 막을 수 있다.

② 부패하기 쉬운 식품에는 수분과 영양원이 충분하므로 온도 관리가 중요하다.

③ 어패류의 부패에 관련된 세균은 주로 고온균이다.

④ 일단 냉동시켰던 식품은 해동하더라도 세균이 증식될 수 없다.

정답 1. ④　2. ④　3. ②

10　방충·방서 관리

① 배수구 및 트랩에는 0.8cm 이하의 그물망을 설치한다.

② 문틈은 0.8cm 이하가 되도록 하고, 창의 하부에서 지상까지의 간격은 90cm 이상이 되도록 한다.

③ 작업장 내에 곤충, 새, 해충 등이 들어오지 못하도록 밀폐식 구조로 한다.

④ 작업장 내·외부에 설치되어 있는 에어 샤워, 방충문 등을 일상 점검하여 정상 작동 여부를 확인한다.

⑤ 방제를 할 경우 식품에 오염되지 않도록 비닐 등을 사용하여 적절한 조치를 취하고, 근무가 없는 날에 실시하며 약제 사용량 및 방역 결과는 기록으로 보관한다.

⑥ 작업장 주변 소독은 월 1회 이상 실시한다.

⑦ 작업장 개체 수가 평소보다 많이 발생한 경우 전체적인 밀폐 여부를 확인·점검하여 개선 및 조치하고, 작업장 주변에 대한 방역을 실시한다.

11 공정의 이해 및 관리

1 원료 관리   * 원료의 관리 : 입고 → 선별 → 보관 → 사용

원료는 제품을 생산하기 위해 가장 기본적이며 중요한 재료이므로 원료를 잘 활용하기 위해 용도와 특성을 잘 파악하는 것이 중요하다.

원료의 선별

분류	종류
곡류	밀가루, 쌀가루, 옥분, 전분 등
유가공품	우유, 치즈, 버터, 생크림
유지	마가린, 쇼트닝
당류	설탕, 미분당, 흑설탕, 과당, 꿀
기타류	소금, 물, 베이킹파우더, 이스트 등
견과류	땅콩, 호두, 피칸, 아몬드

🔍 **알레르기 유발 물질**
난류, 우유, 메밀, 땅콩, 대두, 밀, 고등어, 게, 새우, 돼지고기, 복숭아, 토마토, 굴

2 공정 관리

제조 공정마다 생산에 필요한 원료부터 완제품을 생산하는 모든 공정을 이해하고 있어야 하며, 품질 관리가 필요한 공정을 파악하고 있어야 한다.

(1) 설비

① 생산에 필요한 설비를 파악하고 관리 기준을 설정하도록 한다.
② 위생적으로 문제를 야기할 수 있는 설비 중 매일 세척해야 하는 것과 기간을 정하여 수행해야 하는 것을 구분한다.

(2) 제조 공정도에서 관리해야 할 부분

① 투입되는 원료　　　　　② 제품의 규격
③ 냉각 설정 조건　　　　　④ 포장 상태 및 보관 조건
⑤ 제품의 무게　　　　　　⑥ 발효실, 오븐의 위생 관리

12 공정별 위해요소 파악 및 예방

1 가열 전 일반 제조 공정

① **입고/보관** : 원·부재료의 외관상태를 확인한 다음 입고하며, 온도에 대한 기록 관리가 필요하다.

② **계량** : 제품별 배합비에 맞도록 각각 계량하여 용기에 담고 식중독균의 교차오염, 사용 도구에 의한 이물질이 들어가지 않도록 숙련된 종업원을 배치하여 관리한다.

③ **배합(반죽)** : 제품별 다양한 제법으로 반죽하고, 믹서를 사용하여 작업할 경우 믹서의 노후상태나 파손된 부위가 없는지 매일 확인하고 관리한다.

④ **성형** : 반죽의 종류에 따라 분할·정형·패닝을 하며, 성형기를 사용하여 작업할 경우 성형기의 노후상태나 파손 부위가 없는지 매일 확인하고 관리한다.

2 가열 후 일반 제조 공정

① **가열** : 식중독균이나 교차오염을 관리하기 위해 가열온도와 가열시간을 관리한다.

② **냉각** : 가열된 제품은 상온에서 천천히 냉각시키며, 종사자는 마스크를 착용하고 필요시 1회용 장갑을 착용하여 작업한다.

③ **내포장** : 포장재에 대한 재질을 확인하여 부적절한 포장재를 사용하지 않도록 하며, 이상이 없는 것으로 확인된 제품을 내포장재에 담고 포장한다.

3 내포장 후 일반 제조 공정

① **금속 검출** : 내포장 후 금속 검출기를 통과시켜 철, 스테인리스 스틸 등 금속 이물질을 검출한다.

② **외포장** : 금속 검출기를 통과한 제품을 컨베이어 벨트를 통해 외포장실로 이송한 다음 외포장 상자 등에 포장한다.

③ **보관 및 출고** : 외포장이 완료된 제품을 팔레트에 5단 이하로 적재하여 창고에 보관한다.

생산작업준비

1 작업환경 및 작업자 위생 점검

1 작업환경 관리

작업 내용별 조도 기준

작업 내용	표준 조도(lux)	한계 조도(lux)
장식, 마무리 작업	500	300~700
계량, 반죽, 정형	200	150~300
굽기	100	70~150
발효	50	30~70

① 매장과 주방의 크기는 1 : 1이 이상적이다.
② 창의 면적은 바닥 면적의 20~30%가 좋다.
③ 방충, 방서용 금속망은 30메시(mesh)가 적당하다.
④ 바닥은 미끄럽지 않고 배수가 잘 되어야 하며, 배수관의 최소 안지름은 10cm 정도가 적합하다.
⑤ 종업원과 손님의 출입구를 별도로 하고, 재료의 반입은 종업원의 출입구로 한다.
⑥ 주방 환기는 소형 환기장치를 여러 개 설치하여 조절하고, 가스를 사용하는 장소에는 환기 덕트를 설치한다.

2 작업자 위생 점검   * 조리 중에는 대화를 하지 않는다.

① 위생복, 위생모자, 위생화를 착용하고 개인 소지품은 반입을 금한다.
② 손을 자주 세척하고 소독하여 청결한 상태를 유지한다.
③ 화농성 질환이 있거나 설사를 하지 않는지 점검한다.
④ 정기적으로 위생교육을 받아야 하며 정기검진을 받는다.

1. 일반적인 제과 · 제빵 작업장의 시설에 대한 설명으로 틀린 것은?

① 매장과 주방의 크기는 1 : 1이 이상적이다.

② 창의 면적은 바닥 면적을 기준으로 30%가 좋다.

③ 방충, 방서용 금속망은 30메시(mesh)가 적당하다.

④ 재료의 반입은 손님의 출입구로 한다.

해설 종업원과 손님의 출입구를 별도로 하고 재료 반입은 종업원의 출입구로 한다.

정답 1. ④

---

2 설비 및 기기의 종류

1 제과 · 제빵용 설비 기기

① **오븐**

㉮ 데크 오븐 : 소규모 제과점에서 많이 사용하는 가장 대중적인 오븐

㉯ 터널 오븐 : 반죽이 들어가는 입구와 제품이 나오는 출구가 서로 다른 오븐

㉰ 컨벡션 오븐(대류식 오븐) : 뜨거운 열이 순환되는 오븐

② **믹서**

㉮ 수직형 믹서 : 거품형 케이크, 빵 반죽이 모두 가능한 믹서(소규모 제과점이나 학원)

㉯ 수평형 믹서 : 빵 반죽 전용 믹서

㉰ 스파이럴 믹서 : 된반죽이나 글루텐 형성 능력이 다소 떨어지는 밀가루로 빵을 만들 때 사용하는 믹서

㉱ 에어 믹서 : 과자 반죽에 일정한 기포를 형성시키는 제과 전용 믹서

③ **파이 롤러** : 페이스트리를 만들 때 사용하며, 반죽의 두께를 조절하면서 밀어 펴기를 하는 기계

④ **데포지터** : 크림이나 과자 반죽을 일정한 모양짜기로 성형하여 패닝하는 기계

⑤ **도 컨디셔너** : 반죽을 넣고 온도를 급속 냉동시킨 후 시간을 조절하여 원하는 시간 내에 발효가 완료되도록 하는 기계

🔍 **믹서의 기능**

• 제과 : 밀가루(박력분)를 사용하며 달걀을 이용하여 공기를 포집한다.

• 제빵 : 밀가루(강력분) 속에 있는 단백질로부터 글루텐을 발전시킨다.

2 제과 · 제빵용 도구

① **스크레이퍼** : 빵 반죽이나 과자 반죽을 분할할 때 사용하는 도구
② **스쿱** : 밀가루나 설탕 등을 쉽게 퍼내기 위한 도구
③ **스패튜라** : 케이크 등을 아이싱하기 위한 도구
④ **디핑 포크** : 초콜릿 필링이 굳은 후 초콜릿에 담갔다가 건져내어 초콜릿 코팅을 만들 때 사용하는 포크 모양의 도구
⑤ **팬** : 다양한 형태의 과자를 만들기 위한 틀, 철판
⑥ **짤주머니** : 다양한 반죽이나 크림을 넣고 짜내는 도구
⑦ **모양깍지** : 짤주머니에 넣고 여러 가지 모양을 짜는 도구
⑧ **스파이크 롤러** : 롤러에 가시가 있어 비스킷이나 밀어 편 퍼프 페이스트리, 도우 등을 골고루 구멍낼 때 사용하는 도구

예상문제 🔘

1. 수평형 믹서를 청소하는 방법으로 옳지 않은 것은?
① 청소하기 전에 전원을 차단한다.
② 제품 생산 직후 청소를 실시한다.
③ 물을 가득 채워 회전시킨다.
④ 금속으로 된 스크레이퍼를 사용하여 반죽을 긁어낸다.
해설 수평형 믹서는 플라스틱으로 된 스크레이퍼를 사용한다.

2. 다음 기계 설비 중 대량 생산 업체에서 주로 사용하는 설비로 가장 알맞은 것은?
① 터널 오븐   ② 데크 오븐
③ 전자레인지   ④ 생크림 믹서
해설 터널 오븐은 대량 생산 업체에서 주로 사용하며, 열 손실이 큰 단점이 있다.

3. 소규모 제과점용으로 가장 많이 사용되며 반죽을 넣는 입구와 제품을 꺼내는 출구가 같은 오븐은?
① 터널 오븐   ② 데크 오븐
③ 전자레인지   ④ 생크림 믹서
해설 데크 오븐은 소규모 제과점에서 많이 사용하는 가장 대중적인 오븐이다.

정답 1. ④   2. ①   3. ②

3 설비 및 기기의 위생·안전 관리

작업장이나 제조 설비 및 기기에 존재하는 식중독균은 제품에 교차오염이 될 수 있으므로 주기적으로 종류별 세척 및 소독한다.

1 재료별 위생·안전 관리

① **스테인리스 스틸류 세척 및 보관** : 중성 세제로 세척한 후 마른 행주로 물기를 제거하고 실온에 보관한다.

② **플라스틱 및 고무류 세척 및 보관** : 중성 세제로 세척한 후 말려서 보관한다.

③ **나무류 세척 및 보관** : 될 수 있으면 물로 세척하지 않고 젖은 행주로 닦은 후 마른 행주로 물기를 제거하여 건조한 곳이나 건조기에 보관한다.

설비 및 기기의 위생·안전 관리

대상	주기
온도계	사용 전후
위생복	주 1회
냉장고, 냉동고	• 내부 : 주 1회 • 냉각기 : 연 1회
작업장 (바닥, 벽, 천장, 환기시설)	• 바닥 : 일 1회 • 벽 : 주 1회 • 이외 : 월 1회

2 종류별 위생·안전 관리

① **쇼케이스** : 온도는 10℃를 유지하도록 관리하고, 문틈에 쌓인 찌꺼기를 제거하여 청결하게 유지한다.

② **에어컨** : 필터는 1주일에 1번씩 꺼내 중성세제로 닦은 후 물로 씻어 말려주고, 냉각핀 등에는 에어컨 전용 세제를 뿌려 청소한다.

③ **작업대**

㈎ 부식성이 없는 스테인리스 등의 재질로 설비하고, 작업대 표면과 싱크대는 매번 사용하기 전에 씻고 소독한다.

㈏ 나무로 된 테이블은 나무 사이에 세균이 번식하지 않도록 사용 후 세척을 잘해야 하며, 정기적으로 대패를 사용하여 윗부분을 깎아준다.

㈐ 작업대와 세척대 바닥은 곰팡이와 대장균이 검출될 수 있으므로 자주 세척한다.

④ **냉장·냉동기기**

㉮ 냉동실은 −18℃ 이하, 냉장실은 5℃ 이하의 적정 온도를 유지하고, 온도계는 외부에서 보기 쉬운 위치에 설치한다.

㉯ 냉장고는 1일 1회 또는 1주일에 1회씩 사용 정도에 따라 청소하고 소독한다.

㉰ 온도를 유지하기 위해 1주일에 1회씩 정기적으로 서리를 제거한다.

⑤ **믹싱기** : 믹싱볼과 부속품은 분리한 후 중성 세제 또는 약알칼리성 세제를 전용 솔에 묻혀 세정하고, 깨끗이 헹궈 건조시킨 후 엎어서 보관한다.

⑥ **오븐** : 오염을 방지하기 위해 주 2회 이상 청소한다.

⑦ **튀김기** : 따뜻한 비눗물을 팬에 가득 붓고 10분간 끓여 내부를 깨끗이 씻은 다음 건조시킨 후 뚜껑을 덮어둔다.

⑧ **파이 롤러** : 사용 후 헝겊 위나 가운데 스크레이퍼 부분의 이물질을 솔로 깨끗이 털어내고 청소한다.

예상문제

1. 쇼케이스를 관리할 때 가장 알맞은 온도는?

① 0℃ 이하   ② 5℃ 이하
③ 10℃ 이하   ④ 15℃ 이하

해설 쇼케이스 온도는 10℃를 유지하도록 관리하고, 문틈에 쌓인 찌꺼기를 제거하여 청결하게 유지한다.

2. 냉장실과 냉동실 관리 온도로 적합한 것은?

① 냉장실 0℃, 냉동실 −10℃   ② 냉장실 5℃, 냉동실 −18℃
③ 냉장실 10℃, 냉동실 −20℃   ④ 냉장실 10℃, 냉동실 −25℃

정답 1. ③ 2. ②

제과
기능사필기

제**3**편

과자류 제조

반죽 및 반죽 관리

1 반죽법의 종류 및 특징

1 반죽형 반죽   * 화학적 팽창제를 이용하여 부풀린 반죽

(1) 크림법   * 유지 + 설탕 → 크림법

① 유지에 설탕을 넣고 달걀을 소량씩 넣으면서 크림상태로 만든 후 밀가루를 넣고 섞는 방법이다.
② **제품** : 레이어 케이크, 파운드 케이크, 마데라 컵케이크
③ **장점** : 부피가 큰 제품을 만들기에 적합하며 가장 많이 이용되는 방법이다.

(2) 블렌딩법   * 유지 + 밀가루 → 블렌딩법

① 유지에 밀가루를 넣어 밀가루가 유지에 의해 코팅이 되도록 하는 방법이다.
② **제품** : 데블스 푸드 케이크
③ **장점** : 유지가 글루텐의 생성을 막아주므로 제품이 부드럽다.

(3) 설탕/물법   * 설탕 + 물 → 설탕/물법

① 물에 설탕을 넣고 녹여서 반죽에 넣으므로 껍질색이 균일한 제품을 만들 수 있다.
② **장점** : 설탕 입자가 없어 스크레이핑을 할 필요가 없고 껍질색이 균일한 제품을 만들 수 있으며, 대량 생산이 용이하다.

(4) 1단계법   * 유지를 제외한 모든 재료 → 1단계법

① 밀가루, 설탕, 달걀 등 모든 재료를 한꺼번에 넣고 반죽하는 방법이다.
② 믹서의 성능이 좋거나 화학적 팽창제를 사용하는 제품에 적합하다.
③ **장점** : 노동력과 만드는 시간이 절약된다.

2 거품형 반죽

(1) 스펀지 반죽   * 전란 : 흰자 + 노른자

① **공립법** : 전란을 넣고 거품을 낸 다음 설탕, 밀가루를 넣고 섞는 방법이다.

㈎ 찬 믹싱법 : 저율 배합에 적합한 방법이다.   * 베이킹파우더를 주로 사용한다.

㈏ 더운 믹싱법(중탕법) : 고율 배합에 적합한 방법이다.

   • 달걀과 설탕을 43℃까지 중탕하여 거품을 내는 방법이다.
   • 제품의 껍질색이 균일하다.

② **별립법** : 달걀을 흰자와 노른자로 분리하여 각각 거품을 낸 다음 섞어주는 방법으로, 공립법 제품보다 부드럽다.

㈎ 녹인 버터를 넣을 경우에는 버터를 60℃로 중탕한 다음 반죽의 마지막 단계에 넣는다.

㈏ 제품 : 스펀지 케이크

③ **제누와즈법** : 스펀지 반죽에 유지를 녹여 부드럽게 만드는 방법이다.

④ **단단계법** : 베이킹파우더, 유화제를 넣은 후 모든 재료를 넣고 반죽하는 방법이다.

(2) 머랭 반죽

① 흰자로 거품을 올리다가 설탕을 넣고 단단하게 만든 반죽이다.

② 흰자 거품이 60%일 때 설탕을 넣는다.

③ 설탕을 너무 일찍 넣으면 부피가 작고 무거운 머랭이 되며, 머랭을 너무 많이 올리면 기공이 열려 조직이 거칠다.

④ **제품** : 머랭 쿠키, 엔젤 푸드 케이크

3 시폰형 반죽

① 시폰형 반죽은 비단같이 부드러운 식감의 제품을 말한다.

② 별립법과 같이 흰자로 머랭을 만들지만 노른자로는 거품을 내지 않는 반죽이다.

③ 노른자로 거품을 내지 않기 때문에 화학적 팽창제를 사용하여 반죽을 부풀린다.

④ **제품** : 시폰 케이크

제과용 반죽 믹싱법

• 유지 + 설탕 → 크림법
• 설탕 + 물 → 설탕/물 반죽법
• 유지 + 밀가루 → 블렌딩법
• 유지를 제외한 모든 재료 → 1단계법

1. 밀가루, 설탕, 노른자, 식용유, 물을 혼합한 후 머랭을 투입하여 반죽하는 제법은?

① 별립법　　　　　　　　　　② 공립법
③ 시폰법　　　　　　　　　　④ 단단계법

해설 시폰법은 흰자로 머랭을 만들지만 노른자로는 거품을 내지 않는 반죽이다.

2. 머랭(meringue)을 만드는 주요 재료는?

① 달걀흰자　　　　　　　　　② 전란
③ 달걀노른자　　　　　　　　④ 박력분

해설 머랭은 달걀흰자로 거품을 올리다가 설탕을 넣고 단단하게 만든 반죽이다.

3. 반죽형 케이크의 믹싱 방법 중 유지와 설탕을 먼저 믹싱하는 방법은?

① 크림법　　　　　　　　　　② 블렌딩법
③ 설탕/물법　　　　　　　　④ 1단계법

해설 크림법은 유지와 설탕을 먼저 믹싱하는 방법으로, 스크레이핑을 자주 해야 한다.

정답 **1.** ③　**2.** ①　**3.** ①

2　반죽의 결과 온도

1 반죽의 온도

① 마찰계수 = (결과 온도×6) − (실내온도 + 밀가루 온도 + 물 온도
　　　　　　　　　　　　 + 설탕 온도 + 달걀 온도 + 쇼트닝 온도)

② 사용할 물 온도 = (희망 온도×6) − (실내온도 + 밀가루 온도 + 설탕 온도
　　　　　　　　　　　　 + 달걀 온도 + 쇼트닝 온도 + 마찰계수)

③ 얼음 사용량 = 물 사용량 × $\dfrac{\text{물 온도} - \text{사용할 물 온도}}{80 + \text{물 온도}}$

2 희망 반죽 온도

① 일반적인 과자 반죽의 온도 : 22~24℃
② 희망 반죽 온도가 가장 높은 제품 : 슈(40℃)
③ 가장 낮은 제품 : 퍼프 페이스트리(20℃)

3　반죽의 비중

1　비중

(1) 비중의 정의

같은 부피의 물의 무게에 대한 반죽의 무게를 소수로 나타낸 값을 비중이라 한다.

$$비중 = \frac{같은\ 부피의\ 반죽\ 무게}{같은\ 부피의\ 물\ 무게} = \frac{반죽\ 무게 - 컵\ 무게}{물\ 무게 - 컵\ 무게}$$

(2) 비중의 특징

① 수치가 작을수록 비중이 낮고, 비중이 낮을수록 반죽 속에 공기가 많다.
② 비중이 낮으면 반죽 속에 공기가 많으므로 반죽을 저어 공기를 제거한다.
③ 비중은 부피, 기공 및 조직에 많은 영향을 끼친다.

2　비중이 제품에 미치는 영향

비중이 제품에 미치는 영향

항목	비중이 높으면	비중이 낮으면
부피	작다	크다
기공	작다	열린다
조직	조밀하다	거칠다

3　제품별 비중　　* 일반적으로 비중이 가장 낮은 제품 : 스펀지 케이크(거품형 케이크)

① 파운드 케이크 : 0.8 ± 0.05
② 레이어 케이크 : 0.8 ± 0.05
③ 스펀지 케이크(**별립법**) : 0.55 ± 0.05
④ 스펀지 케이크(**공립법**) : 0.50 ± 0.05
⑤ 젤리 롤 케이크 : 0.50 ± 0.05
⑥ 소프트 롤 케이크 : 0.45 ± 0.05

> 🔍 비중을 측정할 경우 반죽과 물을 같은 비중 컵에 차례로 담아 무게를 측정한 후 비중 컵의 무게를 빼고 반죽의 무게를 물의 무게로 나누면 된다.

4 반죽의 pH(수소이온 농도)

(1) 제품별 적정 pH

① **스펀지 케이크 :** pH 7.3~7.6
② **파운드 케이크 :** pH 6.6~7.1
③ **과일 케이크 :** pH 4.4~5.0 ← 일반적으로 pH가 낮다.

(2) 재료별 적정 pH

① **박력분 :** pH 5.2
② **베이킹파우더 :** pH 6.5~7.5
③ **우유 :** pH 6.6
④ **치즈 :** pH 4~4.5

예상문제 ◉

1. 비중이 높은 제품의 특징이 아닌 것은?

① 기공이 조밀하다.   ② 부피가 작다.
③ 껍질색이 진하다.   ④ 제품이 단단하다.

해설 비중이 높으면 반죽에 기공이 없어 조직이 조밀하고 부피가 작으며 단단하다.

2. 다음 조건으로 계산된 사용할 물 온도는?

> 반죽 희망 온도 : 23℃, 실내온도 : 25℃, 밀가루 온도 : 25℃, 설탕 온도 : 25℃,
> 달걀 온도 : 20℃, 쇼트닝 온도 : 20℃, 수돗물 온도 : 20℃, 마찰계수 : 20

① 3℃   ② 8℃
③ 12℃   ④ 20℃

해설 사용할 물 온도＝희망 온도×6)－(실내온도＋밀가루 온도＋설탕 온도＋달걀 온도
＋쇼트닝 온도＋마찰계수)＝23×6－(25＋25＋25＋20＋20＋20)＝3℃

3. 비중이 0.75인 과자 반죽 1L의 무게는?

① 75g   ② 750g
③ 375g   ④ 1750g

해설 1000×0.75＝750g

정답 1. ③   2. ①   3. ②

제과
기능사필기

제 **2** 장

충전물 · 토핑물 제조

1 재료의 특성 및 전처리

1 재료의 전처리

작성된 배합표를 기준으로 하여 계량한 재료로 반죽을 하기 전에 행하는 모든 작업을
재료의 전처리라 한다.

2 재료별 전처리 방법   * 가루 재료는 체로 쳐서 사용한다.

(1) 밀가루

① 밀가루 속의 이물질과 알갱이를 제거하고, 이스트가 호흡하는 데 필요한 공기가
밀가루에 섞여 발효를 촉진시키고 흡수율을 증가시킨다.
② 밀가루에 공기가 섞이므로 부피를 15%까지 증가시킬 수 있다.

(2) 이스트

① **생이스트** : 잘게 부수어 사용하거나 물에 녹여 사용한다.
② **드라이 이스트** : 무게의 5배 정도 되는 미지근한 물(35~40℃)에 풀어 사용한다.

(3) 유지

유지는 냉장고나 냉동고에서 미리 꺼내 실온에서 부드러운 상태로 만든 후 사용한다.

(4) 우유

우유는 살균한 후 차게 하여 사용한다.

(5) 탈지분유

① 설탕 또는 밀가루와 혼합하여 체로 쳐서 분산시키거나 물에 녹여 사용한다.
② 우유 대용으로 사용할 때는 분유 1에 물 9의 비율로 사용한다.

(6) 소금

소금은 이스트의 발효를 억제하거나 파괴하므로 가능하면 물에 녹여 사용한다.

(7) 견과류 및 향신료

① 견과류는 조리 전에 살짝 구워준다.
② 껍질의 쓴맛을 제거하기 위해 끓는 물에 데친다.
　㉮ 아몬드는 끓는 물에 3~5분 정도 담갔다가 꺼낸 후 껍질을 제거한다.
　㉯ 헤이즐넛은 135℃로 예열된 오븐에 향이 나기 시작할 때까지 12~15분간 둔다.
③ 향신료는 소스나 커스터드 등에 넣기 전에 갈아서 구워준다. 1차로 구워주면 견과류나 향신료의 향미가 더해지고 식감이 바삭해진다.

(8) 물

반죽 온도에 영향을 미치므로 물의 온도에 유의하여 사용한다.

🔍 **가루 재료를 체로 치는 이유**
- 이물질 제거
- 재료의 고른 분산
- 공기의 혼입
- 흡수율 증가

예상문제

1. 다음 중 밀가루와 같은 가루 재료를 체로 치는 이유가 아닌 것은?

① 공기 혼입　　　　　　② 이물질 제거
③ 재료 분산　　　　　　④ 마찰열 발생

[해설] 가루 재료를 체로 치는 이유 : 공기 혼입, 이물질 제거, 재료 분산, 흡수율 증가

[정답] 1. ④

2　충전물·토핑물 제조 방법 및 특징

충전물은 제품 안을 채우거나 제품 위에 뿌리거나 바르고 얹는 재료를 말한다.

1 과일 충전물

과일에 설탕을 넣고 졸여 만든 것으로 타르트, 파이, 페이스트리에 충전용으로 사용한다.

2 커스터드 크림　*농후화제 : 달걀, 전분, 박력분

① 달걀, 설탕, 우유를 섞다가 옥수수 전분이나 박력분을 안정제로 넣어 끓인 크림이다.
② 특징 : 달걀은 농후화제와 결합제 역할을 한다.

3 가나슈 크림　*생크림 : 초콜릿 = 1 : 1

80℃ 이상 끓인 생크림에 잘게 자른 초콜릿을 붓고 거품이 생기지 않도록 섞은 후 냉장고에서 차게 굳혀 사용한다.

4 버터 크림

버터에 시럽(설탕 100에 물 30을 넣고 114~118℃로 끓인 후 냉각)을 넣고 휘핑한다.

5 생크림

우유의 지방 함량이 35~40% 정도인 진한 생크림을 휘핑하여 사용하며, 단맛은 기호에 따라 크림 100에 설탕 10~15의 비율로 조절하여 휘핑한다.

6 디프로매트 크림

커스터드 크림과 무가당 생크림을 1 : 1로 혼합한 크림이다.

예상문제 ◎

1. 커스터드 크림의 재료에 속하지 않는 것은?
　① 달걀　　　　　　　　　② 우유
　③ 설탕　　　　　　　　　④ 생크림

2. 가나슈 크림에 대한 설명으로 옳은 것은?
　① 생크림은 절대 끓여서 사용하지 않는다.
　② 끓인 생크림에 초콜릿을 더한 크림이다.
　③ 초콜릿의 종류는 달라도 카카오 성분은 같다.
　④ 초콜릿과 생크림의 배합 비율은 10 : 1이 원칙이다.
　해설 가나슈는 끓인 생크림에 초콜릿을 더한 크림이다.

정답 1. ④　2. ②

제**3**장 반죽 정형

1 분할 패닝 방법

과자류 제품은 빵류 제품과 달리 분할과 동시에 패닝이 이루어지는 것이 일반적이다.

1 분할 패닝

(1) 밀어 펴기

반죽에 적절한 압력을 가하여 일정한 방향성과 두께를 얻고, 반죽의 조직과 밀도를 균일하게 하여 절단 및 성형을 쉽게 진행할 수 있도록 하는 공정이다.

(2) 성형(정형) 및 패닝

① **짜내기** : 짤주머니에 끼우는 모양 깍지에 따라 다양한 형태의 제품을 만들 수 있다.

② **찍어내기** : 알맞은 두께로 반죽을 밀어 편 후 원하는 모양의 틀을 대고 누른다.

③ **접어 밀기** : 유지를 밀가루 반죽으로 감싼 후 밀어 펴고 접는 과정을 반복하는 방법으로, 퍼프 페이스트리 반죽 등 모양 내기에 사용한다.

④ **절단하기** : 반죽을 원형이나 사각형으로 만들고 냉동하여 굳힌 후 요구하는 크기로 절단한다.

⑤ **재단하기** : 반죽을 일정한 두께로 밀어 편 후 칼이나 파이 커터를 사용하여 요구하는 크기로 재단한다.

⑥ **패닝하기** : 반죽을 틀에 채우고 구워서 형태를 만드는 공정으로, 틀 부피를 기준으로 반죽을 채우는 방법과 틀 부피를 비용적으로 나누어 반죽의 양을 산출하여 채우는 방법이 있다.

⑦ **냉각하기** : 틀에 부은 반죽을 굳히는 제품(무스, 젤리, 바바로와 등)은 자연 냉각시키거나 냉장고 또는 냉동고에서 냉각시킨다.

2 패닝 시 주의사항

① 팬에 반죽의 양이 많으면 윗면이 터지거나 흘러넘친다.
② 팬에 반죽의 양이 적으면 모양이 좋지 않다.
③ 비용적을 알고 팬의 부피를 계산한 후 패닝을 해야 알맞은 제품을 만들 수 있다.

3 제품별 적정 패닝 양

① 반죽의 양(무게) : 틀 부피(용적) ÷ 비용적
② 팬의 부피를 계산하지 않는 경우
　㉮ 거품형 반죽 : 팬 부피의 50~60%
　㉯ 반죽형 반죽 : 팬 부피의 70~80%
　㉰ 푸딩 : 팬 부피의 95%

4 반죽 무게와 비용적

① **비용적** : 반죽 1g이 차지하는 부피를 말한다(단위 : cm^3/g).
② **반죽 무게와 비용적**

$$반죽 \ 무게 = \frac{틀 \ 부피(용적)}{비용적} \qquad 비용적 = \frac{틀 \ 부피(용적)}{반죽 \ 무게}$$

③ **제품별 비용적**
　㉮ 파운드 케이크 : $2.4cm^3/g$ 　　㉯ 레이어 케이크 : $2.96cm^3/g$
　㉰ 식빵 : $3.36cm^3/g$ 　　㉱ 엔젤 푸드 케이크 : $4.71cm^3/g$
　㉲ 스펀지 케이크 : $5.08cm^3/g$

5 틀 부피(용적)의 계산

① **옆면이 있는 원형 팬** : 반지름×반지름×3.14×높이
② **옆면이 경사진 원형 팬** : 평균 반지름×평균 반지름×3.14×높이
③ **사각 팬** : 가로×세로×높이
④ **옆면이 경사진 사각 팬** : 평균 가로×평균 세로×높이
⑤ **옆면이 경사지고 중앙에 경사진 관이 있는 원형 팬** : 전체 부피 − 경사진 관의 부피

> 🔍 치수 측정이 어려운 팬은 유채씨나 물을 수평으로 담아 메스실린더로 부피를 구한다.

예 **틀 부피 계산하기**(옆면이 경사지고 중앙에 경사진 관이 있는 원형 팬)

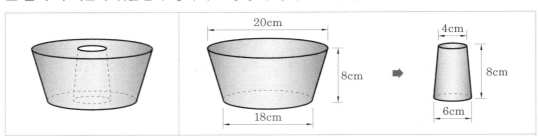

틀 부피 = 전체 부피 − 경사진 관의 부피
= (평균 반지름 × 평균 반지름 × 3.14 × 높이) − (평균 반지름 × 평균 반지름 × 3.14 × 높이)
= (9.5 × 9.5 × 3.14 × 8) − (2.5 × 2.5 × 3.14 × 8)
= 2267.08 − 157 = 2110.08cm^3

예상문제

1. 파운드 케이크의 패닝은 틀 높이의 몇 % 정도까지 반죽을 채우는 것이 가장 적당한가?

① 50%   ② 70%

③ 90%   ④ 100%

해설 파운드 케이크는 크림법으로 만드는 반죽형 케이크로, 틀 안쪽에 종이를 깔고 틀 높이의 70% 정도를 패닝한다.

2. 다음 중 제품의 비용적이 가장 큰 것은?

① 파운드 케이크   ② 레이어 케이크

③ 스펀지 케이크   ④ 식빵

해설 • 파운드 케이크 : 2.4cm^3/g   • 레이어 케이크 : 2.96cm^3/g
      • 스펀지 케이크 : 5.08cm^3/g   • 식빵 : 3.36cm^3/g

3. 파운드 케이크 반죽을 가로 5cm, 세로 12cm, 높이 5cm의 소형 파운드 팬에 100개를 패닝하려고 한다. 총 반죽의 무게로 알맞은 것은?(단, 비용적은 2.4cm^3/g이다.)

① 11kg   ② 11.5kg

③ 12kg   ④ 12.5kg

해설 틀 부피 = 가로 × 세로 × 높이 = 5 × 12 × 5 = 300cm^3, 반죽의 무게 = $\dfrac{틀\ 부피}{비용적}$ = $\dfrac{300}{2.4}$ = 125g
∴ 총 반죽의 무게 = 125 × 100 = 12500g = 12.5kg

정답   1. ②   2. ③   3. ④

2 제품별 성형 방법 및 특징

1 파운드 케이크 ← 반죽형 반죽

파운드 케이크의 기본 배합률

박력분	설탕	유지	달걀
100%	100%	100%	100%

(1) 파운드 케이크의 특징 * 과일 파운드 케이크는 과일을 25~50% 넣고 최종 단계에서 섞는다.

① 밀가루, 설탕, 유지, 달걀을 같은 양씩 넣어 만든 케이크이다.
② 반죽의 형태는 크림법이 대부분이다.
③ 윗면을 자연스럽게 터트려 굽거나 균일한 터짐을 위해 칼집을 낸다.
④ **응용 제품 :** 마블 파운드 케이크, 과일 파운드 케이크, 모카 파운드 케이크

(2) 파운드 케이크를 구울 때 윗면이 자연적으로 터지는 원인

① 반죽의 수분이 부족한 경우
② 높은 온도에서 구워 껍질이 빨리 생긴 경우
③ 설탕이 다 녹지 않은 경우
④ 패닝 후 바로 굽지 않아 표면이 마른 경우

> 🔍 케이크를 만들 때 유지는 팽창기능, 유화기능, 윤활기능(흐름성) 등의 기능을 한다.

예상문제 ◎

1. 파운드 케이크 제조 시 이중 팬을 사용하는 목적이 아닌 것은?

① 제품 바닥의 두꺼운 껍질이 형성되는 것을 방지하기 위하여
② 제품 옆면의 두꺼운 껍질이 형성되는 것을 방지하기 위하여
③ 제품의 조직과 맛을 좋게 하기 위하여
④ 오븐에서의 열전도 효율을 높이기 위하여

해설 이중 팬은 오븐에서의 열전도율이 낮은 대신 껍질이 두꺼워지지 않고 맛을 좋게 한다.

정답 1. ④

2 스펀지 케이크 ← 거품형 반죽

스펀지 케이크의 기본 배합률

박력분	달걀	설탕	소금
100%	166%	166%	2%

(1) 스펀지 케이크의 특징   * 응용 제품 : 카스텔라

① 밀가루, 달걀, 설탕, 소금을 기본 배합으로 한 케이크이다.
② 거품형 반죽으로 만든 대표적인 케이크로, 달걀을 다량 사용한 제품이다.
③ 박력분 대신 중력분을 사용할 때는 전분(12% 이하)을 섞어 사용한다.
④ 롤 케이크는 스펀지 케이크 배합을 기본으로 만들며 수분이 많아야 한다.
⑤ 굽기가 끝나면 즉시 팬에서 꺼내야 냉각 중 과도한 수축을 막을 수 있다.

(2) 달걀 사용량을 1% 감소시킬 경우 조치할 사항

① 밀가루 사용량을 0.25% 추가한다.
② 물 사용량을 0.75% 추가한다.
③ 유화제를 0.03% 추가한다.
④ 베이킹파우더를 0.03% 추가한다.

예상문제 ◎

1. 스펀지 케이크 제조 시 달걀의 사용량을 줄이려고 한다. 옳지 않은 것은?

① 물을 조금 더 사용한다.
② 유화제를 더 사용한다.
③ 설탕 사용량을 줄인다.
④ 베이킹파우더 사용량을 늘린다.

해설 스펀지 케이크 제조 시 달걀 사용량을 줄이려면 설탕 사용량을 늘려야 한다.

2. 밀가루 : 달걀 : 설탕 : 소금 = 100 : 166 : 166 : 2를 기본 배합으로 하여 적정 범위 내에서 각 재료를 가감하여 만드는 제품은?

① 파운드 케이크   ② 엔젤 푸드 케이크
③ 스펀지 케이크   ④ 머랭 쿠키

정답 1. ③   2. ③

3 롤 케이크 ← 거품형 반죽

(1) 롤 케이크의 특징

① 스펀지 케이크를 변형시킨 제품이다.

② 잼이나 젤리를 충전물로 사용할 경우는 뜨거울 때 말아주고 버터나 생크림, 가나슈를 사용할 경우는 냉각시킨 후 말아준다.

(2) 롤 케이크를 말 때 표면이 터지지 않도록 하는 방법

① 언더 베이킹으로 굽는다.

② 덱스트린으로 점착성을 증가시킨다.

③ 반죽의 비중이 높지 않도록 믹싱한다.

④ 반죽의 온도가 너무 낮지 않도록 한다.

⑤ 설탕의 일부를 물엿과 시럽으로 대체한다.

> 🔍 **오버 베이킹과 언더 베이킹**
> • 오버 베이킹 : 낮은 온도에서 오래 구워 윗면이 평평하고 조직이 부드러우나 수분 손실이 크다.
> • 언더 베이킹 : 높은 온도에서 짧게 구워 중심 부분이 갈라지고 조직이 거칠며 주저앉기 쉽다.

예상문제 🔘

1. 충전물 또는 젤리가 롤 케이크에 촉촉하게 스며드는 것을 막기 위해 조치할 사항이 아닌 것은?

① 굽기 조정　　　　　　　　　② 물 사용량 감소

③ 반죽시간 증가　　　　　　　④ 밀가루 사용량 감소

해설 밀가루 사용량을 감소시키면 반죽이 더 질어진다.

2. 소프트 롤을 말 때 표면이 터지지 않도록 하기 위해 조치할 사항이 아닌 것은?

① 언더 베이킹으로 굽는다.

② 설탕의 일부를 물엿으로 대체한다.

③ 반죽의 비중을 낮춘다.

④ 덱스트린의 점착성을 이용한다.

해설 반죽의 비중을 낮추면 제품이 딱딱해져 말기를 할 때 표면이 갈라진다.

정답 1. ④　2. ③

4 초코롤 * 가나슈 : 생크림을 넣어 만든 초콜릿

(1) 초코롤의 특징

① 스펀지 반죽에 코코아를 넣고 가나슈 크림을 바른 후 말아서 만든 제품이다.

② 믹싱은 공립법으로 하며 가나슈를 만들어 사용한다.

③ 오븐에서 꺼낸 스펀지는 충분히 식힌 후 말아야 가나슈가 녹지 않는다.

5 사과 파이

(1) 사과 파이의 성형 방법

① 휴지시킨 반죽을 파이 팬에 알맞은 두께로 밀어서 팬에 깐다.

② 사과 충전물을 평평하게 고르며 팬에 담는다.

③ 윗껍질을 밀어 구멍을 낸 후 가장자리에 물을 묻혀 덮고, 테두리는 모양을 잡아준다.

④ 달걀노른자를 풀어 윗면에 바르고 껍질색을 좋게 한다.

⑤ 파이 껍질을 성형하기 전에 15℃ 이하에서 적어도 4~24시간 저장한다.

(2) 충전물이 끓어 넘치는 원인

① 껍질에 수분이 많은 경우

② 껍질에 구멍을 뚫지 않은 경우

③ 바닥 껍질이 얇은 경우

④ 위, 아래 껍질을 잘 붙이지 않은 경우

⑤ 오븐 온도가 낮은 경우

⑥ 충전물 온도가 높은 경우

⑦ 천연산이 많이 든 과일을 사용한 경우

예상문제 ◎

1. 파이의 충전물이 끓어 넘치는 이유가 아닌 것은?

① 껍질에 수분이 많다.

② 바닥 껍질이 얇다.

③ 껍질에 구멍을 뚫지 않았다.

④ 오븐의 온도가 높다.

해설 오븐의 온도가 낮은 경우 파이의 충전물이 끓어 넘친다.

정답 1. ④

6 쿠키   * 반죽.온도 : 18~24℃, 보관 온도 : 약 10℃

(1) 쿠키의 특징

① 드롭 쿠키는 짜는 형태의 쿠키로 성형과 패닝이 동시에 이루어진다.

② 스냅 쿠키, 쇼트브레드 쿠키는 밀어 펴서 성형하는 쿠키이다.

③ 판에 등사하는 스텐실 쿠키는 철판에 올려놓은 틀에 아주 묽은 반죽을 넣고 모양을 만들어 굽는다.

④ 쿠키의 퍼짐률은 제품의 균일성과 포장에 중요한 의미를 갖는다.

(2) 쿠키의 퍼짐이 큰 원인

① 반죽이 묽을 때

② 알칼리성 반죽일 때

③ 오븐 온도가 낮을 때

④ 유지를 과다하게 사용했을 때

⑤ 설탕을 과다하게 사용했을 때

⑥ 팽창제를 과다하게 사용했을 때

(3) 쿠키의 퍼짐이 작은 원인

① 된반죽일 때

② 믹싱이 과다할 때

③ 산성 반죽일 때

④ 설탕을 적게 사용했을 때

⑤ 오븐 온도가 높을 때

⑥ 유지를 적게 사용했을 때

> • 반죽형 반죽 : 드롭 쿠키, 스냅 쿠키, 쇼트브레드 쿠키
> • 거품형 반죽 : 스펀지 쿠키, 머랭 쿠키

(4) 쿠키의 퍼짐을 좋게 하기 위한 방법

① 팽창제를 사용한다.

② 오븐 온도를 낮게 한다.

③ 입자가 큰 설탕을 사용한다.

④ 알칼리 재료의 사용량을 늘린다.

예상문제 🔘

1. 쿠키가 잘 퍼지지 않는 이유가 아닌 것은?

① 고운 입자의 설탕 사용　　　② 과도한 믹싱

③ 알칼리 반죽 사용　　　　　④ 너무 높은 굽기 온도

해설 반죽이 알칼리가 되면 단백질이 용해되어 반죽이 잘 퍼진다.

2. 다음 쿠키 중 반죽형 쿠키가 아닌 것은?

① 드롭 쿠키　　　　　　　　② 스냅 쿠키

③ 쇼트브레드 쿠키　　　　　④ 스펀지 쿠키

해설 스펀지 쿠키나 머랭 쿠키는 거품형 쿠키이다.

3. 쿠키에 팽창제를 사용하는 주된 목적은?

① 제품의 부피를 감소시키기 위해

② 딱딱한 제품을 만들기 위해

③ 퍼짐과 크기의 조절을 위해

④ 설탕 입자의 크기 조절을 위해

정답 1. ③   2. ④   3. ③

---

7 슈　　* 슈 : 설탕이 들어가지 않는 제품

① 슈는 물, 유지, 밀가루, 달걀이 기본 재료인 제품이다.

② 밀가루를 먼저 익힌 후 굽는 것이 특징이다.

③ 다른 제품과 달리 버터와 물을 불에서 끓이면서부터 작업이 시작되며, 제품의 내부에 빈 공간이 많아야 좋은 제품이다.

④ 찬 공기가 들어가면 슈가 주저앉게 되므로 팽창 과정 중에는 오븐 문을 자주 여닫지 않도록 한다.

⑤ 충분한 호화, 적당한 수분 조절 및 오븐의 굽기가 제품을 완성도를 좌우한다.

🔍 **슈 반죽에 설탕이 들어가면 일어나는 현상**

• 상부가 둥글게 된다.

• 표면에 균열이 생기지 않는다.

• 내부의 구멍 형성이 좋지 않다.

8 냉과

냉과는 냉장고에서 마무리하는 모든 과자류를 말한다.

① **무스** : 크림이나 젤라틴에 거품을 일게 하여 설탕, 향료를 넣고 굳혀 만든 디저트

② **푸딩** : 밀가루에 달걀, 우유, 크림, 설탕 등을 넣고 섞은 후 구운 디저트

③ **젤리** : 설탕물이나 과즙을 섞은 후 젤라틴을 넣고 말랑말랑하게 굳혀 만든 디저트

④ **바바루아** : 설탕, 달걀노른자, 젤라틴을 뜨거운 우유에 넣고 식힌 후 거품을 낸 달걀흰자와 생크림을 넣고 틀에 넣은 다음 식혀서 굳힌 디저트

⑤ **블라망제** : 전분, 우유, 설탕과 바닐라 향을 첨가한 푸딩으로, 아몬드를 넣은 희고 부드러운 디저트

예상문제 ◎

1. 일반적으로 슈 반죽에 사용되지 않은 재료는?

① 밀가루   ② 설탕

③ 달걀   ④ 버터

해설 물, 유지, 밀가루, 달걀이 기본 재료인 제품으로, 설탕이 들어가지 않는 제품이다.

2. 슈 제조 시 반죽의 표면을 분무 또는 침지시키는 이유가 아닌 것은?

① 껍질을 얇게 한다.

② 팽창을 크게 한다.

③ 기형을 방지한다.

④ 제품의 구조를 강하게 한다.

해설 제품의 구조를 강하게 하려면 달걀이나 밀가루의 양을 늘려야 한다.

3. 다음 제품 중 냉과류에 속하는 제품은?

① 무스   ② 젤리 롤

③ 소프트 롤   ④ 파운드 케이크

정답 1. ②   2. ④   3. ①

반죽 익힘

1 반죽 익히기 방법의 종류 및 특징

1 굽기

(1) 굽기의 조건

① 고율 배합 반죽일수록, 다량의 반죽일수록 낮은 온도에서 장시간 굽는다.

② 저율 배합 반죽일수록, 소량의 반죽일수록 높은 온도에서 단시간 굽는다.

(2) 온도가 부적합하여 생긴 현상

① **오버 베이킹** : 낮은 온도에서 오래 구워 윗면이 평평하고 부드러우며 수분 손실이 많다.

② **언더 베이킹** : 높은 온도에서 짧게 구워 중심 부분이 갈라지고 거칠며 주저앉기 쉽다.

(3) 굽기의 변화

① **오븐 팽창(오븐 스프링)** : 2차 발효된 반죽이 처음 크기의 1/3 정도까지 급격히 팽창되는 현상이다.

② **오븐 라이즈** : 이스트가 사멸 전까지 활동하여 반죽 속에서 가스가 만들어지므로 반죽의 부피가 조금씩 커지는 현상이다.

* 반죽의 내부 온도가 60℃에 이르지 않은 상태에서 일어난다.

2 튀기기

(1) 튀김 기름

① **튀김 기름의 표준 온도** : 185~195℃

② **튀김 기름의 4대 적** : 온도(열), 수분(물), 공기(산소), 이물질

③ 굽기 손실률 $= \dfrac{\text{굽기 전 반죽 무게} - \text{굽기 후 반죽 무게}}{\text{굽기 전 반죽 무게}} \times 100$

2 익히기 중 성분 변화의 특징

① 캐러멜화 반응 : 당류 + 고온(160℃ 이상)
② 마이야르 반응 : 환원당(설탕 제외) + 단백질(아미노산)

3 관련 기계 및 도구

(1) 오븐

① 데크 오븐 : 소규모 제과점에서 많이 사용하는 가장 대중적인 오븐
② 터널 오븐 : 반죽이 들어가는 입구와 제품이 나오는 출구가 서로 다른 오븐
③ 컨벡션 오븐 : 뜨거운 열이 순환되는 오븐

(2) 튀김기

자동 온도 조절장치로 일정한 온도를 유지하면서 제과·제빵 제품을 튀길 수 있다.

예상문제

1. 튀김 기름을 해치는 4대 적이 아닌 것은?

① 온도   ② 이물질
③ 공기   ④ 포도당

해설 튀김 기름의 4대 적 : 공기, 온도, 수분, 이물질

2. 비스킷을 구울 때 갈변이 되는 현상은 어떤 반응에 의한 것인가?

① 마이야르 반응 단독으로
② 마이야르 반응과 캐러멜화 반응이 동시에 일어나므로
③ 효소에 의한 갈색화 반응으로
④ 아스코르빈산의 산화 반응으로

해설 비스킷을 구울 때 당류가 고온(160℃)에서 분해되면서 설탕의 마이야르 반응과 캐러멜화 반응이 동시에 일어나 갈변이 된다.

정답 1. ④ 2. ②

포장

1 냉각 방법 및 특징

1 냉각   * 냉각 손실률 : 2%

① **냉각** : 굽기 후 꺼낸 100℃ 전후의 과자류 제품을 35~40℃로 식히는 과정이다.
② **냉각실 온도와 상대 습도** : 온도 15~20℃, 습도 80%
③ **시간** : 제품의 크기와 개수에 따라 다르지만 15분~1시간이면 대부분의 제과류는 냉각이 이루어진다.

2 냉각 방법

① **자연 냉각** : 상온에서 냉각하는 것으로 3~4시간 소요된다.
② **냉각기를 이용한 냉각** : 냉장고, 냉동고, 냉각 컨베이어

2 장식 재료의 특성 및 제조 방법

1 아이싱   * 아이싱 : 빵, 과자에 설탕을 위주로 한 재료를 덮거나 씌우는 것

(1) 아이싱의 종류

① **단순 아이싱** : 분설탕, 물, 물엿, 향료를 섞어 43℃의 되직한 페이스트 상태로 만든 것
② **크림 아이싱**
　㈎ 퍼지 아이싱 : 설탕, 버터, 초콜릿, 우유를 주재료로 만든 것
　㈏ 퐁당 아이싱 : 설탕 시럽을 믹싱하여 기포를 넣고 만든 것
　㈐ 마시멜로 아이싱 : 거품을 올린 흰자에 뜨거운 시럽을 첨가하여 만든 것

(2) 아이싱의 끈적거림을 방지하는 방법

① 젤라틴, 한천, 로커스트빈 검, 카라야 검과 같은 안정제를 사용한다.
② 전분, 밀가루와 같은 흡수제를 사용한다.
* 아이싱을 부드럽게 하고 수분 보유력을 높이는 재료 : 물엿, 포도당, 전화당 시럽, 설탕

(3) 굳은 아이싱을 풀어주는 방법

① 35~43℃로 중탕한다.
② 아이싱에 최소의 액체를 넣는다.
③ 데우는 정도로 굳은 아이싱이 풀리지 않으면 설탕 시럽(설탕 : 물 = 2 : 1)을 넣는다.

2 글레이즈

① 글레이즈 : 표면에 광택을 내거나 젤라틴, 시럽, 퐁당, 초콜릿 등을 바르는 것
② 도넛과 케이크의 글레이즈 온도 : 45~50℃

> 도넛에 설탕으로 아이싱하면 40℃ 전후가 좋고, 퐁당은 38~44℃가 좋다.

3 머랭　* 머랭 : 흰자로 거품을 내고 당분을 넣어 단단하게 만든 것

① **일반 머랭** : 과자나 스펀지 등을 만들 때 사용하며, 가장 기본이 되는 머랭
② **온제 머랭** : 흰자와 설탕을 섞어 43℃로 데워서 사용하는 머랭
③ **이탈리안 머랭(시럽 머랭)** : 흰자를 60% 정도 거품을 낸 후 설탕 100에 물 30 정도를 넣고 114~118℃로 끓인 시럽을 조금씩 부으면서 만든 단단한 머랭
④ **스위스 머랭**
　㉮ 흰자 1/3과 설탕 2/3를 섞고 40℃로 데워 사용하되, 레몬즙이나 아세트산을 더하여 만든 머랭
　㉯ 나머지 흰자 2/3와 설탕 1/3은 일반 머랭으로 만들어 혼합한다.
　㉰ 구웠을 때 표면에 광택이 있다.

4 퐁당　* 설탕의 재결정성 이용

설탕 100에 대하여 물 30을 넣고 114~118℃로 끓인 후 희고 뿌연 상태로 재결정화시킨 것으로, 38~44℃에서 사용한다.

5 버터 크림

버터에 시럽(설탕 100에 물 30을 넣고 114~118℃로 끓인 후 냉각)을 넣고 휘핑하여 사용한다.

예상문제

1. 퐁당(fondant)을 만들 때 끓이는 온도로 가장 알맞은 것은?

① 106~110℃   ② 114~118℃
③ 120~124℃   ④ 130~134℃

2. 단순 아이싱의 주재료가 아닌 것은?

① 물   ② 물엿
③ 분설탕   ④ 흰자

3. 무스 크림을 만들 때 가장 많이 이용되는 머랭의 종류는?

① 냉제 머랭   ② 온제 머랭
③ 이탈리안 머랭   ④ 스위스 머랭

해설 이탈리안 머랭은 무스 케이크나 과자와 같이 익히지 않는 제품을 만들기에 좋다.

정답 1. ② 2. ④ 3. ③

---

3   제품 포장의 목적

1 포장   * 포장에 적합한 온도 : 35~40℃

유통 과정에서 제품의 가치 및 상태를 보호하기 위해 적절한 포장재에 담는 과정이다.

2 포장의 목적

① 상품으로서의 가치를 높여준다.
② 수분 손실을 막아 노화를 지연시킨다.
③ 미생물의 침투를 막아 오염되지 않도록 한다.
④ 소비자가 사용하기 쉽도록 하기 위한 것이다.
⑤ 보관, 운송, 판매 등 일련의 작업을 능률적으로 하기 위한 것이다.

4　포장재별 특성과 포장 방법

1　포장재별 특성

① **폴리에틸렌(PE)** : 수분 차단성이 좋고 가격이 저렴하여 저지방 식품의 간이 포장에 사용된다.
② **폴리스티렌(PS)** : 가볍고 단단한 투명 재료지만 충격에 약하다. 용기면, 달걀용기, 육류나 생선류의 트레이로 사용된다.
③ **폴리프로필렌(PP)** : 투명성, 표면 광택도, 기계적 강도가 좋아 스낵류, 빵류, 라면류 등 유연 포장(유연한 포장)에 사용된다.
④ **오리엔티드 폴리프로필렌(OPP)** : 가열 접착을 할 수 없고 가열에 의해 수축하지만 투명성, 방습성, 내유성이 우수한 특징이 있다.

2　포장 방법

① **함기 포장(상온 포장)** : 공기가 함유되어 있는 상태에서 포장하는 방법
② **진공 포장** : 제품을 넣고 내부를 진공으로 포장하는 방법
③ **밀봉 포장** : 공기가 통하지 않도록 포장하는 방법

3　포장 기법

① **캐러멜 포장** : 가장 기본이 되는 방법이다.
② **보자기식 포장** : 제품을 뒤집지 않아도 포장할 수 있는 방법으로, 포장지가 가장 적게 든다.
③ **부직포를 이용한 포장** : 원형 상자에 많이 사용한다.

4　포장 시 첨가제

① **습기 제거제** : 포장 및 용기에 넣고 습기를 흡착하여 건조상태를 유지하게 하고, 습기로 인한 변질 및 변형을 방지하여 신선도를 유지시킨다.
② **산소 제거제** : 포장 용기 내 산소로 인한 변질을 막기 위해 산소를 제거함으로써 식품의 맛과 향, 색상 및 영양가를 유지시킨다.

🔍 **포장 재료의 구비 조건**
- 방수성이 있고 통기성은 없어야 한다.
- 단가가 낮고, 포장에 의해 제품이 변형되지 않아야 한다.

예상문제

1. 공기가 함유되어 있는 상태에서 포장하는 방법은?

① 밀봉 포장 　　　　　　　② 진공 포장

③ 함기 포장 　　　　　　　④ 캐러멜 포장

해설 함기 포장은 공기가 함유되어 있는 상태에서 포장하는 방법으로, 과자류 포장에 가장 많이 사용된다.

2. 케이크용 포장 재료의 구비 조건이 아닌 것은?

① 통기성이 있을 것 　　　　② 방수성이 있을 것

③ 원가가 낮을 것 　　　　　④ 상품의 가치를 높일 수 있을 것

정답 1. ③　2. ①

5　제품 관리

1 식품의 관리

식품을 아무런 보호, 보존 방법 없이 장기간 방치하면 식품 중의 산소, 미생물, 수분, 온도, 효소 등으로 성분이 파괴되어 외형이 변화되고 맛과 향이 달라져 그 식품의 특성을 잃게 된다.

2 식품의 보존

① 식품의 보존은 포장 재료, 포장 시스템, 포장 기법, 미생물 제어와 매우 깊은 관계가 있다.

② 식품의 품질 저하는 생물학적, 물리적, 화학적 품질 저하로 구분하며, 이러한 작용은 산소, 온도, 수분, 촉매, 냄새 등의 환경 조건에 의해 크게 영향을 받는다.

3 식품의 보존 방법

① 식품의 변질과 부패의 원인은 온도, 습도 등 여러 가지 요인이 있지만 미생물의 번식으로 인한 것이 가장 많다.

② 식품의 부패를 방지하려면 미생물의 오염을 방지하고 오염된 미생물의 증식과 발육을 억제하는 것이 좋다.

저장 유통

1 저장 방법의 종류 및 특징

① **냉장 · 냉동법** : 10℃ 이하에서는 번식 억제, −5℃ 이하에서는 번식이 불가능하다.

② **건조법** : 세균은 일반적으로 수분 15% 이하에서는 번식하지 못한다.

③ **가열 살균법** : 영양소 파괴가 우려되긴 하지만 보존성이 좋다.

　㉮ 저온 장시간 살균법 : 63~65℃에서 30분간 가열한 후 급랭

　　⑩ 우유, 과즙, 술, 소스

　㉯ 고온 단시간 살균법 : 70~75℃에서 15초간 가열 ⑩ 통조림 살균법

　㉰ 초고온 순간 살균법 : 130~140℃에서 2초간 가열한 후 급랭시키는 방법이다.

　　⑩ 우유, 과즙

　㉱ 초음파 가열 살균법 : 초음파로 단시간 처리하는 방법　* 장점 : 품질과 영양가 유지

2 유통 · 보관 방법

① **실온 유통 제품** : 실온은 1~35℃이며 제품의 특성에 따라 봄, 여름, 가을, 겨울을 고려하여 선택한다.

② **상온 유통 제품** : 상온은 15~25℃이며 25℃를 포함하여 선택한다.

③ **냉장 유통 제품** : 냉장은 0~10℃이며 10℃를 포함한 냉장 온도를 선택한다.

④ **냉동 유통 제품** : 냉동은 −18℃ 이하이며, 품질 변화가 최소화될 수 있는 냉동 온도를 선택한다.

예상문제 ◉

1. 우유를 살균할 때 많이 이용되는 저온 장시간 살균법으로 가장 적합한 온도는?

　　① 18~20℃　　　　　　　　　② 38~40℃

　　③ 63~65℃　　　　　　　　　④ 78~80℃

정답 1. ③

3　저장 · 유통 중 변질 및 오염원 관리 방법

1　식품의 변질

① **부패** : 단백질을 주성분으로 하는 식품이 미생물, 혐기성 세균의 번식에 의해 분해되는 현상으로, 유해 물질이 생성되는 현상이다.

② **발효** : 식품에 미생물이 번식하여 식품의 성질이 변화되는 현상으로, 그 변화가 인체에 유익한 경우를 말한다. 예 빵, 술, 간장, 된장

③ **변패** : 단백질 이외의 성분을 가진 식품이 변질되는 현상이다.

④ **산패** : 유지나 유지 식품이 보존, 조리, 가공 중 변화되어 불쾌한 냄새가 나고 맛, 색, 점성 증가 등의 변화로 품질이 저하되는 현상이다.

2　식품 변질에 영향을 미치는 미생물 증식 조건　* 온도, pH, 수분, 산소, 영양소, 삼투압

(1) 온도　* 발육 억제 온도 : 0℃ 이하, 80℃ 이상

① **저온균** : 0~20℃

② **중온균** : 20~40℃　* 대부분의 병원성 세균

③ **고온균** : 50~70℃

(2) pH(수소 이온 농도)

① **효모, 곰팡이** : pH 4~6(산성)

② **일반 세균** : pH 6.5~7.5(약산성~중성)

③ **콜레라균** : pH 8~8.6(알칼리성)

(3) 수분

① **증식 촉진 수분 함량** : 60~65%

② **증식 억제 수분 함량** : 13~15%

③ **수분활성도(Aw)** : 세균 0.95 이하, 효모 0.87, 곰팡이 0.8일 때 억제된다.

$$수분활성도 = \frac{식품\ 수분의\ 수증기압}{순수한\ 물의\ 수증기압}$$

> 🔍 **유통기한**
> 유통 업체 입장에서 식품 등의 제품을 소비자에게 판매해도 되는 최종 기한을 유통기한이라 한다.

(4) 산소

① **절대(편성) 호기성 세균** : 산소가 충분히 공급되어야 잘 자라는 세균
② **통성 호기성 세균** : 산소가 충분히 있어야 잘 자라며, 없어도 성장 가능한 세균
③ **절대(편성) 혐기성 세균** : 산소가 전혀 없어야 잘 자라는 세균
④ **통성 혐기성 세균** : 산소가 없어야 잘 자라며 있어도 잘 자라는 세균

(5) 영양소

에너지원(탄소원), 질소원(아미노산), 무기질, 비타민, 기타 성장에 필요한 요소들이 양분을 통해 모든 미생물에 충분히 공급되어야 한다.

(6) 삼투압

① 설탕, 식염에 의한 삼투압은 일반적으로 세균 증식을 억제한다.
② 일반 세균은 3% 식염에서 증식이 억제되고, 호염 세균은 3%의 식염에서 증식되며, 내염성 세균은 8~10% 식염에서 증식된다.

예상문제 🔘

1. 미생물에 의해 주로 단백질이 변화되어 악취, 유해물질이 생성되는 현상은?

① 부패
② 변패
③ 산패
④ 발효

2. 일반 세균이 잘 자라는 pH 범위는?

① pH 3.5~4.5
② pH 4.5~5.5
③ pH 5.5~6.5
④ pH 6.5~7.5

해설 • pH 4~6 : 효모, 곰팡이 • pH 6.5~7.5 : 일반 세균 • pH 8~8.6 : 콜레라균

3. 식품의 변질에 관여하는 요인과 거리가 먼 것은?

① 온도
② 압력
③ pH
④ 산소

해설 식품 변질에 영향을 미치는 미생물의 증식 조건에는 온도, pH, 수분, 산소, 영양소, 삼투압 등이 있다.

정답 1. ① 2. ④ 3. ②

제과
기능사필기

제**4**편

제과기능사
출제문제

- 기출 모의고사

- 2020년 복원문제

🔍 기출 모의고사는 실제 정기 검정에서 출제된 문제로 구성하였습니다.

1. 비스킷을 구울 때 갈변이 되는 현상은 어떤 반응에 의한 것인가?

① 마이야르 반응
② 마이야르 반응과 캐러멜화 반응
③ 효소에 의한 갈색화 반응
④ 아스코르빈산의 산화 반응

해설 비스킷을 구울 때 고온 160℃에서 당류가 분해되면서 설탕의 마이야르 반응과 캐러멜화 반응이 일어나 갈변이 된다.

2. 굽기 손실에 영향을 주는 요인으로 관계가 가장 적은 것은?

① 믹싱시간
② 배합률
③ 제품의 크기와 모양
④ 굽기 온도

해설 굽기 손실은 굽기 전과 구운 후 반죽의 무게에 차이가 생기는 현상으로, 믹싱시간과는 관계가 적다.

3. 파이 껍질이 질기고 단단한 원인에 해당하지 않는 것은?

① 강력분을 사용하였다.
② 반죽시간이 길었다.
③ 밀어 펴기를 덜하였다.
④ 자투리 반죽을 많이 사용하였다.

해설 밀어 펴기를 덜하면 반죽이 경화되지 않으므로 파이 껍질이 질기거나 단단하게 되지 않는다.

4. 머랭 제조에 대한 설명으로 옳은 것은?

① 기름기나 노른자가 없어야 거품이 잘 일어난다.
② 일반적으로 흰자 100에 대하여 설탕 50의 비율로 만든다.
③ 고속으로 거품을 올린다.
④ 설탕은 믹싱 초기에 넣어야 부피가 커진다.

해설 머랭을 만들 때 기름기나 노른자가 들어가면 거품이 잘 일어나지 않으며, 설탕을 너무 일찍 넣어도 거품이 잘 일어나지 않는다.

5. 파운드 케이크를 구울 때 윗면이 자연적으로 터지는 경우가 아닌 것은?

① 굽기 시작 전에 스팀을 뿌릴 때
② 설탕 입자가 녹지 않고 남아 있을 때
③ 반죽 내 수분이 부족할 때
④ 오븐 온도가 높아 껍질 형성이 빠를 때

해설 굽기 시작 전 스팀을 뿌리는 것은 파운드 케이크를 구울 때 윗면이 터지지 않도록 하기 위한 방법이다.

6. 반죽형 케이크를 구웠더니 너무 가볍고 부서지는 현상이 나타났다. 그 원인으로 알맞은 것은?

① 반죽에 밀가루 양이 많았다.
② 반죽의 크림화가 지나쳤다.
③ 팽창제 사용량이 많았다.
④ 쇼트닝 사용량이 많았다.

해설 반죽에 밀가루 양이 많으면 반죽이 딱딱해져 부서지기 쉬우며 노화가 빨리 진행된다.

7. 푸딩에 관한 설명으로 옳은 것은?

① 우유와 설탕을 120℃로 데운 후 달걀과 소금을 넣어 혼합한다.
② 우유와 소금의 혼합 비율은 100 : 100이다.
③ 달걀의 열변성에 의한 농후화작용을 이용한 제품이다.
④ 육류, 과일, 야채, 빵을 섞어 만들지 않는다.

해설 푸딩은 달걀의 농후화작용을 이용한 제품으로 밀가루에 달걀, 설탕, 우유 등을 혼합하여 높지 않은 온도 160~170℃에서 굽는다.

8. 반죽형 쿠키를 굽는 과정에서 퍼짐성을 좋게 하기 위해 할 수 있는 방법은?

① 입자가 굵은 설탕을 많이 사용한다.
② 반죽을 오래 한다.
③ 오븐의 온도를 높인다.
④ 설탕의 양을 줄인다.

해설 팽창제를 사용하거나 오븐 온도를 낮게 하거나 입자가 굵은 설탕을 사용하면 퍼짐성이 좋다.

9. 물엿을 계량할 때 좋지 않은 방법은?

① 설탕을 계량한 후 그 위에 계량한다.
② 스테인리스 그릇 또는 플라스틱 그릇을 사용하는 것이 좋다.
③ 물엿을 살짝 데워서 계량하면 수월할 수 있다.
④ 일반 갱지를 잘 잘라서 그 위에 계량하는 것이 좋다.

해설 물엿과 유화제는 따로 계량하면 손실이 생기므로 설탕 위에 계량한다. 갱지 위에 계량하면 물엿이 달라붙어 재료 손실이 많아진다.

10. 옐로 레이어 케이크의 비중이 낮을 경우 나타나는 현상은?

① 부피가 작아진다.
② 상품적 가치가 높다.
③ 조직이 무겁게 된다.
④ 구조력이 약화되어 중앙 부분이 함몰된다.

해설 비중이 낮을수록 제품의 기공이 크고 조직이 거칠며, 공기 혼입이 많아 구조력이 약화되고 가운데 부분이 함몰된다.

11. 비용적이 가장 큰 제품은?

① 파운드 케이크
② 레이어 케이크
③ 스펀지 케이크
④ 식빵

해설 • 파운드 케이크 : $2.40cm^3/g$
• 레이어 케이크 : $2.96cm^3/g$
• 식빵 : $3.4cm^3/g$
• 스펀지 케이크 : $5.08cm^3/g$

12. 스펀지 케이크를 부풀리는 주요 방법은?

① 달걀의 기포성에 의한 방법
② 이스트에 의한 방법
③ 화학적 팽창제에 의한 방법
④ 수증기 팽창에 의한 방법

해설 공기 팽창 방법(물리적 팽창 방법)은 달걀의 기포성을 이용하여 스펀지 케이크, 시폰 케이크를 부풀리는 방법이다.

정답 7. ③　8. ①　9. ④　10. ④　11. ③　12. ①

13. 파이를 만들 때 충전물이 흘러나왔을 경우 그 원인이 아닌 것은?

① 충전물의 양이 너무 많다.

② 충전물에 설탕이 부족하다.

③ 껍질에 구멍을 뚫어 놓지 않았다.

④ 오븐 온도가 낮다.

해설 설탕은 반죽에 흐름성을 부여하므로 많이 넣으면 충전물이 흘러넘친다.

14. 포장된 제과 제품의 품질 변화 현상이 아닌 것은?

① 전분의 호화   ② 향의 변화

③ 촉감의 변화   ④ 수분의 이동

해설 전분의 호화는 오븐에서 일어나는 현상이며, 포장된 제과 제품의 품질 변화 현상은 노화나 부패를 말한다.

15. 롤 케이크를 말 때 표면이 터질 경우 조치할 사항으로 알맞지 않은 것은?

① 팽창제 사용량을 감소시킨다.

② 달걀노른자 사용량을 높인다.

③ 덱스트린을 사용하여 점착성을 높인다.

④ 설탕의 일부를 물엿으로 대체한다.

해설 롤 케이크를 말 때 표면이 터지지 않도록 하기 위해 노른자 대신 전란을 사용한다.

16. 소규모 제과점에서 많이 사용하며 반죽을 넣는 입구와 제품을 꺼내는 출구가 같은 오븐은?

① 컨벡션 오븐   ② 터널 오븐

③ 릴 오븐   ④ 데크 오븐

해설 반죽을 넣는 입구와 제품을 꺼내는 출구가 같은 것은 데크 오븐이며, 다른 것은 터널 오븐이다.

17. 2차 발효에 대한 설명으로 틀린 것은?

① 이산화탄소를 생성시켜 최대한의 부피를 얻고 글루텐을 신장시킨다.

② 2차 발효실의 온도는 반죽 온도보다 높거나 같아야 한다.

③ 2차 발효실의 습도는 평균 75~90% 정도이다.

④ 2차 발효실의 습도가 높을 경우 겉껍질이 형성되고 터짐 현상이 발생한다.

해설 겉껍질이 형성되고 터짐 현상이 발생하는 것은 2차 발효실의 습도가 낮을 경우이다.

18. 케이크 제품의 부피 변화에 대한 설명으로 틀린 것은?

① 달걀은 혼합 중 공기를 보유하는 능력을 가지고 있으므로 달걀이 부족한 반죽은 부피가 줄어든다.

② 크림법으로 만드는 반죽에 사용하는 유지의 크림성이 나쁘면 부피가 작아진다.

③ 오븐 온도가 높으면 껍질 형성이 빨라 팽창에 제한을 받으므로 부피가 작아진다.

④ 오븐 온도가 높으면 수분 손실이 많아 제품의 부피가 커진다.

해설 오븐 온도가 높으면 빵 속이 익지 않을 수 있으며 부피가 찌그러질 수 있다.

19. 일반적인 케이크 반죽을 패닝할 때 주의할 사항이 아닌 것은?

① 종이 깔개를 사용한다.

② 철판에 넣은 반죽은 두께가 일정하게 되도록 펴준다.

③ 팬 오일을 많이 바른다.

④ 패닝 후 즉시 굽는다.

해설 케이크 반죽을 패닝할 때 팬 오일을 바르지 않고 종이를 덧대어 반죽을 담아 굽는다.

20. 냉동 반죽의 해동을 높은 온도에서 빨리 할 경우 반죽의 표면에서 물이 나오는 드립(drip)현상이 생긴다. 그 원인이 아닌 것은?

① 단백질의 변성

② 반죽 내 수분의 빙결 분리

③ 얼음 결정이 반죽의 세포 파괴 및 손상

④ 급속 냉동

21. 제품을 포장하는 목적이 아닌 것은?

① 미생물에 의한 오염 방지

② 빵의 노화 지연

③ 수분의 증발 촉진

④ 상품의 가치 향상

해설 제품을 포장하는 목적은 빵 속의 수분 증발을 억제하여 노화를 지연시키고, 미생물에 의한 오염을 방지하여 상품의 가치를 향상시키기 위한 것이다.

22. 둥글리기의 목적과 거리가 먼 것은?

① 일정한 공 모양으로 만든다.

② 흐트러진 글루텐을 재정렬한다.

③ 큰 가스는 제거하고 작은 가스는 고르게 분산시킨다.

④ 방향성 물질을 생성하여 맛과 향을 좋게 한다.

해설 방향성 물질을 생성하여 맛과 향을 좋게 하는 것은 굽기 과정에서 일어나는 현상이다.

23. 일반적으로 1차 발효실의 가장 이상적인 습도는?

① 45~50%

② 55~60%

③ 65~70%

④ 75~80%

해설 1차 발효실의 이상적인 온도와 습도
• 발효 온도 : 27℃
• 발효 습도 : 75~80%

24. 제품의 노화에 관한 설명으로 틀린 것은?

① 제품을 오븐에서 꺼낸 후부터 노화가 진행된다.

② 소화 흡수에 영향을 준다.

③ 내부 조직이 단단해진다.

④ 노화를 지연시키기 위해 제품을 냉장고에 보관하는 것이 좋다.

해설 오븐에서 제품을 꺼내자마자 노화가 진행되며, 냉장 온도에서는 노화가 더 빨리 진행된다.

25. 반죽형 케이크 제품에서 반죽 온도가 정상보다 낮을 때 나타나는 제품의 변화로 틀린 것은?

① 향이 강하다.

② 껍질이 두껍다.

③ 내부 색이 밝다.

④ 기공이 너무 커진다.

해설 반죽 온도가 정상보다 낮을 때는 기공이 조밀해진다.

26. 밀가루 반죽이 끊어질 때까지 늘려서 반죽의 신장성을 알아보는 기계는?

① 아밀로그래프   ② 패리노그래프

③ 익스텐소그래프   ④ 믹소그래프

해설 익스텐소그래프는 패리노그래프의 결과를 보완한 것으로, 반죽의 신장성을 측정한다.

27. 저온 장시간 살균법으로 가장 일반적인 조건은?

① 72~75℃, 15초간 가열

② 63~65℃, 30분간 가열

③ 130~150℃, 1초 이하 가열

④ 95~120℃, 30~60분간 가열

해설 • 저온 장시간 살균법 : 63~65℃, 30분간 가열

• 고온 단시간 살균법 : 70~75℃, 15초간 가열

• 초고온 순간 살균법 : 130~140℃, 2초간 가열

28. 반죽할 때 반죽의 온도가 높아지는 주된 이유는?

① 마찰열이 발생하므로

② 이스트가 번식하므로

③ 원료가 용해되므로

④ 글루텐이 발달하므로

해설 믹서로 반죽을 할 때 생기는 마찰열에 의해 반죽 온도가 높아진다.

29. 버터크림 당액 제조 시 설탕에 대한 물 사용량으로 가장 알맞은 것은?

① 25%   ② 80%

③ 100%   ④ 125%

해설 버터크림 당액 제조 시 물은 설탕이 녹을

만큼의 최소 분량인 25%를 넣고 114~118℃로 끓여 시럽을 만든 후 식혀서 조금씩 넣는다.

30. 물의 경도를 잘못 나타낸 것은?

① 10ppm – 연수

② 70ppm – 아연수

③ 100ppm – 아연수

④ 190ppm – 아경수

해설 • 연수 : 60ppm 이하

• 아연수 : 61~120ppm 미만

• 아경수 : 120~180ppm 미만

• 경수 : 180ppm 이상

31. 계면활성제의 친수성 – 친유성 균형(HLB)이 다음과 같을 때 친수성인 것은?

① 5   ② 7

③ 9   ④ 11

해설 HLB의 수치가 9 이하이면 친유성으로 기름에 용해되고, 11 이상이면 친수성으로 물에 용해된다.

32. 다음 탄수화물 중 요오드 용액에 의해 청색 반응을 보이며 β-아밀라아제에 의해 맥아당으로 바뀌는 것은?

① 아밀로오스   ② 아밀로펙틴

③ 포도당   ④ 유당

해설 전분은 아밀라아제에 의해 맥아당으로 분해된다.

• 아밀로오스 : 청색 반응, 직쇄 구조

• 아밀로펙틴 : 적자색 반응, 측쇄 구조

33. 같은 조건의 반죽에 설탕, 포도당, 과당을

정답 **26.** ③   **27.** ②   **28.** ①   **29.** ①   **30.** ④   **31.** ④   **32.** ①   **33.** ③

같은 농도로 첨가했다면 마이야르 반응 속도를 촉진시키는 순서대로 나열한 것은?

① 설탕 > 포도당 > 과당
② 과당 > 설탕 > 포도당
③ 과당 > 포도당 > 설탕
④ 설탕 > 과당 > 포도당

해설 마이야르 반응 속도는 단당류(포도당, 과당)가 이당류(자당)보다 빠르다.

34. 여름(실온 30℃)에 사과 파이 껍질을 제조할 때 적당한 물의 온도는?

① 4℃   ② 19℃
③ 28℃   ④ 35℃

해설 사과 파이 껍질은 밀가루와 쇼트닝을 넣고 콩알상태로 만들어 물을 넣는 방법이므로 물이 뜨거우면 쇼트닝이 녹기 때문에 반드시 찬물을 사용한다.

35. 글리세린(glycerin)에 대한 설명으로 틀린 것은?

① 무색, 무취로 시럽과 같은 액체이다.
② 지방의 가수분해 과정을 통해 얻어진다.
③ 식품의 보습제로 이용된다.
④ 글리세린은 물보다 비중이 가벼우며 물에 녹지 않는다.

해설 글리세린의 비중은 1.26으로 물보다 무거우며 녹는점은 18℃이다.

36. 안정제를 사용하는 목적으로 적합하지 않은 것은?

① 아이싱의 끈적거림 방지
② 크림 토핑의 거품 안정

③ 머랭의 수분 배출 촉진
④ 포장성 개선

해설 안정제는 불안전한 상태의 화합물을 안정시키는 물질로, 머랭의 수분 배출을 막아준다.

37. 팬에 바르는 기름은 다음 중 무엇이 높은 것을 선택해야 하는가?

① 산가   ② 크림성
③ 가소성   ④ 발연점

해설 팬에 바르는 기름은 발연점이 210℃ 이상으로 높은 것을 선택해야 한다.

38. 글루텐을 형성하는 단백질 중 수용성 단백질은?

① 글리아딘   ② 글루테닌
③ 메소닌   ④ 글로불린

39. 유지의 산패 정도를 나타내는 값이 아닌 것은?

① 산가   ② 요오드가
③ 아세틸가   ④ 과산화물가

해설 요오드가는 지방산의 불포화 정도를 나타내는 값으로, 요오드가가 크면 유지에 불포화지방산의 함량이 많음을 알 수 있다.

40. 우유 성분으로 제품의 껍질색이 빨리 나오게 하는 것은?

① 젖산   ② 카세인
③ 무기질   ④ 유당

해설 유당은 우유 속에 4.8% 함유되어 있으며, 빵을 구울 때 껍질색이 빨리 나오게 한다.

41. 다음 중 수소 이온 농도 pH가 5인 경우의 액성은?

① 산성　　　　② 중성

③ 알칼리성　　④ 무성

> **해설** ・산성 : pH 6 이하
> ・중성 : pH 7
> ・염기성 : pH 8 이상

42. 췌장에서 생성되는 지방 분해 효소는?

① 트립신　　　② 아밀라아제

③ 펩신　　　　④ 리파아제

> **해설** ・트립신 : 단백질 분해 효소
> ・아밀라아제 : 탄수화물 분해 효소
> ・펩신 : 단백질 분해 효소
> ・리파아제 : 지방 분해 효소

43. 다음 중 신선한 달걀의 특징은?

① 8% 식염수에 뜬다.

② 흔들었을 때 소리가 난다.

③ 난황계수가 0.1 이하이다.

④ 껍질에 광택이 없고 거칠다.

> **해설** 신선한 달걀의 특징
> ・8% 식염수에 가라앉는다.
> ・흔들었을 때 소리가 나지 않는다.
> ・난황계수가 0.34~0.44이다.
> ・껍질이 까칠까칠하다.

44. 단백질 식품이 미생물에 의해 변화되어 악취가 나고 먹을 수 없게 되는 현상은?

① 발효(fermentation)

② 부패(putrefaction)

③ 변패(deterioration)

④ 산패(rancidity)

> **해설** 부패는 단백질을 주성분으로 하는 식품이 미생물, 특히 혐기성 세균의 번식에 의해 분해되는 현상으로, 유해 물질이 생성되는 경우를 말한다.

45. 유당분해효소 결핍증(유당불내증)의 일반적인 증상이 아닌 것은?

① 복부 경련　　② 설사

③ 발진　　　　④ 메스꺼움

> **해설** 유당불내증은 체내에 유당을 소화시키는 소화효소(락타아제)가 결여되어 유당을 소화하지 못하는 증상으로, 유당 섭취 시 복부 팽만, 장경련, 메스꺼움, 복통, 설사를 일으킨다.

46. 아미노산과 아미노산 간의 결합은?

① 글리코시드 결합

② 펩타이드 결합

③ $\alpha-1, 4$ 결합

④ 에스테르 결합

> **해설** 펩타이드는 아미노산 직전의 유도 단백질로, 2개 이상의 아미노산 화합물이며 비교적 적은 분자량을 가진다.

47. 유화제에 대한 설명으로 틀린 것은?

① 계면활성제라고도 한다.

② 친유성기와 친수성기를 각 50%씩 갖고 있어 물과 기름의 분리를 막아준다.

③ 레시틴, 모노글리세라이드, 난황 등이 유화제로 쓰인다.

④ 빵에서는 글루텐과 전분 사이로 이동하는 자유수의 분포를 조절하여 노화를 방지한다.

> **해설** 유화제는 서로 잘 혼합되지 않는 두 종류의 액체를 유화할 때 사용한다.

48. 건조된 아몬드 100g에 탄수화물 16g, 단백질 18g, 지방 54g, 무기질 3g, 수분 6g, 기타 성분 등을 함유하고 있다면 건조된 아몬드 100g의 열량은?

① 약 200kcal
② 약 364kcal
③ 약 622kcal
④ 약 751kcal

해설 탄수화물, 단백질은 1g당 4kcal, 지방은 1g당 9kcal의 열량을 낸다.

∴ 열량 = 탄수화물 + 단백질 + 지방
= $(16 \times 4) + (18 \times 4) + (54 \times 9)$
= $64 + 72 + 486$
= 622kcal

49. 세균성 식중독과 비교한 경구 감염병의 특징이 아닌 것은?

① 적은 양의 균으로도 질병을 일으킬 수 있다.
② 2차 감염이 된다.
③ 잠복기가 비교적 짧다.
④ 감염 후 면역 형성이 잘 된다.

해설 경구 감염병
• 소량의 균으로도 발병한다.
• 2차 감염이 있다.
• 잠복기가 길다.
• 감염 후 면역 형성이 잘 된다.

50. 클로스트리듐 보툴리눔 식중독과 관련이 있는 것은?

① 화농성 질환의 대표균
② 저온 살균 처리로 예방
③ 내열성 포자 형성
④ 감염형 식중독

해설 보툴리누스 식중독
• 독소형 식중독
• 독소 : 뉴로톡신(신경독)

• 보툴리누스균 : 혐기성 간균
• 원인 식품 : 완전 가열되지 않은 통조림

51. 비타민의 일반적인 결핍증이 잘못 연결된 것은?

① 비타민 B_{12} – 부종
② 비타민 D – 구루병
③ 나이아신 – 펠라그라
④ 리보플라빈 – 구내염

해설 비타민 B_{12}(시아노코발라민)의 결핍증에는 악성 빈혈, 성장 정지, 간 질환 등이 있다.

52. 장염 비브리오균에 감염되었을 때 나타나는 주요 증상은?

① 급성 위장염
② 피부 농포
③ 신경 마비 증상
④ 간경변 증상

해설 장염 비브리오균은 여름철에 집중 발생되는 식중독의 원인균으로, 위장의 통증과 설사가 주된 증상이다.

53. 살모넬라균에 의한 식중독 증상과 가장 거리가 먼 것은?

① 심한 설사
② 급격한 발열
③ 심한 복통
④ 신경 마비

해설 신경 마비는 보툴리누스균의 독소인 뉴로톡신의 증상이다.

54. 세균에 의한 경구 감염병은?

① 콜레라
② 유행성 간염
③ 폴리오
④ 살모넬라증

해설 유행성 간염, 폴리오는 바이러스성 경구 감염병, 콜레라는 세균성 경구 감염병이다.

55. 인수공통 감염병에 대한 설명으로 옳지 않은 것은?

① 인간과 척추동물 사이에 전파되는 질병이다.
② 인간과 척추동물이 같은 병원체에 의해 발생되는 감염병이다.
③ 바이러스성 질병으로 발진열, Q열 등이 있다.
④ 세균성 질병으로 탄저, 브루셀라증, 살모넬라증 등이 있다.

해설 발진열과 Q열은 리케차성 질병이다.

56. 미나마타병은 어떤 중금속에 오염된 어패류를 섭취했을 때 발생하는가?

① 수은
② 카드뮴
③ 납
④ 아연

해설 미나마타병은 공장 폐수에서 흘러나온 유기 수은에 오염된 어패류 섭취 시 중독된다.

57. 식품 첨가물의 사용 조건으로 바람직하지 않은 것은?

① 식품의 영양가를 유지할 것
② 다량으로 충분한 효과를 낼 것
③ 이미, 이취 등의 영향이 없을 것
④ 인체에 유해한 영향을 끼치지 않을 것

해설 식품 첨가물은 소량으로도 충분한 효과를 낼 수 있어야 한다.

58. 급성 감염병을 일으키는 병원체로 포자는 내열성이 강하며 생물학전이나 생물테러에 사용될 수 있는 위험성이 높은 병원체는?

① 브루셀라균
② 탄저균
③ 결핵균
④ 리스테리아균

59. 우리나라에서 허용되지 않은 감미료는?

① 시클라민산 나트륨
② 사카린나트륨
③ 아세설팜 K
④ 스테비아 추출물

해설 둘신, 에틸렌글리콜, 페닐라틴, 시클라메이트, 시클라민산 나트륨은 우리나라에서 허용되지 않은 감미료이다.

60. 식중독에 관한 설명으로 잘못된 것은?

① 세균성 식중독에는 감염형 식중독과 독소형 식중독이 있다.
② 자연독 식중독에는 동물성 식중독과 식물성 식중독이 있다.
③ 곰팡이독 식중독은 맥각, 황변미 독소 등에 의해 발생한다.
④ 식이성 알레르기는 식이로 들어온 특정 탄수화물 성분에 면역계가 반응하지 못하여 생긴다.

해설 식중독이란 유해하고 유독한 물질이 음식물과 함께 체내로 들어와 생리적인 이상을 일으키는 것으로 세균성 식중독, 자연독 식중독, 곰팡이독 식중독 등이 있다.

1. 젤리 롤 케이크 반죽의 굽기 과정에 대한 설명으로 틀린 것은?

① 두껍게 편 반죽은 낮은 온도에서 굽는다.
② 구운 후 철판에서 바로 꺼내지 않고 냉각시킨다.
③ 양이 적은 반죽은 높은 온도에서 굽는다.
④ 열이 식으면 압력을 가해 수평을 맞춘다.

해설 오븐에서 꺼내도 철판의 열에 의해 계속 구워지므로 구운 후 철판에서 바로 꺼내지 않으면 색이 더 진해지고 수분 손실이 많아 제품이 수축된다.

2. 조형물을 만들 머랭을 만들 때 흰자에 대한 설탕의 사용 비율로 가장 알맞은 것은?

① 50%
② 100%
③ 200%
④ 400%

해설 조형물을 만들 때는 온제 머랭을 사용하며 흰자 100, 설탕 200의 비율로 섞어 43℃로 데운 후 거품을 내다가 거품이 안정되면 분설탕을 섞는다.

3. 비스킷을 제조할 때 유지보다 설탕을 많이 사용하면 어떤 결과가 일어나는가?

① 제품이 단단해진다.
② 제품의 촉감이 부드러워진다.
③ 제품의 퍼짐이 작아진다.
④ 제품의 색깔이 연해진다.

해설 유지의 사용량이 부족하면 제품이 단단해진다.

4. 공립법, 더운 믹싱법으로 제조하는 스펀지 케이크의 배합 방법 중 틀린 것은?

① 버터는 배합 전 중탕으로 녹인다.
② 밀가루, 베이킹파우더는 체질하여 준비한다.
③ 달걀은 흰자와 노른자를 분리한다.
④ 거품 올리기의 마지막은 중속으로 믹싱한다.

해설 흰자와 노른자를 분리하는 것은 별립법이나 쉬폰법이며, 공립법은 흰자와 노른자를 같이 넣는 방법이다.

5. 슈 재료를 계량할 때 같이 계량하면 안 되는 재료로 짝지어진 것은?

① 버터 + 물
② 물 + 소금
③ 버터 + 소금
④ 밀가루 + 베이킹파우더

해설 슈는 버터와 소금에 물을 넣고 끓인 후 밀가루를 넣고 1차 호화한 다음, 달걀을 넣어가며 되기 조절을 하는 마지막 단계에서 베이킹파우더를 넣기 때문에 베이킹파우더를 밀가루와 함께 계량하지 않는다.

6. 먼저 밀가루와 유지를 넣고 믹싱하여 유지에 밀가루가 코팅되도록 한 다음 나머지 재료를 투입하는 방법으로, 유연감을 우선으로 하는 제품에 사용되는 반죽법은?

① 1단계법
② 별립법
③ 블렌딩법
④ 크림법

해설 블렌딩법은 유지와 밀가루를 넣어 밀가루

가 유지에 의해 코팅이 되도록 하는 방법으로, 유지가 글루텐의 생성을 막아주므로 제품이 부드럽다.

7. 케이크 제조에 사용되는 달걀의 역할이 아닌 것은?

① 결합제 역할
② 글루텐 형성작용
③ 유화력 보유
④ 팽창작용

해설 글루텐 형성작용은 밀가루 단백질 중 글리아딘과 글루테닌의 역할이며, 달걀의 역할과는 관계없다.

8. 과자 제품을 평가할 때 내부적 평가 요인에 해당하지 않는 것은?

① 맛
② 속 색
③ 기공
④ 부피

해설 • 내부 평가 : 기공, 조직, 속 색, 맛
• 외부 평가 : 균형, 터짐, 껍질 상태, 부피

9. 젤리 롤 케이크를 말 때 표면이 터지는 단점을 방지하는 방법으로 잘못된 것은?

① 덱스트린의 점착성을 이용한다.
② 고형질 설탕 일부를 물엿으로 대체한다.
③ 팽창제를 다소 감소시킨다.
④ 달걀 중 노른자 비율을 증가시킨다.

해설 젤리 롤 케이크를 말 때 달걀노른자 사용량을 늘리면 표면이 터지게 된다.

10. 고온에서 빨리 구워야 하는 제품은?

① 파운드 케이크
② 고율 배합 제품
③ 저율 배합 제품
④ 패닝 양이 많은 제품

해설 저율 배합 반죽일수록 높은 온도에서 단시간 구워야 하며, 고율 배합 반죽일수록 낮은 온도에서 장시간 구워야 한다.

11. 쿠키의 포장지에 대한 조건으로 알맞지 않은 것은?

① 내용물의 색이나 향이 변하지 않아야 한다.
② 독성 물질이 생성되지 않아야 한다.
③ 통기성이 있어야 한다.
④ 방습성이 있어야 한다.

해설 쿠키 포장지의 조건
• 가볍고 투명하여 형광물질이 없어야 한다.
• 제품의 상품성을 높일 수 있어야 한다.
• 통기성은 없어야 하며 방습성이 있어야 한다.

12. 제조 공정 시 표면 건조를 하지 않는 제품은 어느 것인가?

① 슈
② 마카롱
③ 밤과자
④ 핑거쿠키

해설 슈는 표면이 마르면 팽창이 덜 되므로 표면 건조를 하지 않는다.

13. 스펀지 케이크에서 달걀 사용량을 줄일 때 조치할 사항으로 잘못된 것은?

① 베이킹파우더를 사용한다.
② 물 사용량을 늘린다.
③ 쇼트닝을 첨가한다.
④ 양질의 유화제를 병용한다.

해설 달걀 사용량을 줄일 경우 물 사용량을 늘리고, 난황의 레시틴 대신 유화제를 더 사용하며, 팽창 효과가 적어지므로 베이킹파우더의 사용량을 늘린다.

14. 다음 제품 중에서 반죽의 비중이 가장 낮은 것은?

① 파운드 케이크
② 옐로 레이어 케이크
③ 초콜릿 케이크
④ 버터 스펀지 케이크

해설 • 일반적으로 반죽형 케이크가 거품형 케이크보다 비중이 높다.
• 스펀지 케이크(공립법) : 0.50 ± 0.05
• 스펀지 케이크(별립법) : 0.55 ± 0.05
• 레이어 케이크, 파운드 케이크, 초콜릿 케이크 : 0.80 ± 0.05

15. 중간 발효에 대한 설명으로 틀린 것은?

① 중간 발효는 온도 32℃ 이내, 상대 습도 75% 전후에서 실시한다.
② 반죽의 온도, 크기에 따라 시간이 달라진다.
③ 반죽의 상처 회복과 성형을 용이하게 하기 위함이다.
④ 상대 습도가 낮으면 덧가루 사용량이 증가한다.

해설 상대 습도가 낮으면 반죽의 표면이 건조해지므로 덧가루 사용량이 감소한다.

16. 1000mL의 생크림 원료로 거품을 올려 2000mL의 생크림을 만들었다고 한다면 증량률(overrun)은?

① 50%
② 100%
③ 150%
④ 200%

해설 증량률 $= \dfrac{\text{휘핑 후 부피} - \text{휘핑 전 부피}}{\text{휘핑 전 부피}} \times 100$
$= \dfrac{2000 - 1000}{1000} \times 100 = 100\%$

17. 초콜릿의 보관 온도 및 습도로 가장 알맞은 것은?

① 온도 18℃, 습도 45%
② 온도 24℃, 습도 60%
③ 온도 30℃, 습도 70%
④ 온도 36℃, 습도 80%

해설 온도 15~18℃, 습도 50% 이하의 저장실에서 7~10일간 숙성시키면 초콜릿 속의 카카오버터 조직이 더욱 안정된다.

18. 파이 제조에 대한 설명으로 틀린 것은?

① 아래 껍질을 위 껍질보다 얇게 한다.
② 껍질 가장자리에 물칠을 한 후 윗껍질을 얹는다.
③ 위, 아래의 껍질을 잘 붙인 후 남은 반죽을 잘라낸다.
④ 덧가루를 뿌린 면포 위에서 반죽을 밀어 편 후 크기에 맞게 자른다.

해설 위 껍질은 0.2cm 두께로, 아래 껍질은 0.3cm 두께로 하며, 위 껍질을 아래 껍질보다 얇게 밀어 편다.

19. 튀김 횟수를 증가시킬 때 튀김 기름의 변화로 알맞지 않은 것은?

① 중합도 증가
② 점도의 감소
③ 산가 증가
④ 과산화물가 증가

해설 튀김에 사용한 기름이나 오래된 기름은 지질상태에 의해 점도가 높아진 경우가 많다.

20. 파운드 케이크를 패닝할 때 틀 높이의 몇 % 정도까지 반죽을 채우는 것이 가장 적당한가?

① 50%　　　　② 70%
③ 90%　　　　④ 100%

해설 파운드 케이크는 크림법으로 만드는 반죽형 케이크로, 틀 안쪽에 종이를 깔고 틀 높이의 70% 정도 패닝한다.

21. 엔젤 푸드 케이크 반죽의 온도 변화에 따른 설명으로 틀린 것은?

① 반죽 온도가 낮으면 제품의 기공이 조밀해진다.
② 반죽 온도가 낮으면 색상이 진하다.
③ 반죽 온도가 높으면 기공이 열리고 조직이 거칠어진다.
④ 반죽 온도가 높으면 부피가 작다.

해설 반죽 온도가 너무 낮으면 기공과 조직이 조밀해져 부피가 작아지고 완제품의 색이 진해진다.

22. 발효 손실의 원인이 아닌 것은?

① 수분이 증발하여
② 탄수화물이 탄산가스로 전환되어
③ 탄수화물이 알코올로 전환되어
④ 재료 계량의 오차로 인해

해설 발효 손실은 발효 과정을 거치면서 반죽의 무게가 줄어드는 현상으로, 발효 중 수분이 증발하거나 탄수화물이 탄산가스와 알코올로 전환되기 때문에 일어난다.

23. 쿠키 반죽의 퍼짐성에 기여하여 표면을 크게 하는 재료는?

① 소금　　　　② 밀가루
③ 설탕　　　　④ 달걀

해설 쿠키 반죽의 과도한 퍼짐의 원인
• 굵은 입자의 설탕 사용
• 낮은 온도
• 짧은 믹싱
• 알칼리성 반죽, 묽은 반죽

24. 소금을 늦게 넣어 믹싱시간을 단축하는 방법은?

① 염장법　　　　② 후염법
③ 염지법　　　　④ 훈제법

해설 후염법은 소금을 늦게 넣어 믹싱시간을 단축하는 방법으로, 클린업 단계에서 소금을 넣으면 믹싱시간을 20% 단축할 수 있다.

25. 제과에서 유지의 기능이 아닌 것은?

① 연화작용　　　　② 공기 포집
③ 보존성 개선　　　④ 노화 촉진

해설 유지는 설탕과 더불어 제품의 노화를 억제하는 기능이 있다.

26. 밀가루 반죽의 물성 측정 실험기기가 아닌 것은?

① 믹소그래프
② 아밀로그래프
③ 패리노그래프
④ 가스크로마토그래프

해설 가스크로마토그래프는 다성분 가스를 정성, 정량 분석하는 장치이다.

27. 무게가 120g인 빈 컵에 물을 가득 넣었더

니 250g이 되었다. 물을 빼고 우유를 넣었더니 254g이 되었을 때 우유의 비중은 약 얼마인가?

① 1.03　　　　② 1.07
③ 2.15　　　　④ 3.05

해설 비중 = $\dfrac{\text{우유를 담은 컵 무게} - \text{컵 무게}}{\text{물을 담은 컵 무게} - \text{컵 무게}}$

$= \dfrac{254 - 120}{250 - 120} \fallingdotseq 1.03$

28. 냉동 반죽법에서 반죽의 냉동 온도와 저장 온도의 범위로 가장 알맞은 것은?

① −5℃, 0~4℃
② −20℃, −18~0℃
③ −40℃, −25~−18℃
④ −80℃, −18~0℃

해설 냉동 반죽법에서는 반죽을 −40℃로 급속 냉동하고 저장 온도를 −25~−18℃로 잡아야 이스트가 살아남을 수 있다.

29. 패리노그래프 커브의 윗부분이 500BU에 닿는 시간을 무엇이라 하는가?

① 반죽시간(peak time)
② 도달시간(arrival time)
③ 반죽 형성시간(dough development time)
④ 이탈시간(departure time)

해설 패리노그래프는 밀가루의 흡수율, 믹싱시간, 믹싱 내구성을 측정하며, 곡선이 500BU에 도달하는 시간으로 밀가루의 특성을 판단한다.

30. 냉장, 냉동, 해동, 2차 발효를 프로그래밍에 의해 자동으로 조절하는 기계는?

① 도 컨디셔너(dough conditioner)

② 믹서(mixer)
③ 라운더(rounder)
④ 오버헤드 프루퍼(overhead proofer)

해설 도 컨디셔너는 냉동, 냉장, 해동, 발효 등을 자동으로 조절하는 기계로, 온도나 습도 조절이 가능하다.

31. 밀가루 A, B, C, D 네 제품의 수분 함량과 가격이 다음 표와 같을 때 고형분에 대한 단가를 고려하면 어떤 밀가루를 사용하는 것이 가장 경제적인가?

구분	수분 함량	가격
밀가루 A	11%	14000원
밀가루 B	12%	13500원
밀가루 C	13%	13000원
밀가루 D	14%	12800원

① A　　　　② B
③ C　　　　④ D

해설 네 제품의 고형분은 각각 89%, 88%, 87%, 86%이므로 단가는 다음과 같다.
• A : 14000 ÷ 89 ≒ 157.3원
• B : 13500 ÷ 88 ≒ 153.4원
• C : 13000 ÷ 87 ≒ 149.4원
• D : 12800 ÷ 86 ≒ 148.8원
∴ 고형분에 대한 단가가 낮은 D를 사용하는 것이 가장 경제적이다.

32. 우유 성분 중에서 산에 의해 응고되는 물질은?

① 단백질　　　　② 유당
③ 유지방　　　　④ 회분

정답 **28.** ③　**29.** ②　**30.** ①　**31.** ④　**32.** ①

33. 밀가루 등급은 무엇을 기준으로 하는가?

① 회분
② 단백질
③ 유지방
④ 탄수화물

해설 회분 함량은 밀가루의 등급 기준, 제분 공장의 점검 기준이 되며, 제분율이 동일할 경우 경질소맥의 회분이 연질소맥의 회분보다 많다.

34. 다음 중 아미노산을 구성하는 주된 원소가 아닌 것은?

① 탄소(C)
② 수소(H)
③ 질소(N)
④ 규소(Si)

해설 아미노산은 단백질의 기본 구성단위로 탄소, 수소, 산소, 질소 등으로 이루어져 있다.

35. 케이크의 제조에서 쇼트닝의 기본인 3가지 기능에 해당하지 않는 것은?

① 팽창기능
② 윤활기능
③ 유화기능
④ 안정기능

해설 안정기능은 지방의 산화와 산패에 안정성을 주는 기능으로, 저장을 오래하는 제품에 필요하다.

36. 과자를 만들 때 당의 기능과 가장 거리가 먼 것은?

① 구조 형성
② 향 부여
③ 수분 보유
④ 단맛 부여

해설 모양과 형태를 유지하는 구조 형성 기능은 밀가루나 달걀과 관련이 있다.

37. 유용한 장내 세균의 발육을 도와 정장작용을 하는 이당류는?

① 설탕
② 유당
③ 맥아당
④ 셀로비오스

해설 유당은 포유류의 유즙에 존재하며, 젖산균으로 인해 발육이 촉진되어 정장작용을 한다.

38. 식품의 부패를 판정하는 화학적 방법은?

① 관능시험
② 생균의 수 측정
③ 온도 측정
④ TMA 측정

39. 반죽에 사용하는 물이 연수일 때 무엇을 더 넣어야 하는가?

① 효소
② 알칼리제
③ 이스트 푸드
④ 산

해설 반죽에 사용하는 물이 연수일 때 흡수율을 25% 정도 감소시키고 이스트 푸드와 소금의 사용량을 늘려야 한다.

40. 유지 1g 검화에 소요되는 수산화칼륨의 밀리그램(mg) 수를 무엇이라 하는가?

① 검화가
② 요오드가
③ 산가
④ 과산화물가

해설 유지가 알칼리에 의해 가수분해 되는 반응를 검화라 하며, 유지 1g 검화에 소요되는 수산화칼륨(KOH)의 밀리그램 수를 검화가(비누화가)라 한다.

41. 밀가루 반죽의 탄성을 강하게 하는 재료가 아닌 것은?

① 비타민 C
② 레몬즙
③ 칼슘염
④ 식염

해설 • 비타민 C : 글루텐을 강화하여 빵 부피

정답 33. ① 34. ④ 35. ④ 36. ① 37. ② 38. ④ 39. ③ 40. ① 41. ②

를 크게 한다.
- 칼슘염 : 물의 경도를 조절하며 발효를 안정시키고 글루텐을 강화한다.
- 식염 : 글루텐을 강화하고 발효를 조절한다.

42. 달걀흰자가 360g 필요하다면 전란 60g짜리 달걀은 몇 개 필요한가?(단, 달걀 난백의 함량은 60%이다.)

① 6개   ② 8개
③ 10개   ④ 13개

해설 • 달걀흰자의 함량 = 60%
• 달걀 1개의 흰자의 양 = 60g × 0.6 = 36g
∴ 필요한 달걀의 수 = $\frac{360g}{36g}$ = 10개

43. 밀가루 50g에서 젖은 글루텐을 15g 얻었다. 이 밀가루의 조단백질 함량은?

① 6%   ② 12%
③ 18%   ④ 24%

해설 • 젖은 글루텐 = $\frac{젖은 글루텐 무게}{밀가루 무게} \times 100$
$= \frac{15}{50} \times 100 = 30\%$
• 건조 글루텐 = $\frac{젖은 글루텐}{3}$
$= \frac{30}{3} = 10\% = 단백질 함량$
∴ 조단백질은 순단백질보다 C, H, O, N의 원소가 10~20% 더 들어 있으므로 보기 문항 중에서 12%가 알맞다.

44. 식품 첨가물의 안전성 시험과 가장 거리가 먼 것은?

① 아급성 독성 시험법
② 만성 독성 시험법
③ 맹독성 시험법
④ 급성 독성 시험법

해설 맹독성은 매우 독한 성질을 말하는 것으로, 자칫하면 생명의 위험을 가져올 수 있으므로 조심해야 한다.

45. 단백질 식품을 섭취한 결과 음식물 중 질소의 양이 13g, 대변 중 질소의 양이 0.7g, 소변 중 질소의 양이 4g일 때, 이 식품의 생물가(BV)는 약 얼마인가?

① 25%   ② 36%
③ 67%   ④ 92%

해설 생물가 = $\frac{체내 저장된 질소의 양}{체내 흡수된 질소의 양} \times 100$
$= \frac{음식물 - 대변 - 소변}{음식물 - 대변} \times 100$
$= \frac{13 - 0.7 - 4}{13 - 0.7} \times 100$
$= 67\%$

46. 정상적인 건강 유지를 위해 반드시 필요한 지방산으로, 체내에서 합성되지 않아 식품으로 공급해야 하는 것은?

① 포화 지방산   ② 불포화 지방산
③ 필수 지방산   ④ 고급 지방산

해설 필수 지방산은 불포화 지방산으로 체내에서 합성되지 않아 반드시 식품에서 섭취해야 하며 리놀레산, 리놀렌산, 아라키돈산 등이 있다.

47. 하루에 섭취하는 총 에너지 중에서 식품 이용을 위한 평균 에너지 소모량은?

① 10%   ② 30%
③ 60%   ④ 20%

해설 식품 이용을 위한 평균 에너지 소모량은 10%이다.

48. 사람의 코, 피부, 머리카락 등 감염된 상처와 관련이 있는 균은?

① 웰치균
② 살모넬라균
③ 포도상구균
④ 병원성 대장균

해설 포도상구균은 사람의 머리카락, 코, 목 및 상처 부위에서 주로 발견된다.

49. 밀가루의 표백과 숙성을 위해 사용하는 첨가물은?

① 개량제
② 유화제
③ 점착제
④ 팽창제

해설 밀가루를 표백하는 첨가물은 표백제, 숙성(산화)시키는 첨가물은 산화제이며, 표백제와 산화제를 모두 개량제라 한다.

50. 다음 감염병 중 잠복기가 가장 짧은 것은?

① 후천성 면역결핍증
② 광견병
③ 콜레라
④ 매독

해설 콜레라는 잠복기가 1주일 이내(3시간)로 가장 짧으며 광견병, 매독, 후천성 면역결핍증은 잠복기가 특히 길다.

51. 교차오염 방지법으로 옳지 않은 것은?

① 개인 위생관리를 철저히 한다.
② 손 씻기를 철저히 한다.
③ 면장갑을 손에 끼고 작업한다.
④ 화장실 출입 후 손을 청결히 한다.

해설 작업을 할 때는 손을 깨끗이 씻고 하며, 고무장갑을 착용했을 때는 손을 씻는 것과 같이 고무장갑을 깨끗이 씻고 작업한다.

52. 2019년 12월 발생한 바이러스성 호흡기 질환인 코로나바이러스 감염증−19는 법정 감염병 중에서 몇 급에 해당하는가?

① 제1급 감염병
② 제2급 감염병
③ 제3급 감염병
④ 제4급 감염병

해설 코로나바이러스 감염증−19는 발생 또는 유행 즉시 신고하고 음압 격리가 필요한 감염병으로 제1급 감염병이다.

53. 빵을 제조하는 과정에서 반죽 후 분할기로부터 분할할 때나 구울 때 달라붙지 않게 할 목적으로 허용되어 있는 첨가물은?

① 글리세린
② 프로필렌 글리콜
③ 초산 비닐수지
④ 유동 파라핀

해설 빵 반죽을 분할기에서 분할할 때나 구울 때 달라붙지 않게 하기 위해 이용하는 것은 이형제로, 보통 유동 파라핀 유를 사용한다.

54. 미생물 증식에 대한 설명으로 틀린 것은?

① 한 종류의 미생물이 많이 번식하면 다른 미생물의 번식이 억제될 수 있다.
② 수분 함량이 낮은 저장 곡류에서도 미생물은 증식할 수 있다.
③ 냉장 온도에서는 유해 미생물이 전혀 증식할 수 없다.
④ 70℃에서도 생육이 가능한 미생물이 있다.

해설 최적 온도
• 저온균 : 0~20℃
• 중온균 : 20~40℃, 대부분의 병원성 세균
• 고온균 : 50~70℃

정답 48. ③　49. ①　50. ③　51. ③　52. ①　53. ④　54. ③

55. 노로바이러스 식중독에 대한 설명으로 틀린 것은?

① 완치되면 바이러스를 방출하지 않으므로 임상 증상이 나타나지 않으면 바로 일상생활에 복귀한다.
② 주요 증상은 설사, 복통, 구토이다.
③ 양성 환자의 분변으로 오염된 물에 씻은 채소류에 의해 발생할 수 있다.
④ 바이러스는 물리/화학적으로 안정하며 일반 환경에서 생존이 가능하다.

해설 노로바이러스는 비세균성 급성 위장염을 일으키는 바이러스로 구토, 설사, 복통을 일으키며 잠복기가 24~47시간이다.

56. 팥앙금류, 잼, 케첩, 식품 가공품에 사용되는 보존료는?

① 소르빈산
② 데히드로초산
③ 프로피온산
④ 파라옥시 안식향산 부틸

해설 • 소르빈산염 : 육제품, 절인 식품, 된장
• 데히드로초산염 : 버터, 치즈, 마가린
• 프로피온산염 : 빵
• 안식향산염 : 청량음료, 간장

57. 병원성 대장균 식중독의 가장 적합한 예방방법은?

① 곡류의 수분을 10% 이하로 조정한다.
② 어류의 내장을 제거하고 충분히 세척한다.
③ 어패류는 민물로 깨끗이 씻는다.
④ 건강 보균자나 환자의 분변 오염을 방지한다.

해설 병원성 대장균은 건강 보균자나 환자의 분변 오염을 방지하는 것이 가장 좋은 예방법이다.

58. 알레르기성 식중독의 원인이 될 수 있는 가능성이 가장 높은 식품은?

① 오징어　　② 꽁치
③ 갈치　　④ 광어

해설 알레르기성 식중독의 원인이 될 수 있는 식품은 꽁치, 정어리, 고등어 등의 붉은 살 생선과 그 가공품이다.

59. 다음 중 결핵균의 병원체를 보유하는 주된 동물은?

① 쥐　　② 소
③ 말　　④ 돼지

해설 결핵은 소의 결핵균이 주로 뼈나 관절에 경부림프선 결핵을 일으키며, 감염된 소에서 짠 우유를 불완전 살균했을 때 감염된다.

60. 다음 중 식중독과 관련된 내용의 연결이 옳은 것은?

① 포도상구균 식중독 : 심한 고열
② 살모넬라 식중독 : 높은 치사율
③ 클로스트리듐 보툴리눔 식중독 : 독소형 식중독
④ 장염 비브리오 식중독 : 주요 원인은 민물고기 생식

해설 • 보툴리누스 식중독 : 높은 치사율
• 살모넬라 식중독 : 감염형 식중독
• 장염 비브리오 식중독 : 어패류 생식이 원인

3회 기출 모의고사

1. 다음 재료 중에서 머랭을 만드는 주요 재료는?

① 달걀흰자　　　② 전란
③ 달걀노른자　　④ 박력분

해설 머랭은 달걀흰자로 거품을 내어 낮은 온도의 오븐에서 구운 제품이다.

2. 케이크를 만들 때 설탕의 역할과 거리가 먼 것은?

① 감미를 준다.
② 껍질색을 진하게 한다.
③ 수분 보유력이 있어 노화가 지연된다.
④ 제품의 형태를 유지시킨다.

해설 제품의 형태와 관련이 있는 재료는 밀가루, 달걀, 분유 등이 있으며, 설탕은 제품의 형태와 관련이 없다.

3. 밀가루 : 달걀 : 설탕 : 소금의 기본 배합비를 100 : 166 : 166 : 2로 하여 적정 범위 내에서 각 재료를 가감하여 만드는 제품은?

① 파운드 케이크
② 엔젤 푸드 케이크
③ 스펀지 케이크
④ 머랭 쿠키

해설 제품의 기본 배합비
• 파운드 케이크 = 밀가루(100) : 달걀(100) : 설탕(100) : 유지(100)
• 스펀지 케이크 = 밀가루(100) : 달걀(166) : 설탕(166) : 소금(2)

• 엔젤 푸드 케이크는 흰자만 사용하는 제품이며 머랭 쿠키는 밀가루가 들어가지 않는 제품이다.

4. 글루텐을 형성하는 밀가루의 주요 단백질로 그 함량이 가장 많은 것은?

① 글루테닌　　　② 글리아딘
③ 글로불린　　　④ 메소닌

해설 • 글리아딘 : 36%
• 글루테닌 : 20%
• 메소닌 : 17%
• 알부민과 글로불린 : 7%

5. 슈 제조 시 반죽 표면을 분무 또는 침지시키는 이유가 아닌 것은?

① 껍질을 얇게 한다.
② 팽창을 크게 한다.
③ 기형을 방지한다.
④ 제품의 구조를 강하게 한다.

해설 반죽의 표면을 분무 또는 침지시키면 제품의 구조가 약해지므로 낮은 온도로 충분히 건조시켜야 하며 밀가루, 달걀, 소금의 비율을 조절하여 제품의 구조를 강하게 한다.

6. 냉동과 해동에 대한 설명 중 틀린 것은?

① 전분은 보통 −7~10℃에서 노화가 빠르게 진행된다.
② 노화대(stale zone)를 빠르게 통과하면 노화 속도가 지연된다.

---

③ 식품을 완만히 냉동시키면 작은 얼음 결정이 형성된다.

④ 전분이 해동될 때는 동결시킬 때보다 노화의 영향이 작다.

해설 식품을 냉동할 때는 급속 냉동시켜야만 얼음 결정이 작아진다.

7. 커스터드 푸딩을 컵에 채워 몇 ℃의 오븐에서 중탕으로 굽는 것이 가장 적당한가?

① 160~170℃
② 190~200℃
③ 210~220℃
④ 230~240℃

해설 커스터드 푸딩은 낮은 온도에서 중탕을 해야 표면에 기포가 생기지 않으며, 중탕을 하는 온도는 160℃가 적당하다.

8. 구웠을 때 표면에 광택이 나고 하루쯤 두었다가 사용해도 괜찮은 머랭은?

① 냉제 머랭
② 온제 머랭
③ 이탈리안 머랭
④ 스위스 머랭

해설 스위스 머랭은 흰자 1/3과 설탕 2/3를 섞어서 40℃로 데워 사용하되, 레몬즙이나 아세트산을 더하여 만든 머랭으로, 구웠을 때 표면에 윤기가 나고 하루쯤 두었다가 사용해도 괜찮다.

9. 다음 제품 중 일반적으로 유지를 사용하지 않는 제품은?

① 마블 케이크
② 파운드 케이크
③ 코코아 케이크
④ 엔젤 푸드 케이크

해설 엔젤 푸드 케이크는 흰자만 사용하는 제품이며 유지를 전혀 사용하지 않는다.

10. 구워낸 케이크 제품이 너무 딱딱한 경우 그 원인으로 틀린 것은?

① 배합비에서 설탕의 비율이 높을 때
② 밀가루의 단백질 함량이 너무 많을 때
③ 높은 온도의 오븐에서 구웠을 때
④ 장시간 구웠을 때

해설 설탕의 비율이 높으면 고율 배합 반죽으로 제품이 부드럽다.

11. 반죽형 케이크의 믹싱 방법 중에서 제품에 부드러움을 주기 위한 목적으로 사용하는 것은?

① 크림법
② 블렌딩법
③ 설탕/물법
④ 1단계법

해설 블렌딩법은 유지에 밀가루를 넣어 밀가루가 유지에 의해 코팅이 되도록 하는 방법으로, 유연성이 좋아 부드러운 제품을 만들 때 사용한다.

12. 반죽 희망 온도가 가장 낮은 제품은?

① 과일 케이크
② 초콜릿 케이크
③ 퍼프 페이스트리
④ 화이트 레이어 케이크

해설 퍼프 페이스트리는 유지를 감싸서 밀어 펴야 하므로 온도가 낮아야 유지가 흘러나오지 않는다.

13. 일반적인 과자 반죽 패닝 시 주의사항으로 알맞지 않은 것은?

① 종이 깔개를 사용한다.
② 팬 오일을 많이 바른다.
③ 패닝 후 즉시 굽는다.
④ 철판에 넣은 반죽은 두께가 일정하게 되도록 펴준다.

해설 팬 오일을 많이 바르면 껍질이 두껍고 색이 어두워진다.

14. 소맥분 온도 25℃, 실내온도 36℃, 수돗물 온도 18℃, 결과 온도 30℃, 희망 온도 27℃, 사용물의 양 10kg일 때 마찰계수는?

① 11 　　　　　　② 26
③ 31 　　　　　　④ 45

해설 마찰계수
= (결과 온도 × 3) − (실내온도 + 밀가루 온도 + 물 온도)
= (30 × 3) − (36 + 25 + 18) = 11

15. 파이의 일반적인 단점 중 바닥 크러스트가 축축한 원인에 해당하지 않는 것은?

① 오븐 온도가 높음
② 충전물 온도가 높음
③ 파이 바닥의 반죽이 고율 배합
④ 불충분한 바닥열

해설 바닥 크러스트가 축축한 원인
• 오븐 온도가 낮을 때
• 바닥열이 낮을 때
• 반죽에 유지 함량이 많을 때
• 파이 바닥의 반죽이 고율 배합 상태일 때

16. 반죽형 쿠키 중 전란의 사용량이 많아 부

드럽고 수분이 가장 많은 쿠키는?

① 스냅 쿠키 　　　② 머랭 쿠키
③ 드롭 쿠키 　　　④ 스펀지 쿠키

해설 드롭 쿠키는 달걀 사용량이 많아 부드럽고 수분이 가장 많으며, 짜내어 굽는 쿠키로 소프트 쿠키라고도 한다.

17. 젤리 롤 케이크를 말 때 표면이 터질 경우 조치할 사항으로 적합한 것은?

① 노른자 사용량을 증가시킨다.
② 팽창제 사용량을 증가시킨다.
③ 설탕의 일부를 물엿으로 대체한다.
④ 낮은 온도에서 오래 굽는다.

해설 표면이 터질 경우 조치할 사항
• 설탕 일부를 물엿으로 대체
• 팽창제 사용량 감소
• 달걀노른자 사용량 감소
• 덱스트린의 점착성 이용
• 낮은 온도에서 오래 굽지 않는다.

18. 성형에서 반죽의 중간 발효 후 밀어 펴기를 하는 과정에서 나타나는 효과는?

① 글루텐 구조의 재정돈
② 가스의 고른 분산
③ 부피의 증가
④ 단백질의 변성

해설 성형 공정에서 밀어 펴는 과정은 가스를 고르게 분산시키는 효과가 있다.

19. 냉동 생지법에 적합한 반죽의 온도는?

① 18~22℃ 　　　② 26~30℃
③ 32~36℃ 　　　④ 38~42℃

[해설] 파이나 페이스트리는 껍질과 충전용 유지의 온도가 같도록 하기 위해 반죽 온도는 18~22℃ 정도가 적합하다.

20. 다음 중 커스터드 크림의 재료에 속하지 않는 것은?

① 우유　　　　② 달걀
③ 설탕　　　　④ 생크림

[해설] 커스터드 크림은 우유, 달걀, 설탕을 섞어 주고 옥수수 전분이나 박력분을 안정제로 넣어 끓인 크림이다.

21. 다음 중 일정한 용적 내에서 팽창이 가장 큰 제품은?

① 파운드 케이크
② 스펀지 케이크
③ 레이어 케이크
④ 엔젤 푸드 케이크

[해설] 각 제품의 비용적
- 파운드 케이크 : $2.40cm^3/g$
- 레이어 케이크 : $2.96cm^3/g$
- 식빵 : $3.4cm^3/g$
- 엔젤 푸드 케이크 : $4.71cm^3/g$
- 스펀지 케이크 : $5.08cm^3/g$

22. 믹서 내에서 일어나는 물리적 성질을 파동 곡선 기록기로 기록하여 밀가루의 흡수율, 믹싱시간, 믹싱 내구성 등을 측정하는 기계로 알맞은 것은?

① 패리노그래프
② 익스텐소그래프
③ 아밀로그래프
④ 분광분석기

[해설] 패리노그래프는 밀가루의 흡수율, 믹싱시간, 믹싱 내구성을 측정하며, 곡선이 500BU에 도달하는 시간 등으로 밀가루의 특성을 판단하는 것이다.

23. 중간 발효에 대한 설명으로 틀린 것은?

① 글루텐 구조를 재정돈한다.
② 가스 발생으로 반죽의 유연성을 회복한다.
③ 중간 발효는 오버 헤드 프루프(overhead proof)라고 한다.
④ 탄력성과 신장성에 나쁜 영향을 미친다.

[해설] 중간 발효의 목적
- 성형의 용이
- 반죽의 유연성 회복
- 글루텐 구조 재정돈

24. 무스 크림을 만들 때 가장 많이 이용되는 머랭의 종류는?

① 이탈리안 머랭　　② 스위스 머랭
③ 온제 머랭　　　　④ 냉제 머랭

[해설] 무스는 냉과이므로 흰자를 소독해야 먹을 수 있으므로 이탈리안 머랭(시럽 머랭)을 사용한다.

25. 오버헤드 프루퍼는 어떤 공정을 하기 위해 사용하는가?

① 분할　　　　② 둥글리기
③ 중간 발효　④ 정형

[해설] 오버헤드 프루퍼(중간 발효기)의 종류
- 벤치 상자식
- 회전 상자식
- 컨베이어식
- 벨트식

[정답] **20.** ④　**21.** ②　**22.** ①　**23.** ④　**24.** ①　**25.** ③

26. 발효에 직접적으로 영향을 주는 요소와 가장 거리가 먼 것은?

① 반죽 온도
② 달걀의 신선도
③ 이스트의 양
④ 반죽의 pH

해설 발효에 영향을 주는 요소에는 반죽 온도, 이스트의 양, 반죽의 pH, 이스트 푸드, 무기물의 함량 등이 있다.

27. 쿠키의 제조 방법에 따라 분류했을 때 달걀흰자와 설탕으로 만든 머랭 쿠키는?

① 짜서 성형하는 쿠키
② 밀어 펴서 성형하는 쿠키
③ 프랑스식 쿠키
④ 마카롱 쿠키

해설 마카롱 쿠키는 흰자에 설탕을 넣고 머랭을 만든 후 아몬드 분말을 섞어 만드는 쿠키이다.

28. 다음 중 케이크, 쿠키, 파이 및 페이스트리용 밀가루의 제과 적성 및 점성을 측정하는 기구는?

① 아밀로그래프
② 패리노그래프
③ 에그트론
④ 맥미카엘 점도계

29. 소금이 제과에 미치는 영향으로 알맞지 않은 것은?

① 향을 좋게 한다.
② 잡균의 번식을 억제한다.
③ 반죽의 물성을 좋게 한다.
④ pH를 조절한다.

해설 pH는 수소 이온 농도이므로 무기질인 소금의 영향을 받지 않는다.

30. 가스 발생량이 많아져 발효가 빨라지는 경우가 아닌 것은?

① 이스트를 많이 사용할 때
② 소금을 많이 사용할 때
③ 반죽에 약산을 소량 첨가할 때
④ 발효실 온도를 약간 높일 때

해설 소금을 많이 사용하면 발효시간이 길어지고 저장성이 증대되어 부피가 작고 어린 반죽이 된다.

31. 다음 중 전분당이 아닌 것은?

① 물엿
② 설탕
③ 포도당
④ 이성화당

해설 전분당은 전분을 가수분해하여 만든 당으로 물엿, 포도당, 이성화당으로 나눈다.

32. 젤리화의 요소가 아닌 것은?

① 유기산류
② 염류
③ 당분류
④ 펙틴류

해설 젤리는 펙틴, 유기산, 당분이 가열에 의해 결합 및 응고되어 만들어진다.

33. 모노-디글리세리드는 어느 반응에서 생성되는가?

① 비타민의 산화
② 전분의 노화
③ 지방의 가수분해

④ 단백질의 변성

해설 모노 – 디글리세리드는 가장 많이 사용하는 계면 활성제로, 지방이 가수분해될 때 생성된다.

34. 향신료를 사용하는 목적이 아닌 것은?

① 냄새 제거
② 맛과 향 부여
③ 영양분 공급
④ 식욕 증진

해설 향신료는 식품의 잡내를 없애고 향기를 부여하여 식욕을 증진시키기 위한 것이다.

35. 맥아당을 분해하는 효소는?

① 말타아제
② 락타아제
③ 리파아제
④ 프로테아제

해설 • 맥아당 : 말타아제
• 유당 : 락타아제
• 지방 : 리파아제
• 단백질 : 프로테아제

36. 케이크 반죽을 하기 위하여 달걀노른자 500g이 필요하다. 몇 개의 달걀이 준비되어야 하는가? (단, 달걀 1개의 무게 52g, 껍질 12%, 노른자 33%, 흰자 55%)

① 26개
② 30개
③ 34개
④ 38개

해설 달걀 1개의 노른자 무게 $= 52 \times 0.33$
$\doteqdot 17g$
$\therefore$ 준비해야 할 달걀 $= \dfrac{500}{17} \doteqdot 30$개

37. 효모에 대한 설명으로 틀린 것은?

① 당을 분해하여 산과 가스를 생성한다.
② 출아법으로 증식한다.
③ 제빵용 효모의 학명은 saccharomyces serevisiae이다.
④ 산소의 유무에 따라 증식과 발효가 달라진다.

해설 효모는 당을 분해하여 알코올과 탄산가스를 생성한다.

38. 설탕의 구성 성분은?

① 포도당과 과당
② 포도당과 갈락토오스
③ 포도당 2분자
④ 포도당과 맥아당

해설 설탕은 자당, 서당이라고도 하며, 설탕을 가수분해하면 포도당과 과당이 생성된다.

39. 피자를 만들 때 많이 사용하는 향신료는?

① 넛메그
② 오레가노
③ 박하
④ 계피

해설 오레가노는 독특한 향과 맵고 쌉쌀한 맛이 토마토와 잘 어울려 피자를 만들 때 빼놓을 수 없는 향신료이다.

40. 스펀지 케이크를 먹었을 때 가장 많이 섭취하게 되는 영양소는?

① 단백질
② 지방
③ 무기질
④ 당질

해설 스펀지 케이크의 주된 재료는 밀가루, 달걀, 설탕이므로 탄수화물(당질)을 가장 많이 섭취한다.

정답 34. ③ 35. ① 36. ② 37. ① 38. ① 39. ② 40. ④

41. 감미제에 대한 설명으로 옳은 것은?

① 당밀은 럼을 원료로 만든다.

② 물엿은 장내 비피더스균 생육 인자이다.

③ 아스파탐은 설탕의 10배의 단맛을 가진 인공 감미료이다.

④ 벌꿀은 천연 전화당으로 대부분 포도당과 과당으로 이루어져 있다.

42. 엔젤 푸드 케이크를 만들 때 팬에 사용하는 이형제로 가장 적합한 것은?

① 쇼트닝

② 밀가루

③ 라드

④ 물

해설 이형제는 빵이나 비스킷류 등의 식품을 만들 때 형태를 유지시키기 위해 사용하는 식품 첨가물로, 엔젤 푸드 케이크나 시폰 케이크는 물을 이형제로 사용하는 것이 좋다.

43. 하루 동안 섭취한 2700kcal 중 지방이 20%, 탄수화물이 65%, 단백질이 15%라면 지방, 탄수화물, 단백질은 각각 몇 g 정도 섭취하였는가?

① 지방 135g, 탄수화물 438.8g, 단백질 45g

② 지방 450g, 탄수화물 1755.2g, 단백질 405.2g

③ 지방 60g, 탄수화물 438.8g, 단백질 101.3g

④ 지방 135g, 탄수화물 195g, 단백질 101.3g

해설 • 지방 : $2700 \times 0.2 \div 9 = 60g$

• 탄수화물 : $2700 \times 0.65 \div 4 ≒ 438.8g$

• 단백질 : $2700 \times 0.15 \div 4 ≒ 101.3g$

44. 리놀레산이 결핍되면 발생할 수 있는 장애가 아닌 것은?

① 성장 지연

② 시각 기능 장애

③ 생식 장애

④ 호흡 장애

해설 리놀레산은 필수 지방산으로, 결핍되면 성장 지연, 생식 장애, 시각 기능 장애, 피부염 등이 나타난다.

45. 비타민 K와 관계가 있는 것은?

① 근육 긴장

② 혈액 응고

③ 자극 전달

④ 노화 방지

해설 비타민 K가 결핍되면 혈액 응고성이 감소하여 쉽게 출혈을 일으킨다.

46. 아플라톡신은 다음 중 어디에 속하는가?

① 감자독

② 효모독

③ 세균독

④ 곰팡이독

해설 곰팡이독에는 아플라톡신, 에르고톡신, 오클라톡신, 시트리닌 등이 있다.

47. 식품 첨가물의 구비조건이 아닌 것은?

① 인체에 유해한 영향을 미치지 않을 것

② 식품의 영양가를 유지할 것

③ 식품에 나쁜 이화학적 변화를 주지 않을 것

④ 소량으로는 충분한 효과가 나타나지 않을 것

해설 식품 첨가물은 식품의 영양가를 유지하면

서 인체에 무해해야 하며, 소량으로도 충분한 효과가 나타나야 한다.

48. 다음 중 인수공통 감염병은?

① 탄저
② 콜레라
③ 세균성 이질
④ 장티푸스

해설 인수공통 감염병은 사람과 동물이 같은 병원체에 의해 발생되는 질병으로 결핵, 탄저, 살모넬라, 선모충, Q열, 광견병, 페스트, 야토병, 파상열 등이 있다.

49. 주로 단백질 식품이 혐기성균의 작용에 의해 본래 성질을 잃고 악취가 나거나 유해물질이 생성되어 먹을 수 없게 되는 현상은?

① 발효　　　　② 부패
③ 갈변　　　　④ 산패

해설 부패는 혐기성 세균에 의해 단백질 식품이 분해되는 현상으로, 발효된 식품은 먹을 수 있지만 부패된 식품은 먹을 수 없다.

50. 일반적인 제과 작업장 시설에 대한 설명으로 틀린 것은?

① 조명은 50룩스(lux) 이하가 좋다.
② 방충, 방서용 금속망은 30메쉬(mesh)가 적당하다.
③ 벽면은 매끄럽고 청소하기 편리해야 한다.
④ 창 면적은 바닥 면적을 기준하여 30% 정도가 좋다.

해설 제과 작업장의 표준 조도
• 장식, 마무리 작업 : 500lux 이상
• 반죽, 정형, 계량 : 200lux 이상

• 굽기, 포장 : 100lux 이상
• 발효 : 50lux 이상

51. 무게가 50g인 과자가 한 개 있다. 이 과자 100g 중에 탄수화물 70g, 단백질 5g, 지방 15g, 무기질 4g, 물 6g이 들어 있다면 과자 10개를 먹을 때 낼 수 있는 열량은?

① 1230kcal
② 2175kcal
③ 2750kcal
④ 1800kcal

해설 과자의 열량 $= (70 \times 4) + (5 \times 4) + (15 \times 9)$
$= 435kcal$
과자 100g에 들어 있는 열량이 435kcal이므로 50g인 과자 1개의 열량 $= 435 \div 2$
$= 217.5kcal$
∴ 50g인 과자 10개의 열량 $= 217.5 \times 10$
$= 2175kcal$

52. 경구 감염병과 거리가 먼 것은?

① 유행성 간염　　② 콜레라
③ 세균성 이질　　④ 일본뇌염

해설 일본뇌염은 피부를 통해 감염되는 바이러스성 감염병이다.

53. 미생물의 증식에 의해 일어나는 식품의 부패나 변패를 방지하기 위해 사용하는 식품 첨가물은?

① 표백제　　　　② 착색료
③ 산화방지제　　④ 보존료

해설 보존료는 식품의 보존성을 높이기 위해 살균작용을 하며 효소작용을 억제한다.

정답 48. ①　49. ②　50. ①　51. ②　52. ④　53. ④

54. 포도상구균에 의한 식중독 예방 대책으로 부적합한 것은?

① 조리장을 깨끗이 한다.

② 섭취 전에 60℃ 정도로 가열한다.

③ 멸균된 기구를 사용한다.

④ 화농성 질환이 있는 자의 조리 업무를 금지한다.

해설 포도상구균은 100℃로 30분간 가열해도 파괴되지 않으므로 충분히 익히지 않은 식품을 섭취했을 때 발병할 수 있다.

55. 위생생물의 일반적인 특징이 아닌 것은?

① 식성 범위가 넓다.

② 음식물과 농작물에 피해를 준다.

③ 병원 미생물을 식품에 감염시키는 것도 있다.

④ 발육 기간이 길다.

해설 위생동물인 쥐, 바퀴벌레, 파리 등은 식성 범위가 넓고 발육 기간이 짧으며 번식이 왕성하다.

56. 식품위생법상의 식품위생의 대상이 아닌 것은?

① 식품

② 식품 첨가물

③ 조리 방법

④ 기구와 용기, 포장

해설 식품위생법에서 '식품위생은 식품, 첨가물, 기구 또는 용기, 포장을 대상으로 하는 음식에 관한 위생을 말한다.'라고 규정되어 있다.

57. 정제가 불충분한 기름에 남아 식중독을 일으키는 고시폴은 어느 기름에서 나오는 독성 물질인가?

① 피마자유   ② 콩기름

③ 면실유   ④ 미강유

해설 고시폴은 목화씨에서 뽑아낸 면실유의 불충분한 정제로 인해 식중독을 일으키는 식물성 자연독이다.

58. 부패를 판정하는 방법으로 사람에 의한 관능검사를 실시할 때 검사하는 항목이 아닌 것은?

① 색   ② 맛

③ 냄새   ④ 균 수

해설 균은 크기가 매우 작은 미생물이므로 육안으로 보기 어렵다.

59. 1일 2200kcal를 섭취하는 성인의 경우 탄수화물의 적절한 섭취량은?

① 620~700g   ② 520~600g

③ 420~500g   ④ 300~400g

60. 물수건 소독 방법으로 가장 적합한 것은?

① 비누로 세척한 후 건조한다.

② 삶거나 차아염소산 소독 후 일광 건조한다.

③ 3% 과산화수소로 살균 후 일광 건조한다.

④ 크레졸 비누액으로 소독 후 일광 건조한다.

해설 물수건은 자비소독이나 차아염소산으로 소독한 후 일광 건조하여 사용한다.

1. 케이크 반죽의 pH가 적정 범위를 벗어나 알 칼리일 경우 제품에서 나타나는 현상은?

① 부피가 작다.
② 힘이 약하다.
③ 껍질색이 연하다.
④ 기공이 거칠다.

해설 반죽의 pH가 알칼리성에 가까우면 기공이 거칠고, 껍질과 속 색이 어두우며 소다 맛이 난다.

2. 옐로 레이어 케이크의 적당한 굽기 온도는?

① 140℃ ② 150℃
③ 160℃ ④ 180℃

해설 빵과 과자의 적당한 굽기 온도는 200℃ 전후이다.

3. 케이크 반죽의 패닝에 대한 설명으로 틀린 것은?

① 케이크의 종류에 따라 반죽의 양을 다르게 한다.
② 새로운 팬은 비용적을 구하여 패닝한다.
③ 팬 용적을 구하기 어려운 경우는 유채씨를 사용하여 측정할 수 있다.
④ 비중이 무거운 반죽일수록 분할량을 작게 한다.

해설 비중이 무거울수록 제품의 부피가 작다.

4. 다음 중 화학적 팽창 제품이 아닌 것은?

① 과일 케이크
② 팬케이크
③ 파운드 케이크
④ 시폰 케이크

해설 시폰 케이크는 공기 팽창 방법(물리적 팽창 방법)에 의한 제품이다.

5. 푸딩 제조 공정에 대한 설명으로 알맞지 않은 것은?

① 모든 재료를 섞어서 체에 거른다.
② 푸딩 컵에 반죽을 부어 중탕으로 굽는다.
③ 우유와 설탕을 섞어 설탕이 캐러멜화 될 때까지 끓인다.
④ 밀가루에 달걀, 소금 및 설탕을 넣고 우유를 섞는다.

해설 푸딩은 밀가루에 달걀, 설탕, 우유 등을 혼합하여 중탕으로 구운 제품으로, 모든 제품을 체에 걸러야 부드러운 제품을 얻을 수 있다.

6. 다음 제품 중 정형하여 패닝할 경우 제품의 간격을 가장 충분히 유지해야 하는 제품은?

① 슈
② 오믈렛
③ 애플파이
④ 쇼트브레드 쿠키

해설 슈는 오븐 팽창이 큰 제품이므로 사이의 간격을 일정하고 충분히 유지하지 않으면 서로 붙거나 온도가 골고루 전달되지 않아 잘 부풀지 않는다.

7. 다음 제품 중 냉과류에 속하는 제품은?

① 무스 케이크 ② 젤리 롤 케이크

③ 양갱 ④ 시폰 케이크

해설 냉과류는 냉장고에서 마무리하는 과자로 무스, 바바루아, 푸딩, 젤리, 블라망제 등이 있다.

8. 쿠키의 퍼짐이 작은 원인으로 알맞지 않은 것은?

① 믹싱이 지나침

② 높은 온도의 오븐

③ 진반죽

④ 너무 고운 입자의 설탕 사용

해설 쿠키의 퍼짐이 작은 원인
• 과도한 믹싱
• 높은 온도의 오븐
• 된반죽
• 고운 입자의 설탕 사용

9. 반죽을 넣고 온도를 급속 냉동시킨 후 시간을 조절하여 원하는 시간에 빵의 발효가 완료되도록 하는 기계는?

① 데크 오븐 ② 터널 오븐

③ 파이 롤러 ④ 도 컨디셔너

10. 스펀지 케이크를 부풀리는 주요 방법은?

① 이스트에 의한 방법

② 달걀의 기포성에 의한 방법

③ 수증기 팽창에 의한 방법

④ 화학적 팽창제에 의한 방법

해설 달걀을 거품기로 저으면 달걀의 단백질에 의해 피막이 형성되어 공기를 포집하게 되는데, 공기 포집을 이용한 것이 스펀지 케이크이다.

11. 파운드 케이크를 구울 때 윗면이 자연적으로 터지는 경우가 아닌 것은?

① 반죽 내의 수분이 불충분한 경우

② 반죽 내에 녹지 않은 설탕 입자가 많은 경우

③ 팬에 분할한 후 오븐에 넣을 때까지 장시간 방치하여 껍질이 마른 경우

④ 오븐 온도가 낮아 껍질이 서서히 마른 경우

해설 파운드 케이크 윗면이 터지는 원인
• 반죽 내 수분이 부족한 경우
• 설탕이 다 녹지 않은 경우
• 패닝 후 바로 굽지 않아 껍질이 마른 경우
• 높은 온도에서 구워 껍질이 빨리 생성되는 경우

12. 커스터드 푸딩은 틀에 몇 % 정도 채우는 것이 좋은가?

① 55% ② 75%

③ 95% ④ 115%

해설 푸딩은 틀에 95% 정도 채우고 낮은 온도에서 굽는다.

13. 초콜릿 케이크에서 우유 사용량을 구하는 공식은?

① 설탕+30−(코코아×1.5)+전란

② 설탕−30−(코코아×1.5)−전란

③ 설탕+30+(코코아×1.5)−전란

④ 설탕−30+(코코아×1.5)+전란

14. 다음 중 일반적으로 슈 반죽에 사용되지 않는 재료는?

① 밀가루 ② 달걀

③ 버터 ④ 이스트

해설 슈는 제과류 반죽이며 이스트는 제빵용 발

효 제품에 사용하는 재료이므로 슈 반죽에는 이
스트가 사용되지 않는다.

15. 반죽의 비중이 제품에 미치는 영향 중 관계가 가장 적은 것은?

① 제품의 부피　　　② 제품의 조직

③ 제품의 점도　　　④ 제품의 기공

해설 비중의 높고 낮음은 반죽 온도와 관련이
있으므로 비중은 제품의 부피, 조직, 기공에 결
정적인 영향을 준다.

16. 반죽의 희망 온도는 27℃, 물 사용량은 10kg, 밀가루 온도는 20℃, 실내온도는 26℃, 수돗물 온도는 18℃, 결과 온도는 30℃일 때 사용할 물 온도는?

① 6℃　　　　　　② 9℃

③ 12℃　　　　　④ 15℃

해설 마찰계수 = (결과 온도×3)

$\qquad$ - (실내온도 + 밀가루 온도 + 물
온도)

$\qquad$ = 30×3 - (26 + 20 + 18) = 26

∴ 사용할 물 온도 = (희망 온도×3)

$\qquad$ - (실내온도 + 밀가루 온도 +
마찰계수)

$\qquad$ = 27×3 - (26 + 20 + 26)

$\qquad$ = 81 - 72 = 9℃

17. 사과 껍질을 만들기 위해 버터를 호두알 크기로 자르고 밀가루와 다른 건조 재료를 넣어 비빈 후 찬물을 투입하여 반죽을 완료했다면 제품의 특성은?

① 중간 결 껍질

② 긴 결 껍질

③ 가루 모양 껍질

④ 크래커 모양 껍질

해설 • 긴 결 : 호두알 크기

• 중간 결 : 강낭콩 크기

• 가루 모양 : 미세한 상태

18. 케이크 반죽에 있어 고율 배합 반죽의 특성을 잘못 설명한 것은?

① 화학적 팽창제의 사용이 적다.

② 굽는 온도가 낮다.

③ 반죽하는 동안 공기와의 혼합이 양호하다.

④ 비중이 높다.

해설 고율 배합은 설탕 사용량이 많으며, 저율
배합보다 비중이 낮고 제품이 가벼우며 굽는 온
도가 낮다.

19. 거품형 쿠키로 전란을 사용하는 제품은?

① 스냅 쿠키　　　② 머랭 쿠키

③ 스펀지 쿠키　　④ 드롭 쿠키

해설 거품형 쿠키로 전란을 사용하면 스펀지 쿠
키, 흰자를 사용하면 머랭 쿠키이다.

20. 냉동 반죽의 특성에 대한 설명 중 알맞지 않은 것은?

① 냉동 반죽에는 이스트 사용량을 늘린다.

② 냉동 반죽에는 당, 유지 등을 첨가하는 것
이 좋다.

③ 냉동 중에는 수분 손실을 고려하여 되도록
진반죽이 좋다.

④ 냉동 반죽은 분할 양이 적은 것이 좋다.

해설 냉동 반죽은 냉동 과정에서 이스트가 죽어
환원성 물질이 나오므로 반죽이 질어지기 때문
에 진반죽은 좋지 않다.

21. 믹서의 구성에 해당되지 않는 것은?

① 믹서볼(mixer bowl)

② 휘퍼(whipper)

③ 비터(beater)

④ 배터(batter)

해설 배터는 반죽형 케이크 반죽을 말한다.

22. 굽기 과정 중 일어나는 현상에 대한 설명으로 틀린 것은?

① 오븐 팽창과 전분의 호화 발생

② 단백질의 변성과 효소의 불활성화

③ 빵 세포의 구조 형성과 향의 발달

④ 캐러멜화와 갈변 반응의 억제

23. 최종 제품의 부피가 정상보다 클 경우에 해당하는 원인이 아닌 것은?

① 2차 발효의 초과

② 소금의 사용량 과다

③ 분할량 과다

④ 낮은 오븐 온도

해설 소금의 사용량이 많으면 삼투압의 현상에 의해 이스트의 발효가 억제되어 부피가 작아진다.

24. 우유를 pH 4.6으로 유지했을 때 응고되는 단백질은?

① 카세인(casein)

② α-락트알부민

③ β-락토글로불린

④ 혈청알부민

해설 카세인은 우유 속에 약 3% 함유되어 있으며, 우유에 산을 가하여 pH 4.6으로 내려가면 등전점에 도달하여 침전한다.

25. 어린 반죽에 대한 설명으로 틀린 것은?

① 속 색이 무겁고 어둡다.

② 향이 강하다.

③ 부피가 작다.

④ 모서리가 예리하다.

해설 어린 반죽은 숙성이 덜 된 반죽으로 껍질과 속 색이 어둡고 부피가 작으며 향이 약하다.

26. 설탕과 유지를 먼저 믹싱하는 방법은?

① 크림법

② 1단계법

③ 블렌딩법

④ 설탕/물 반죽법

해설 크림법은 설탕과 유지를 먼저 믹싱한 후 건조 재료, 달걀물을 투입하여 혼합하는 방법으로, 부피를 우선으로 하는 제품에 적합하다.

27. 케이크의 아이싱으로 생크림을 많이 사용하고 있다. 이러한 목적으로 사용할 수 있는 생크림의 지방 함량은 얼마 이상인가?

① 5% ② 12%

③ 25% ④ 37%

해설 케이크용 생크림은 보통 유지방 함량이 30% 이상인 것을 사용하며, 시중에 판매되고 있는 생크림의 유지방 함량은 35~40%이다.

28. 달걀의 가식부에서 전란의 고형분은 몇 %인가?

① 12% ② 25%

③ 50% ④ 75%

해설 전란 = 수분 75% + 고형분 25%

29. 호밀에 관한 설명으로 틀린 것은?

① 호밀 단백질은 밀가루 단백질에 비해 글루텐을 형성하는 능력이 떨어진다.

② 밀가루에 비해 펜토산 함량이 낮아 반죽이 끈적거린다.

③ 제분율에 따라 흰색, 중간색, 검은색 호밀가루로 분류한다.

④ 호밀분에 지방 함량이 높으면 저장성이 나빠진다.

해설 호밀은 밀가루에 비해 펜토산 함량이 높아 반죽이 끈적거린다.

30. 물 중에 있는 기름을 분산시키고, 분산된 입자가 응집하지 않도록 안정화시키는 작용을 하는 것은?

① 팽창제　　　　② 유화제

③ 강화제　　　　④ 개량제

해설 유화제는 물질의 표면 장력을 떨어뜨려 계면 활성을 활발하게 하며, 부피와 조직을 개선하고 노화를 지연시킨다.

31. 분당의 고형화를 방지하기 위해 첨가하는 물질은?

① 검류　　　　　② 전분

③ 비타민 C　　　④ 분유

해설 분당은 설탕을 곱게 빻아 가루로 만든 것으로 덩어리가 생기는 것을 방지하기 위해 전분을 3% 혼합한다.

32. 간이시험법으로 밀가루 색상을 알아보는 시험법은?

① 페카시험　　　② 킬달법

③ 침강시험　　　④ 압력계시험

해설 밀가루 색상을 알아보는 시험법에는 페카시험, 분광분석기를 사용하는 방법, 여과지를 사용하는 방법 등이 있다.

33. 일반적인 제품의 비용적이 틀린 것은?

① 파운드 케이크 : $2.4cm^3/g$

② 엔젤 푸드 케이크 : $4.71cm^3/g$

③ 레이어 케이크 : $5.05cm^3/g$

④ 스펀지 케이크 : $5.08cm^3/g$

해설 레이어 케이크 : $2.96cm^3/g$

34. 카카오버터의 결정이 거칠어지고 설탕의 결정이 석출되어 초콜릿의 조직이 노화하는 현상은?

① 템퍼링(tempering)

② 블룸(bloom)

③ 콘칭(conching)

④ 페이스트(paste)

해설 템퍼링이 잘못되면 지방 블룸이 생기고 보관이 잘못되면 설탕 블룸이 생긴다.

35. 과실이 익어감에 따라 어떤 효소의 작용에 의해 수용성 펙틴이 생성되는가?

① 펙틴리가아제

② 아밀라아제

③ 프로토펙틴 가수분해효소

④ 브로멜린

해설 과실이 익어감에 따라 펙틴이 프로토펙틴에 가수분해되면서 수용성 펙틴을 만들어 과실을 말랑말랑하게 한다.

36. 커스터드 크림에서 달걀의 주요 역할은?

① 결합제의 역할

② 영양가를 높이는 역할

③ 팽창제의 역할

④ 저장성을 높이는 역할

해설 커스터드 크림에서 달걀은 크림을 걸쭉하게 하는 농후화제, 크림에 점성을 부여하는 결합제의 역할을 한다.

37. 반죽의 신장성과 신장에 대한 저항성을 측정하는 기기는?

① 패리노그래프

② 레오퍼멘토에터

③ 믹서트론

④ 익스텐소그래프

해설 익스텐소그래프는 패리노그래프의 결과를 보완한 것으로, 반죽의 신장성을 측정하는 기기이다.

38. 제과 · 제빵용 건조 재료와 팽창제 및 유지 재료를 알맞은 배합률로 균일하게 혼합한 원료는?

① 프리믹스

② 팽창제

③ 향신료

④ 밀가루 개량제

해설 프리믹스는 가루 재료를 미리 혼합한 것으로, 액체 재료만 부어 반죽할 수 있도록 만든 것이다.

39. 일시적 경수에 대한 설명으로 맞는 것은?

① 가열 시 탄산염으로 되어 침전된다.

② 끓여도 경도가 제거되지 않는다.

③ 황산염에 기인한다.

④ 제빵에 사용하기에 가장 좋다.

해설 일시적 경수는 가열했을 때 탄산염으로 분해되어 연수가 된다.

40. 다음 중 중화가를 구하는 식은?

① $\dfrac{\text{중조의 양}}{\text{산성제의 양}} \times 100$

② $\dfrac{\text{중조의 양}}{\text{산성제의 양}}$

③ $\dfrac{\text{산성제의 양} \times \text{중조의 양}}{100}$

④ 산성제의 양 × 중조의 양

해설 중화가란 산성제 100g을 중화시키는 데 필요한 중조의 양을 말한다.

$$\therefore \text{중화가} = \dfrac{\text{중조의 양}}{\text{산성제의 양}} \times 100$$

41. 지방의 산패를 촉진하는 인자와 거리가 먼 것은?

① 질소

② 산소

③ 동

④ 자외선

해설 지방의 산패 요인에는 산소, 금속물질(철, 구리, 동), 자외선, 효소, 미생물 등이 있다.

42. 탈지분유의 구성 중 50% 정도를 차지하는 것은?

① 수분 　　　　② 지방

③ 유당 　　　　④ 회분

해설 탈지분유는 탈지유에서 수분을 제거하여 분말화한 것으로 유당이 50% 정도 함유되어 있다.

43. 달걀흰자를 이용한 머랭 제조 시 좋은 머랭을 얻기 위한 방법이 아닌 것은?

① 사용 용기 내에 유지가 없어야 한다.

② 머랭의 온도를 따뜻하게 한다.

③ 달걀노른자를 첨가한다.

④ 주석산 크림을 넣는다.

44. 건조 글루텐 중에서 가장 많은 성분은?

① 단백질　　　　② 전분

③ 지방　　　　　④ 회분

해설 건조 글루텐은 단백질이 75~77% 정도이며 밀가루의 단백질 함량을 높여야 할 때 사용한다.

45. 이스트에 함유되지 않은 성분은?

① 인베르타아제　　② 말타아제

③ 치마아제　　　　④ 아밀라아제

해설 아밀라아제는 밀가루 속에 함유되어 있으며, 탄수화물 분해 효소로 전분을 텍스트린과 맥아당으로 분해한다.

46. 제과에 많이 사용되는 우유의 위생과 관련된 설명 중 옳은 것은?

① 우유는 자기살균작용이 있어 열처리된 우유는 위생상 크게 문제되지 않는다.

② 사료나 환경으로부터 우유를 통해 유해성 화학물질이 전달될 수 있다.

③ 우유의 살균 방법은 병원균 중 가장 저항성이 큰 포도상구균을 기준으로 마련되었다.

④ 저온 살균을 하면 우유 1mL당 약 102마리의 세균이 살아남는다.

해설 위생적으로 좋지 않은 환경에서 자란 소에서 우유를 채취하여 마시면 유해성 화학 물질이 전달될 수 있다.

47. 제과·제빵 공장에서 생산 관리 시 매일 점검할 사항이 아닌 것은?

① 제품당 평균 단가

② 설비 가동률

③ 원재료율

④ 출근율

해설 생산 관리 시 매일 점검할 사항에는 생산 수량 및 금액, 원재료율, 설비 가동률, 출근율, 불량률 등이 있다.

48. 20대 한 남성의 하루 열량 섭취량을 2500kcal라고 했을 때 가장 이상적인 1일 섭취량은?

① 약 10~40g

② 약 40~70g

③ 약 70~100g

④ 약 100~130g

해설 지방은 1g당 9kcal의 열량을 내며, 1일 섭취량은 1일 섭취하는 총 열량의 20%가 적합하다.
∴ 이상적인 1일 섭취량 $= 2500 \times 0.2 \div 9 ≒ 56g$

49. 비타민 B_1의 특징으로 옳은 것은?

① 단백질의 연소에 필요하다.

② 탄수화물 대사에 조효소로 작용한다.

③ 결핍증은 펠라그라이다.

④ 인체의 성장인자이며 항빈혈작용을 한다.

해설 비타민 B_1(티아민)은 탄수화물의 연소에 필요하며 탄수화물 대사에 조효소로 작용한다. 항빈혈작용을 하는 것은 비타민 B_{12}이다.

정답 43. ③　44. ①　45. ④　46. ②　47. ①　48. ②　49. ②

50. 냉장 온도에서도 증식이 가능하여 육류, 가금류 외에도 열처리를 하지 않은 우유나 아이스크림, 채소 등을 통해서도 식중독을 일으켜 태아나 임산부에 치명적인 식중독 세균은?

① 캠필로박터균
② 바실러스균
③ 리스테리아균
④ 비브리오 패혈증

해설 리스테리아증은 면역 체계가 약한 사람들에게 위험한 질환이며, 특히 임산부가 리스테리아증에 걸리면 유산 또는 사산될 가능성이 크다.

51. 식품 시설에서 교차오염을 예방하기 위해 바람직한 것은?

① 작업장은 최소한의 면적을 확보함
② 냉수 전용 수세 설비를 갖춤
③ 작업의 흐름을 일정한 방향으로 배치함
④ 불결 작업과 청결 작업이 교차하도록 함

해설 교차오염은 식품의 조리 및 취급에서 일어나는 미생물의 감염, 오염 등이 식품 유통 과정 또는 식품이 조리되기까지 일어나는 전 과정에서 발생하는 모든 오염을 말하므로 작업의 흐름을 일정한 방향으로 배치하는 것이 바람직하다.

52. 식품의 부패 방지와 관계가 있는 처리로만 나열된 것은?

① 방사선 조사, 조미료 첨가, 농축
② 실온 보관, 설탕 첨가, 훈연
③ 수분 첨가, 식염 첨가, 외관 검사
④ 냉동법, 보존료 첨가, 자외선 살균

해설 식품의 부패 방지 처리법으로 냉동법, 보존료(방부제) 첨가, 자외선 살균, 훈연, 식염 첨가 등이 있다.

53. 장염 비브리오균에 의한 식중독이 가장 일어나기 쉬운 식품은?

① 식육류
② 우유 제품
③ 야채류
④ 어패류

해설 장염 비브리오균은 어패류, 해조류 등에 의해 감염된다.

54. 탄저, 브루셀라증과 같이 사람과 가축의 양쪽에 이환되는 감염병은?

① 법정 감염병
② 경구 감염병
③ 인수공통 감염병
④ 급성 감염병

해설 인수공통 감염병은 사람과 가축의 양쪽으로 이환되는 감염병으로 결핵, 탄저, 살모넬라, 선모충, Q열, 광견병, 페스트, 야토병, 파상열 등이 있다.

55. 아미노산이 분해되어 암모니아가 생성되는 반응은?

① 탈아미노 반응
② 혐기성 반응
③ 아민 형성 반응
④ 탈탄산 반응

해설 탈아미노 반응은 체내의 아미노산에서 아미노기가 빠지는 반응으로, 아미노산이 유기산으로 변화되면서 암모니아가 생긴다.

56. 보툴리누스 식중독에서 나타날 수 있는 주요 증상 및 증후가 아닌 것은?

① 구토, 설사
② 호흡 곤란
③ 출혈
④ 사망

정답 50. ③ 51. ③ 52. ④ 53. ④ 54. ③ 55. ① 56. ③

해설 보툴리누스 식중독의 주요 증상은 구토 및 설사, 시력 저하, 동공 확장, 신경 마비, 호흡 곤란, 사망 등이 있다.

57. 다음 중 경구 감염병에 대한 설명으로 잘못된 것은?

① 2차 감염이 일어난다.

② 미량의 균으로도 감염을 일으킨다.

③ 장티푸스는 세균에 의해 발생한다.

④ 세균성 이질과 콜레라는 바이러스에 의해 발생한다.

해설 세균성 이질과 콜레라는 세균에 의해 발생하는 세균성 감염병이다.

58. 세균이 분비한 독소에 의해 감염을 일으키는 것은?

① 감염형 세균성 식중독

② 독소형 세균성 식중독

③ 화학성 식중독

④ 진균독 식중독

해설 세균성 식중독에는 감염형 세균성 식중독과 독소형 세균성 식중독이 있으며, 감염형은 균만 가지고 있지만 독소형은 균과 독소를 모두 가지고 있다.

59. 과자, 비스킷, 카스텔라를 부풀리기 위한 팽창제로 사용되는 식품 첨가물로 알맞지 않은 것은?

① 탄산수소나트륨   ② 탄산암모늄

③ 중조   ④ 안식향산

해설 안식향산은 청량음료나 간장에 사용되는 보존료이며 0.6g 이하로 사용해야 한다.

60. 결핵의 주요 감염원이 될 수 있는 것은?

① 토끼고기

② 양고기

③ 돼지고기

④ 불완전 살균우유

해설 결핵은 소의 결핵균으로 뼈나 관절에 경부 림프성 결핵을 일으키므로 불완전 살균우유가 주요 감염원이 된다.

5회 기출 모의고사

1. 과자 반죽의 믹싱 완료 정도를 파악할 때 사용되는 항목으로 적합하지 않은 것은?

① 반죽의 비중
② 글루텐의 발전 정도
③ 반죽의 점도
④ 반죽의 색

해설 글루텐의 발전 정도는 **빵** 반죽의 믹싱 완료점을 파악할 때 사용되는 항목이다.

2. 거품형 케이크는?

① 파운드 케이크
② 스펀지 케이크
③ 데블스 푸드 케이크
④ 초콜릿 케이크

해설 거품형 케이크는 많은 양의 달걀을 이용하여 기포를 생성시키는 스펀지 케이크나 롤 케이크 종류의 제품을 말한다.

3. 과일 파이의 충전물이 끓어 넘치는 원인이 아닌 것은?

① 충전물의 온도가 낮다.
② 껍질에 구멍을 뚫지 않았다.
③ 충전물에 설탕량이 너무 많다.
④ 오븐 온도가 낮다.

해설 과일 파이의 충전물이 끓어 넘치는 원인
• 충전물의 온도가 높을 때
• 오븐 온도가 낮을 때
• 충전물의 배합이 부적당할 때
• 파이 껍질에 수분이 많을 때

• 윗면에 구멍이 없을 때

4. 밀가루 100%, 달걀 166%, 설탕 166%, 소금 2%인 배합률은 어떤 케이크 제조에 해당하는 배합률인가?

① 파운드 케이크
② 옐로 레이어 케이크
③ 엔젤 푸드 케이크
④ 스펀지 케이크

해설 제품의 기본 배합비
• 파운드 케이크 = 밀가루(100) : 달걀(100) : 설탕(100) : 유지(100)
• 스펀지 케이크 = 밀가루(100) : 달걀(166) : 설탕(166) : 소금(2)
• 엔젤 푸드 케이크는 흰자만 사용하는 제품이며 머랭 쿠키는 밀가루가 들어가지 않는 제품이다.

5. 거품형 케이크를 만들 때 녹인 버터는 언제 넣어야 하는가?

① 처음부터 다른 재료와 함께 넣는다.
② 밀가루와 섞어 넣는다.
③ 설탕과 섞어 넣는다.
④ 반죽의 최종 단계에 넣는다.

해설 유지는 달걀의 기포성을 깨뜨리지 않기 위해 거품이 주저앉지 않도록 마지막 단계에 넣는다.

6. 포장된 케이크류에서 변패의 가장 중요한 원인에 해당하는 것은?

① 흡습
② 고온
③ 저장기간
④ 작업자

해설 포장 재료는 방수성이 있고 통기성이 없어야 하므로 흡습현상이 변패의 가장 중요한 원인이 된다.

7. 다음 중 파이 롤러를 사용할 필요가 없는 제품은?

① 데니시 페이스트리
② 케이크 도넛
③ 퍼프 페이스트리
④ 롤 케이크

해설 파이 롤러는 페이스트리나 도넛 반죽을 밀어 펼 때 사용하며, 밀대를 사용하여 말기를 하는 롤 케이크에는 부적합하다.

8. 10% 이상의 단백질 함량을 가진 밀가루로 케이크를 만들었을 때 나타나는 결과가 아닌 것은?

① 제품이 수축되면서 딱딱하다.
② 형태가 나쁘다.
③ 제품의 부피가 크다.
④ 제품이 질기며 속 결이 좋지 않다.

해설 10% 이상의 단백질 함량을 가진 강력분으로 케이크를 만들면 글루텐이 많이 생성·발전되어 반죽에 인장력을 부여하므로 완제품의 부피가 작아진다.

9. 다음 제품 중 이형제로 팬에 물을 분무하여 사용하는 제품은?

① 슈
② 시폰 케이크
③ 오렌지 케이크
④ 마블 파운드 케이크

해설 시폰 케이크, 엔젤 케이크는 스프레이로 팬에 물을 분무한 후 반죽을 담는다.

10. 이스트 푸드의 기능과 거리가 먼 것은?

① 물 조절제
② 반죽 조절제
③ 이스트 조절제
④ 껍질 조절제

해설 이스트 푸드는 물 조절제, 반죽 조절제, 이스트의 영양소인 질소 공급, 노화 방지제 역할을 한다.

11. 흰자를 이용한 제품에 주석산 크림과 같은 산을 넣는 이유가 아닌 것은?

① 흰자의 거품 강화
② 흰자의 알칼리성 중화
③ 머랭의 색상을 희게 함
④ 노화를 지연시킴

12. 다음 제품 중 비중이 가장 낮은 것은?

① 젤리 롤 케이크
② 소프트 롤 케이크
③ 파운드 케이크
④ 옐로 레이어 케이크

해설 • 젤리 롤 케이크 : 0.50 ± 0.05
• 소프트 롤 케이크 : 0.45 ± 0.05
• 파운드 케이크 : 0.80 ± 0.05
• 옐로 레이어 케이크 : 0.80 ± 0.05

정답 7. ④ 8. ③ 9. ② 10. ④ 11. ④ 12. ②

13. 설탕 공예용 당액 제조 시 고농도화된 당의 결정을 막아주는 재료는?

① 중조　　　　　② 주석산
③ 포도당　　　　④ 베이킹파우더

해설 설탕 공예용 당액 제조 시 주석산은 당액의 캐러멜화를 높게 하므로 당의 결정을 막아준다.

14. 실내온도 25℃, 밀가루 온도 25℃, 설탕 온도 25℃, 유지 온도 20℃, 달걀 온도 20℃, 수돗물 온도 23℃, 마찰계수 21, 반죽 희망 온도가 22℃라고 한다면 사용할 물 온도는?

① −4℃　　　　　② −1℃
③ 0℃　　　　　　④ 8℃

해설 사용할 물 온도
= (희망 온도×6)−(실내온도+밀가루 온도+설탕 온도+달걀 온도+쇼트닝 온도+마찰계수)
= 22×6−(25+25+25+20+20+21)
= 132−136
= −4℃

15. 스펀지 케이크를 400g짜리 완제품으로 만들 경우 굽기 손실이 20%라 하면 분할 반죽의 무게는?

① 600g　　　　　② 500g
③ 400g　　　　　④ 300g

해설 분할 무게 $= \dfrac{\text{완제품 무게}}{1-\text{굽기 손실}}$
$= \dfrac{400}{1-0.2}$
$= 500g$

16. 소프트 롤을 말 때 겉면이 터지는 경우 조치할 사항이 아닌 것은?

① 팽창이 과도한 경우 팽창제 사용량을 감소시킨다.
② 설탕의 일부를 물엿으로 대체한다.
③ 저온 처리하여 말기를 한다.
④ 덱스트린의 점착성을 이용한다.

17. 케이크 도넛의 껍질색을 진하게 내려고 할 때 설탕의 일부를 무엇으로 대체하여 사용하면 되는가?

① 물엿　　　　　② 포도당
③ 유당　　　　　④ 맥아당

해설 포도당은 설탕보다 낮은 온도에서 반응하므로 포도당을 넣으면 캐러멜 효과가 빨리 일어나 도넛의 껍질색이 진해진다.

18. 시폰 케이크를 만들 때 냉각 전에 팬에서 분리되는 문제가 나타났을 경우의 원인과 거리가 먼 것은?

① 굽는 시간이 짧다.
② 밀가루 양이 많다.
③ 반죽에 수분이 많다.
④ 오븐 온도가 낮다.

19. 아이싱에 사용하는 안정제 중 적정 농도의 설탕과 산이 있어야 쉽게 굳는 것은?

① 한천
② 펙틴
③ 젤라틴
④ 로커스트빈 검

해설 펙틴은 알코올과 아세톤에는 녹지 않으며, 적정 농도의 당과 산이 있어야 젤을 형성하는 기능이 있다.

20. 다음 중 냉과류에 속하는 제품은?

① 푸딩　　　　② 슈
③ 파운드 케이크　　④ 양갱

해설 냉과에는 무스 케이크, 푸딩, 젤리, 바바루아, 블라망제 등이 있다.

21. 튀김에 기름을 반복 사용할 경우 일어나는 주요 변화 중 틀린 것은?

① 중합의 증가　　② 변색의 증가
③ 점도의 증가　　④ 발연점의 상승

해설 튀김에 기름을 반복하여 사용하면 발연점이 낮아진다.

22. 비용적의 단위로 옳은 것은?

① cm³/g　　　　② cm²/g
③ cm²/mL　　　④ cm³/mL

해설 비용적은 반죽 1g이 차지하는 부피를 말하며, 단위는 cm^3/g이다.

23. 공립법으로 제조한 케이크의 최종 제품이 열린 기공과 거친 조직을 갖게 되는 원인에 해당하는 것은?

① 적정 온도보다 높은 온도에서 굽기
② 오버 믹싱된 낮은 비중의 반죽으로 제조
③ 달걀 이외의 액체 재료 함량이 높은 배합
④ 품질이 낮은 오래된 달걀을 배합에 사용

해설 오버 믹싱되면 큰 기포가 형성된다.

24. 다음 중 굽기 과정에서 일어나는 변화로 틀린 것은?

① 글루텐이 응고된다.

② 반죽의 온도가 90℃일 때 효소의 활성이 증가한다.
③ 오븐 팽창이 일어난다.
④ 향이 생성된다.

해설 전분이 호화되기 시작하면서 효소가 활성화되는데 반죽 온도가 90℃가 되면서 효소들이 불활성화된다.

25. 반죽 10kg을 혼합할 때 가장 적합한 믹서의 용량은?

① 8kg　　　　② 10kg
③ 15kg　　　④ 30kg

해설 반죽의 양 = 믹서의 용량 × $\frac{2}{3}$
∴ 믹서의 용량 = 반죽의 양 × $\frac{3}{2}$
$= 10 \times \frac{3}{2} = 15kg$

26. 다음 쿠키 반죽 중에서 가장 묽은 반죽은?

① 밀어 펴서 성형하는 쿠키
② 마카롱 쿠키
③ 판에 등사하는 쿠키
④ 짜는 형태의 쿠키

해설 판에 등사하는 쿠키는 묽은 상태의 반죽을 철판에 올려놓고 틀에 담아 굽는다.

27. 오버 베이킹에 대한 설명으로 옳은 것은?

① 높은 온도의 오븐에서 굽는다.
② 짧은 시간 동안 굽는다.
③ 제품의 수분 함량이 많다.
④ 노화가 빠르다.

해설 낮은 온도에서 오래 굽는 것을 오버 베이킹이라 하며, 수분이 많이 증발되어 노화가 빠르게 나타난다.

28. 다음 중 냉동 반죽법에서의 동결방식으로 적합한 것은?

① 완만 동결
② 지연 동결
③ 오버나이트법
④ 급속 동결

해설 냉동 반죽법으로 만든 반죽을 급속 동결시키면 반죽 속의 얼음 결정이 작아 제품의 조직을 파괴시키지 않으며, 얼린 반죽을 녹여도 수분이 조금밖에 남지 않는다.

29. 맥아에 함유되어 있는 아밀라아제를 이용하여 전분을 당화시켜 엿을 만든다. 이때 엿에 주로 함유되어 있는 당류는?

① 포도당
② 유당
③ 과당
④ 맥아당

30. 식염이 반죽의 물성 및 발효에 미치는 영향에 대한 설명으로 틀린 것은?

① 흡수율이 감소한다.
② 반죽시간이 길어진다.
③ 껍질색을 더 진하게 한다.
④ 프로테아제의 활성을 증가시킨다.

해설 단백질 분해 효소 프로테아제는 온도, 수분, pH의 영향을 받지만 소금(식염)의 영향은 받지 않는다.

31. 술에 대한 설명으로 틀린 것은?

① 달걀 비린내, 생크림의 비린 맛 등을 완화시켜 풍미를 좋게 한다.
② 양조주란 곡물이나 과실을 원료로 하여 효모로 발효시킨 것이다.

③ 증류주란 발효시킨 양조주를 증류한 것이다.
④ 혼성주란 증류주를 기본으로 하여 정제당을 넣고 과실 등의 추출물로 향미를 낸 것으로 대부분 알코올 농도가 낮다.

해설 혼성주란 양조주, 증류주에 과일, 견과, 스파이스 등을 담가 그 맛과 향을 들인 술로, 대부분 알코올 농도가 높다.

32. 어떤 밀가루에서 젖은 글루텐을 채취하여 보니 밀가루 100g에서 36g이 되었다. 이때 단백질 함량은?

① 9%
② 12%
③ 15%
④ 18%

해설 젖은 글루텐 $= \dfrac{\text{젖은 글루텐 무게}}{\text{밀가루 무게}} \times 100$

$= \dfrac{36}{100} \times 100 = 36\%$

$\therefore$ 건조 글루텐 $= \dfrac{\text{젖은 글루텐}}{3}$

$= \dfrac{36}{3} = 12\% = $ 단백질 함량

33. 효소에 대한 설명으로 틀린 것은?

① 생체 내의 화학 반응을 촉진시키는 생체 촉매이다.
② 효소 반응은 온도, pH, 기질 농도 등에 영향을 받는다.
③ β-아밀라아제를 액화 효소, α-아밀라아제를 당화 효소라 한다.
④ 효소는 특정 기질에 선택적으로 작용하는 기질 특이성이 있다.

해설 α-아밀라아제를 액화 아밀라아제(액화 효소), β-아밀라아제를 당화 아밀라아제(당화 효소)라 한다.

34. 일정한 굳기를 가진 반죽의 신장도 및 신장 저항력을 측정하여 자동 기록함으로써 반죽의 점탄성을 파악하고, 밀가루 중의 효소나 산화제, 환원제의 영향을 자세히 알 수 있는 것은?

① 익스텐소그래프(extensograph)

② 알베오그래프(alveograph)

③ 스트럭토그래프(structograph)

④ 믹서트론(mixotron)

해설 익스텐소그래프는 반죽의 신장성과 신장에 대한 저항을 측정하는 기기이다.

35. 동물의 가죽이나 뼈 등에서 추출하며 안정제로 사용되는 것은?

① 젤라틴   ② 한천

③ 펙틴   ④ 카라기난

해설 한천은 우뭇가사리, 펙틴은 감귤류나 사과즙, 카라기난은 아이리시 모스라고 하는 홍조류에서 추출한다.

36. 생이스트의 구성 비율로 알맞은 것은?

① 수분 8%, 고형분 92% 정도

② 수분 92%, 고형분 8% 정도

③ 수분 70%, 고형분 30% 정도

④ 수분 30%, 고형분 70% 정도

37. 어린 반죽으로 제조를 할 경우 중간 발효시간을 어떻게 조절하면 되는가?

① 길게 한다.

② 짧게 한다.

③ 같게 한다.

④ 조절할 수 없다.

해설 1차 발효가 덜 된 반죽은 중간 발효시간을 길게 하여 부족한 발효시간을 보충한다.

38. 버터를 쇼트닝으로 대체하려 할 때 고려해야 할 재료와 거리가 먼 것은?

① 유지 고형질

② 수분

③ 소금

④ 유당

해설 유당은 극히 소량 함유되어 있으므로 고려할 사항이 아니다.

39. 다음 중 유지의 산패와 거리가 먼 것은?

① 온도

② 수분

③ 공기

④ 비타민 E

해설 비타민 E는 유지의 산패를 억제하는 항산화기능을 하는 비타민이다.

40. 퐁당(fondant)에 대한 설명으로 가장 적합한 것은?

① 시럽을 214℃까지 끓인다.

② 40℃ 전후로 식혀서 휘젓는다.

③ 굳으면 설탕 1 : 물 1의 비율로 만든 시럽을 첨가한다.

④ 유화제를 사용하면 부드럽게 만들 수 있다.

해설 • 시럽을 114~118℃까지 끓인다.

• 굳으면 설탕 2 : 물 1의 비율로 만든 시럽을 첨가한다.

• 시럽이나 전화당을 사용하면 부드럽게 만들 수 있다.

41. 휘핑용 생크림에 대한 설명 중 알맞지 않은 것은?

① 유지방 40% 이상의 진한 생크림을 쓰는 것이 좋음
② 기포성을 이용하여 제조함
③ 유지방이 기포 형성의 주체임
④ 거품의 품질 유지를 위해 높은 온도에서 보관함

해설 생크림은 거품의 품질 유지를 위해 냉장 온도에서 보관해야 한다.

42. 단당류 2~10개로 구성된 당으로, 장내의 비피더스균 증식을 활발하게 하는 당은?

① 올리고당   ② 고과당
③ 물엿   ④ 이성화당

해설 올리고당은 장내의 유해 세균의 발육을 억제함으로써 단백질의 소화흡수를 촉진시키고 비타민균을 합성하여 체내에 제공하며, 면역과 항암작용을 하는 당이다.

43. 단백질의 가장 중요한 기능은?

① 체온 유지
② 유화작용
③ 체조직 구성
④ 체액의 압력 조절

해설 단백질의 주요 기능은 체조직, 혈액 단백질, 효소, 호르몬을 구성하는 것이다.

44. 수분의 필요량을 증가시키는 요인이 아닌 것은?

① 장기간의 구토, 설사, 발열
② 지방이 많은 음식을 먹은 경우

③ 수술, 출혈, 화상
④ 알코올 또는 카페인의 섭취

45. 불포화 지방산에 대한 설명 중 옳지 않은 것은?

① 불포화 지방산은 산패되기 쉽다.
② 고도 불포화 지방산은 성인병을 예방한다.
③ 이중결합 2개 이상의 불포화 지방산은 모두 필수 지방산이다.
④ 불포화 지방산이 많이 함유된 유지는 실온에서 액상이다.

해설 이중결합 2개 이상의 불포화 지방산은 필수 지방산이 아니다.

46. 위해요소 중점관리기준(HACCP)을 식품별로 정하여 고시하는 자는?

① 보건복지부장관
② 식품의약품안전청장
③ 시장, 군수 또는 구청장
④ 환경부장관

해설 우리나라의 HACCP는 식품, 축산물, 사료의 세 종류로 분류하며, 식품과 축산물은 식품의약품안전처에서, 사료는 농림축산식품부에서 담당하여 관리한다.

47. 경구 감염병과 거리가 먼 것은?

① 유행성 간염
② 콜레라
③ 세균성 이질
④ 일본뇌염

해설 • 유행성 간염 : 바이러스성 경구 감염병
• 콜레라, 세균성 이질 : 세균성 경구 감염병

---

48. 생물테러 감염병 또는 치명률이 높거나 집단 발생 우려가 커서 발생 또는 유행 즉시 신고하고 음압 격리가 필요한 감염병은?

① 제1급 감염병
② 제2급 감염병
③ 제3급 감염병
④ 제4급 감염병

해설 제1급 감염병은 발생 또는 유행 즉시 신고하고 음압 격리가 필요한 감염병으로 에볼라바이러스병, 신종 감염병 증후군, 중증 급성 호흡기 증후군, 신종인플루엔자 등이 있다.

49. 세균이 분비한 독소에 의해 감염을 일으키는 것은?

① 감염형 세균성 식중독
② 독소형 세균성 식중독
③ 화학성 식중독
④ 진균독 식중독

해설 독소형 식중독은 식중독의 균이 발육할 때 독소를 생성하여 감염되며 포도상구균, 보툴리누스균 등이 있다.

50. 글리코겐이 주로 합성되는 곳은?

① 간, 신장   ② 소화관, 근육
③ 간, 혈액   ④ 간, 근육

해설 글리코겐은 간이나 근육에 합성, 저장되어 있다.

51. 공장 설비 시 배수관의 최소 안지름으로 알맞은 것은?

① 5cm   ② 7cm
③ 10cm   ④ 15cm

해설 공장 설비 시 배수관은 보통 최소 안지름을 10cm로 하는 것이 좋다.

52. 식품위생법에서 식품 등의 공전은 누가 작성, 보급하는가?

① 보건복지부장관
② 식품의약품안전청장
③ 국립보건원장
④ 시, 도지사

해설 식품의약품안전청장은 식품의약품 등의 기준, 규격, 시험 방법 등의 제정 및 개정과 유통되는 제품의 품질관리를 위한 지도 업무를 수행한다.

53. 식중독 발생 현황에서 발생 빈도가 높은 우리나라 3대 식중독 원인 세균이 아닌 것은?

① 살모넬라균
② 포도상구균
③ 장염 비브리오균
④ 바실러스 세레우스

해설 우리나라 3대 식중독균
• 살모넬라
• 포도상구균
• 장염 비브리오균

54. 어육이나 식육의 초기 부패를 확인하는 화학적 검사 방법으로 적합하지 않은 것은?

① 휘발성 염기질소의 양 측정
② pH의 측정
③ 트리메틸아민의 양 측정
④ 탄력성 측정

해설 어육이나 식육의 탄력성 측정은 물리학적 검사 방법에 해당한다.

정답 48. ①   49. ②   50. ④   51. ③   52. ②   53. ④   54. ④

55. 다음에서 설명하는 식중독 원인균은?

> - 비호기성 세균이다.
> - 발육 온도는 약 30~46℃ 정도이다.
> - 원인 식품은 오염된 식육 및 식육가공품, 우유 등이다.
> - 소아에서는 이질과 같은 설사 증상을 보인다.

① 캄필로박터 제주니
② 바실러스 세레우스
③ 장염 비브리오균
④ 병원성 대장균

해설 캄필로박터 제주니는 그람 음성의 간균, 나선균에 속하며 설사 원인균으로 가장 많다.

56. 병원체가 음식물, 손, 식기, 완구, 곤충 등을 통해 입으로 침입하여 감염을 일으키는 것 중 바이러스에 의한 것은?

① 이질
② 폴리오
③ 장티푸스
④ 콜레라

해설 • 소아마비(폴리오) : 바이러스성 경구 감염병
• 세균성 경구 감염병 : 콜레라, 장티푸스, 세균성 이질

57. 황색 포도상구균 식중독의 특징으로 틀린 것은?

① 잠복기가 다른 식중독균보다 짧으며 회복이 빠르다.
② 치사율이 다른 식중독균보다 낮다.
③ 그람 양성균으로 장내 독소(엔테로톡신)를 생산한다.
④ 발열이 24~48시간 정도 지속된다.

해설 황색 포도상구균은 잠복기가 1~6시간이며 발열은 없고 구토, 복통, 설사 증상이 있다.

58. 변질되기 쉬운 식품을 소비자에게 전달하기까지 저온으로 보존하는 시스템은?

① 냉장 유통 체계
② 냉동 유통 체계
③ 저온 유통 체계
④ 상온 유통 체계

59. 산화방지제와 거리가 먼 것은?

① 부틸히드록시아니솔(BHA)
② 디부틸히드록시톨루엔(BHT)
③ 프로필 갈레이트(propyl gallate)
④ 비타민 A

해설 산화방지제인 비타민은 비타민 E(토코페롤)이다.

60. 식품 첨가물에 의한 식중독으로 규정되지 않는 것은?

① 허용되지 않은 첨가물의 사용
② 불순한 첨가물의 사용
③ 허용된 첨가물의 과다 사용
④ 독성물질을 식품에 고의로 첨가

1. 케이크 굽기에서 캐러멜화 반응은 어떤 성분의 변화로 일어나는가?

① 당류   ② 단백질

③ 지방   ④ 비타민

해설 당류가 고온에서 착색물질을 만드는 것을 캐러멜화라고 한다.

2. 다음 제품의 반죽 중에서 비중이 가장 낮은 것은?

① 레이어 케이크

② 파운드 케이크

③ 데블스 푸드 케이크

④ 스펀지 케이크

해설 • 일반적으로 반죽형 케이크의 비중이 거품형 케이크보다 높다.
• 스펀지 케이크의 비중 : 0.5±0.05

3. 케이크를 만들 때 제품의 부피가 크게 팽창했다가 가라앉는 원인이 아닌 것은?

① 물 사용량 증가

② 밀가루 사용량 부족

③ 분유 사용량 증가

④ 베이킹파우더 사용량 증가

해설 분유를 사용하게 되면 반죽의 내구성이 좋아지며, 기공과 결이 좋아지고 제품의 부피를 크게 유지시킨다.

4. 파운드 케이크를 만들 때 이중 팬을 사용하는 목적이 아닌 것은?

① 제품 바닥의 두꺼운 껍질 형성을 방지하기 위하여

② 오븐에서의 열전도 효율을 높이기 위하여

③ 제품의 조직과 맛을 좋게 하기 위하여

④ 제품 옆면의 두꺼운 껍질 형성을 방지하기 위하여

해설 파운드 케이크를 만들 때 이중 팬을 사용하면 제품의 바닥과 옆면이 두꺼워지는 것을 막을 수 있으며, 제품의 조직과 맛을 좋게 한다.

5. 파이나 퍼프 페이스트리는 무엇에 의해 팽창되는가?

① 화학적인 팽창

② 중조에 의한 팽창

③ 유지에 의한 팽창

④ 이스트에 의한 팽창

6. 파이 반죽을 냉장고에 넣어 휴지시키는 이유가 아닌 것은?

① 밀가루에 수분을 흡수함

② 유지를 적당하게 굳힘

③ 퍼짐을 좋게 함

④ 끈적거림을 방지함

해설 파이 반죽을 휴지시키는 목적
• 전 재료의 수화
• 밀어 펴기에 용이함
• 끈적거림 방지
• 유지와 반죽의 굳은 정도를 같게 하기 위해

정답 1. ①   2. ④   3. ③   4. ②   5. ③   6. ③

7. 설탕 입자가 없어 스크레이핑을 할 필요가 없으며 대량 생산에 좋은 믹싱법은?

① 크림법 ② 블렌딩법
③ 설탕/물법 ④ 1단계법

해설 설탕/물법은 스크레이핑을 할 필요가 없어 대량 생산이 용이하며, 물에 설탕을 넣고 녹여서 반죽에 넣으므로 껍질색이 균일한 제품을 만들 수 있다.

8. 화이트 레이어 케이크에서 설탕 130%와 유화 쇼트닝 60%를 사용한 경우 흰자의 사용량은?

① 약 60% ② 약 66%
③ 약 78% ④ 약 86%

해설 흰자의 사용량 = 쇼트닝×1.43
= 60%×1.43
≒ 86%

9. 과자 반죽의 모양을 만드는 방법으로 알맞지 않은 것은?

① 짤주머니로 짜기
② 밀대로 밀어 펴기
③ 성형 틀로 찍어내기
④ 발효 후 가스 빼기

해설 가스 빼기는 제빵할 때의 성형 방법 중 하나이다.

10. 스펀지 케이크 제조 시 더운 믹싱법을 사용할 때 달걀과 설탕은 몇 ℃로 중탕하고 혼합하는 것이 가장 적당한가?

① 30℃ ② 43℃
③ 10℃ ④ 25℃

해설 더운 방법은 고율 배합에 적합한 방법으로, 달걀과 설탕을 43℃까지 중탕한 후 거품을 내는 방법이다.

11. 케이크 제품의 굽기 후 제품의 부피가 기준보다 작은 경우의 원인이 아닌 것은?

① 틀의 바닥에 공기나 물이 들어갔다.
② 반죽의 비중이 높았다.
③ 오븐의 굽기 온도가 높았다.
④ 반죽을 패닝한 후 오래 방치했다.

해설 틀의 바닥에 공기나 물이 들어가면 완제품 바닥면이 오목하게 들어가는 부분이 생긴다.

12. 완성된 쿠키가 퍼지지 않고 크기가 작을 경우 그 원인에 해당하지 않는 것은?

① 사용한 반죽이 묽었다.
② 굽는 온도가 높았다.
③ 반죽이 산성이었다.
④ 가루 설탕을 사용하였다.

해설 사용한 반죽이 묽으면 쿠키의 퍼짐이 많이 생긴다.

13. 오버 베이킹에 대한 설명으로 옳은 것은?

① 가라앉기 쉽다.
② 노화가 빨리 진행된다.
③ 수분 함량이 많다.
④ 높은 온도에서 짧은 시간 동안 구운 것이다.

해설 오버 베이킹은 낮은 온도에서 오래 굽는 것이며 언더 베이킹은 높은 온도에서 짧게 굽는 것이다.

14. 둥글리기의 목적이 아닌 것은?

정답 7. ③ 8. ④ 9. ④ 10. ② 11. ① 12. ① 13. ② 14. ②

① 글루텐의 구조와 방향 정돈
② 수분 흡수력 증가
③ 반죽의 기공을 고르게 유지
④ 반죽의 표면에 얇은 막 형성

해설 수분 흡수력은 믹싱할 때 일어나는 현상으로 둥글리기와는 관계가 없다.

15. 달걀노른자를 사용하지 않는 케이크는?

① 파운드 케이크   ② 엔젤 푸드 케이크
③ 소프트 롤 케이크   ④ 옐로 레이어 케이크

해설 엔젤 푸드 케이크는 달걀흰자만 사용하여 만드는 케이크이다.

16. 제과용 믹서로 적합하지 않은 것은?

① 에어 믹서   ② 버티컬 믹서
③ 연속식 믹서   ④ 스파이럴 믹서

해설 스파이럴은 연속, 소용돌이라는 뜻으로, 가운데에 S자 모양의 갈고리가 돌아가면서 빵 반죽을 하는 제빵 전용 믹서이다.

17. 반죽의 무게를 구하는 식은?

① 틀 부피 × 비용적
② 틀 부피 + 비용적
③ 틀 부피 ÷ 비용적
④ 틀 부피 − 비용적

해설 반죽의 무게 = $\dfrac{\text{틀 부피}}{\text{비용적}}$

18. 다음 케이크 반죽 중 일반적으로 pH가 가장 낮은 것은?

① 스펀지 케이크
② 엔젤 푸드 케이크
③ 파운드 케이크
④ 데블스 푸드 케이크

해설 흰자로만 만드는 엔젤 푸드 케이크의 pH가 가장 낮다.

19. 대량 생산 공장에서 많이 사용되는 오븐으로, 반죽이 들어가는 입구와 제품이 나오는 출구가 서로 다른 오븐은?

① 데크 오븐
② 터널 오븐
③ 로터리 오븐
④ 컨벡션 오븐

해설 • 데크 오븐 : 소규모 제과점에서 주로 사용하는 오븐
• 로터리 오븐 : 오븐 스프링이 양호한 오븐
• 컨벡션 오븐 : 공기의 순환에 의해 빵이 익는 오븐

20. 발효 중 펀치의 효과와 거리가 먼 것은?

① 반죽의 온도를 균일하게 한다.
② 성형을 용이하게 한다.
③ 산소 공급으로 반죽의 산화 숙성을 진전시킨다.
④ 이스트의 활성을 돕는다.

해설 성형을 용이하게 하는 것은 중간 발효의 목적이다.

21. 화이트 레이어 케이크를 만들 때 주석산 크림을 사용하는 목적과 거리가 먼 것은?

① 흰자를 강하게 하기 위하여
② 껍질색을 밝게 하기 위하여
③ 속 색을 하얗게 하기 위하여
④ 제품의 색깔을 진하게 하기 위하여

정답 15. ②   16. ④   17. ③   18. ②   19. ②   20. ②   21. ④

22. 제분 직후의 미숙성 밀가루는 노란색을 띠는데, 그 원인이 되는 색소는?

① 퀴논　　　　　② 플라본

③ 크산토필　　　④ 클로로필

23. 다음 중 발효시간을 단축시키는 물은?

① 연수　　　　　② 경수

③ 염수　　　　　④ 알칼리수

24. 팬 오일의 구비조건이 아닌 것은?

① 높은 발연점　　② 무색, 무미, 무취

③ 가소성　　　　④ 항산화성

25. 일반적으로 초콜릿에 사용되는 원료가 아닌 것은?

① 카카오버터　　② 전지분유

③ 이스트　　　　④ 레시틴

해설 이스트는 빵 만들 때 사용하는 재료이다.

26. 굽기 과정 중 당류의 캐러멜화가 개시되는 온도로 가장 적합한 것은?

① 100℃　　　　② 120℃

③ 150℃　　　　④ 185℃

해설 일반적으로 당류의 캐러멜화는 160℃ 전후로 알려져 있다.

27. 희망 반죽 온도 26℃, 마찰계수 20, 실내온도 26℃, 반죽 온도 28℃, 밀가루 온도 21℃일 때 사용할 물의 온도는?

① 11℃　　　　　② 8℃

③ 7℃　　　　　　④ 9℃

해설 사용할 물 온도

= (희망 온도 × 4) − (실내온도 + 밀가루 온도 + 반죽 온도 + 마찰계수)

= $26 \times 4 - (26 + 21 + 28 + 20)$

= $104 - 95$

= 9℃

28. 밀가루의 물성을 전문적으로 시험하는 기계들로만 나타낸 것은?

① 패리노그래프, 가스크로마토그래피, 익스텐소그래프

② 패리노그래프, 아밀로그래프, 파이브로미터

③ 패리노그래프, 아밀로그래프, 익스텐소그래프

④ 아밀로그래프, 익스텐소그래프, 펑츄어 테스터

해설 • 패리노그래프 : 믹서기 내에서 일어나는 현상을 그래프로 나타낸 것

• 아밀로그래프 : 오븐에서 일어나는 현상을 나타낸 것

• 익스텐소그래프 : 반죽의 신장성과 신장에 대한 저항을 나타낸 것

29. 다음 중 반죽의 pH가 가장 낮아야 좋은 제품은?

① 레이어 케이크　　② 스펀지 케이크

③ 파운드 케이크　　④ 과일 케이크

30. 시유의 수분 함량은 약 몇 %인가?

① 12%　　　　　② 78%

③ 88%　　　　　④ 95%

해설 시유는 시중에서 판매하는 우유로 수분 함량은 보통 88% 정도이다.

31. 비중이 1.04인 우유에 비중이 1.00인 물을 1 : 1 부피로 혼합했을 때 물을 섞은 우유의 비중은?

① 2.04 ② 1.02
③ 1.04 ④ 0.04

해설 $\dfrac{1.04+1}{1+1} = \dfrac{2.04}{2} = 1.02$

32. 달걀의 기포성과 포집성이 가장 좋은 온도는 몇 ℃인가?

① 0℃ ② 5℃
③ 30℃ ④ 50℃

33. 40g짜리 계량컵에 물을 가득 채웠더니 240g이었다. 과자 반죽을 넣었더니 무게가 220g이 되었다면 이 반죽의 비중은?

① 0.85 ② 0.9
③ 0.92 ④ 0.95

해설 비중 = $\dfrac{(\text{반죽을 담은 컵 무게} - \text{컵 무게})}{(\text{물을 담은 컵 무게} - \text{컵 무게})}$

$= \dfrac{220-40}{240-40}$

$= 0.9$

34. 카세인(casein)이 산이나 효소에 의해 응고되는 성질은 어떤 식품의 제조에 이용되는가?

① 아이스크림
② 생크림
③ 버터
④ 치즈

해설 치즈는 우유 속에 들어 있는 카세인을 뽑아 응고 및 발효시킨 것이다.

35. 일시적 경수에 대한 설명 중 옳은 것은?

① 끓여도 경도가 변하지 않는 물
② 가열에 의해 탄산염이 침전되지 않는 물
③ 가열에 의해 황산염이 침전되는 물
④ 가열에 의해 탄산염이 침전되는 물

해설 일시적 경수는 끓이면 불용성 탄산염으로 분해되고 가라앉아 연수가 된다.

36. 분당은 저장 중 응고되기 쉽다. 이를 방지하기 위해 어떤 재료를 첨가하는가?

① 소금 ② 설탕
③ 글리세린 ④ 전분

해설 분당이 저장 중 응고되는 것을 방지하기 위해 전분을 2~3% 넣는다.

37. 밀가루에는 전분이 약 몇 % 들어 있는가?

① 30% ② 50%
③ 70% ④ 90%

해설 밀가루에는 전분이 약 70% 들어 있다.

38. 일반적으로 버터의 수분 함량은?

① 18% 이하
② 25% 이하
③ 30% 이하
④ 45% 이하

해설 버터의 수분 함량은 20% 내외이며 쇼트닝은 100% 지방으로 이루어져 있다.

정답 31. ② 32. ③ 33. ② 34. ④ 35. ④ 36. ④ 37. ③ 38. ①

39. 이스트 푸드의 성분 중 물 조절제로 사용되는 것은?

① 황산암모늄　　　② 전분
③ 칼슘염　　　　　④ 이스트

해설 ・물 조절제 : 황산칼슘, 인산칼슘, 과산화칼슘
・반죽의 산도 조절제 : 효소제, 산성 인산칼슘
・이스트의 영양 공급원 : 질소, 인산칼륨, 암모늄염

40. 열대성 다년초의 다육질 뿌리로, 매운맛과 특유의 방향을 가지고 있는 향신료는?

① 넛메그　　　　　② 계피
③ 올스파이스　　　④ 생강

해설 생강은 뿌리줄기가 옆으로 자라며, 다육질이고 황색의 덩어리 모양이며 매운맛이 난다.

41. 코팅용 초콜릿이 갖추어야 할 성질은?

① 융점이 항상 낮을 것
② 융점이 항상 높을 것
③ 겨울에는 융점이 높고 여름에는 낮을 것
④ 겨울에는 융점이 낮고 여름에는 높을 것

해설 코팅용 초콜릿은 카카오매스에서 카카오버터를 제거한 다음 식물성 유지와 설탕을 넣어 만든 것으로, 템퍼링 작업을 하지 않아도 된다.

42. 튀김 기름의 품질을 저하시키는 요인으로만 나열된 것은?

① 수분, 탄소, 질소
② 수분, 공기, 철
③ 공기, 금속, 토코페롤
④ 공기, 탄소, 세사몰

해설 튀김 기름의 4대 적은 온도(열), 이물질, 수분, 공기(산소)이다.

43. 제과에 많이 사용되는 럼주의 원료는?

① 옥수수 전분　　　② 포도당
③ 당밀　　　　　　④ 타피오카

해설 당밀을 발효시켜 구운 것이 럼주이다.

44. 다음 중 일반 파운드 케이크와는 달리 마블 파운드 케이크에 첨가하여 색상을 나타내는 재료는?

① 코코아　　　　　② 버터
③ 밀가루　　　　　④ 달걀

해설 마블은 대리석 모양을 의미하는 것으로 초콜릿이나 코코아 분말을 사용하는 제품이다.

45. 더운 여름에 얼음을 사용하여 반죽 온도를 조절할 때 계산 순서로 알맞은 것은?

① 마찰계수 → 물 온도 → 얼음 사용량
② 물 온도 → 얼음 사용량 → 마찰계수
③ 얼음 사용량 → 마찰계수 → 물 온도
④ 물 온도 → 마찰계수 → 얼음 사용량

46. 다음 중 감미도가 가장 강한 것은?

① 맥아당　　　　　② 설탕
③ 과당　　　　　　④ 포도당

해설 과당(175) > 자당(100) > 포도당(75) > 맥아당(32)

47. 다음 중 유아에게 필요한 필수 아미노산이

아닌 것은?

① 발린   ② 트립토판

③ 히스티딘   ④ 글루타민

[해설] 글루타민은 우리 몸에서 근육을 이루는 아미노산 중 상당한 비율을 차지하고 있다.

48. 경구 감염병에 관한 설명 중 틀린 것은?

① 소량의 균으로도 감염이 가능하다.

② 식품은 증식 매체이다.

③ 감염환이 성립된다.

④ 잠복기가 길다.

[해설] 경구 감염병은 소량의 균으로 발병하며 잠복기가 길고 2차 감염이 있다. 식품은 증식 매체가 아니라 병원체의 전파 매체이다.

49. 주기적으로 열이 반복되어 나타나므로 파상열이라고 불리는 인수공통 감염병은?

① Q열   ② 결핵

③ 브루셀라병   ④ 돈단독

[해설] 브루셀라균의 감염으로 생기는 브루셀라증은 주기적으로 열이 반복되어 나타나므로 파상열이라고도 부른다.

50. 순수한 지방 30g이 내는 열량은?

① 160kcal   ② 180kcal

③ 240kcal   ④ 270kcal

[해설] 지방은 1g당 9kcal의 열량을 낸다.

∴ 지방 30g이 내는 열량 $= 30 \times 9$
$= 270$kcal

51. 어떤 첨가물의 LD_{50}의 값이 작을 때의 의미로 옳은 것은?

① 독성이 크다.

② 독성이 작다.

③ 저장성이 나쁘다.

④ 저장성이 좋다.

[해설] LD_{50}은 독성 검사 때 쥐에 투여하는 약의 독성을 나타낸 것으로, 값이 작을수록 독성이 크다.

52. 제2급 감염병에 해당하지 않는 것은?

① 콜레라

② 장티푸스

③ 세균성 이질

④ 신종인플루엔자

[해설] 신종인플루엔자는 제1급 감염병으로, 발생 또는 유행 즉시 신고하고 음압 격리가 필요한 감염병이다.

53. 시금치에 들어 있으며 칼슘의 흡수를 방해하는 유기산은?

① 초산   ② 호박산

③ 수산   ④ 구연산

[해설] 수산은 식물 중에서 산성칼륨염 또는 칼슘염으로 세포액 중에 존재하며, 시금치에 비교적 많고 녹차에도 많다는 보고가 있다.

54. 다음 중 바이러스에 의한 경구 감염병이 아닌 것은?

① 폴리오   ② 유행성 간염

③ 전염성 설사증   ④ 성홍열

[해설] • 바이러스성 경구 감염병 : 소아마비, 전염성 설사증, 유행성 간염, 천혈, 홍역

• 세균성 경구감염병 : 장티푸스, 콜레라, 파라티푸스, 이질, 성홍열

[정답] 48. ②   49. ③   50. ④   51. ①   52. ④   53. ③   54. ④

55. 세균성 식중독의 예방 원칙에 해당되지 않는 것은?

① 세균의 오염 방지

② 세균의 가열 방지

③ 세균의 증식 방지

④ 세균의 사멸

해설 식중독을 예방하기 위해서는 세균에 오염되지 않아야 하며, 증식을 억제시키고 세균의 사멸을 위해 소독을 해야 한다.

56. 식품 또는 식품 첨가물을 채취, 제조, 가공, 조리, 저장, 운반, 판매하는 직접 종사자들이 정기 건강진단을 받아야 하는 주기는?

① 1회/월

② 1회/3개월

③ 1회/6개월

④ 1회/년

해설 식품 취급자는 연 1회 건강검진을 받아야 한다.

57. 곰팡이의 일반적인 특성으로 틀린 것은?

① 광합성능이 있다.

② 주로 무성포자에 의해 번식한다.

③ 진핵 세포를 가진 다세포 미생물이다.

④ 분류학상 진균류에 속한다.

58. 다음 중 부패의 물리학적 판정에 해당하지 않는 것은?

① 냄새

② 점도

③ 색 및 전기저항

④ 탄성

59. 식품 첨가물 중에서 보존료의 조건이 아닌 것은?

① 변패를 일으키는 각종 미생물의 증식을 억제할 것

② 무미, 무취하고 자극성이 없을 것

③ 식품의 성분과 잘 반응하여 성분을 변화시킬 것

④ 장기간 효력을 나타낼 것

해설 보존료는 미생물의 증식을 억제시키고 자극이 없어야 하며 장기간 효력이 나타나야 한다.

60. 감염형 세균성 식중독에 속하는 것은?

① 파라티푸스균

② 보툴리누스균

③ 포도상구균

④ 장염 비브리오균

해설 감염형 식중독 : 살모넬라균, 장염 비브리오균, 병원성대장균

1. 밤과자를 성형한 후 물을 뿌려주는 이유가 아닌 것은?

① 덧가루 제거
② 굽기 후 철판에서 분리가 용이
③ 껍질색의 균일화
④ 껍질의 터짐 방지

해설 밤과자를 성형한 후 물을 많이 뿌리면 굽기 후 완제품이 팬에 붙을 수 있다.

2. 반죽형 과자 반죽의 믹싱법과 장점이 잘못 짝지어진 것은?

① 크림법 – 제품의 부피를 크게 함
② 블렌딩법 – 제품의 내상이 부드러움
③ 설탕/물법 – 계량의 정확성과 운반의 편리성
④ 1단계법 – 사용 재료의 절약

해설 1단계법은 모든 재료를 한꺼번에 넣고 믹싱하는 방법으로 노동력과 시간이 절약된다.

3. 물 사용량 500g, 수돗물 온도 20℃, 사용할 물 온도 14℃일 때 얼음 사용량은?

① 30g
② 32g
③ 34g
④ 36g

해설 얼음 사용량

$$= \text{물 사용량} \times \frac{\text{물 온도} - \text{사용할 물 온도}}{80 + \text{물 온도}}$$
$$= 500 \times \frac{20 - 14}{80 + 20}$$
$$= 30g$$

4. 슈를 구웠더니 밑면이 좁고 공과 같은 모양이 되었다면 그 원인은?

① 밑불이 윗불보다 강하고 팬에 기름칠이 적다.
② 반죽이 질고 글루텐이 형성된 반죽이다.
③ 굽는 온도가 낮고 팬에 기름칠이 적다.
④ 반죽이 되거나 윗불이 강하다.

해설 굽는 온도가 낮으면 슈가 팽창하지 않아 공과 같은 모양이 되며, 팬에 기름칠이 적으면 반죽이 옆으로 퍼지지 못해 밑면이 좁아진다.

5. 일반 파운드 케이크의 배합률을 나타낸 것으로 옳은 것은?

① 박력분 100, 설탕 100, 달걀 200, 버터 200
② 박력분 100, 설탕 100, 달걀 100, 버터 100
③ 박력분 200, 설탕 200, 달걀 100, 버터 100
④ 박력분 200, 설탕 100, 달걀 100, 버터 100

해설 파운드 케이크는 밀가루, 설탕, 유지, 달걀을 같은 양으로 넣어 만든 케이크이다.

6. 제품의 가운데 부분이 오목하게 되었다. 조치할 사항으로 알맞지 않은 것은?

① 수분의 양을 줄인다.
② 오븐의 온도를 낮추어 굽는다.
③ 우유를 증가시킨다.
④ 단백질 함량이 높은 밀가루를 사용한다.

해설 제품의 가운데 부분이 오목하게 되면 단백질 함량이 높은 밀가루를 사용하며, 수분의 양을 줄이고 오븐의 온도를 낮추어 굽는다.

7. 케이크 제조 시 비중의 효과를 잘못 설명한 것은?

① 비중이 낮은 반죽은 기공이 크고 거칠다.

② 비중이 낮은 반죽은 냉각 시 주저앉는다.

③ 비중이 높은 반죽은 부피가 커진다.

④ 제품별로 비중을 다르게 해야 한다.

해설 비중이 높으면 공기 혼입이 적어 부피가 작아진다.

8. 다음 중 반죽의 pH가 가장 낮아야 좋은 제품은?

① 스펀지 케이크

② 화이트 레이어 케이크

③ 엔젤 푸드 케이크

④ 파운드 케이크

해설 산도 조절은 과자의 향과 색깔에 중요한 영향을 주는 요소이다. 엔젤 푸드 케이크는 속색을 하얗게 만들어야 하므로 pH 5.2~6.0으로 반죽의 pH가 가장 낮아야 좋다.

9. 도넛과 케이크에 글레이즈할 때의 온도로 가장 적합한 것은?

① 23℃   ② 34℃

③ 49℃   ④ 68℃

해설 글레이즈란 마무리 과정 중 하나로 과자의 표면에 윤기를 주기 위해 시럽, 퐁당, 초콜릿 등을 바르는 작업으로 온도는 40~50℃가 적합하다.

10. 파운드 케이크를 패닝할 때 밑면의 껍질 형성을 방지하기 위한 팬으로 가장 적합한 것은?

① 일반 팬   ② 이중 팬

③ 은박 팬   ④ 종이 팬

해설 제품의 조직과 맛을 좋게 하기 위해서도 이중 팬을 사용한다.

11. 비중이 0.65인 과자 반죽 1L의 무게는?

① 65g   ② 650g

③ 365g   ④ 1650g

해설 $1000 \times 0.65 = 650g$

12. 다음 중 반죽형 쿠키가 아닌 것은?

① 스펀지 쿠키

② 스냅 쿠키

③ 쇼트브레드 쿠키

④ 드롭 쿠키

해설 스펀지 쿠키나 머랭 쿠키는 거품형 쿠키에 해당한다.

13. 젤리 롤 케이크를 말아서 성형할 때 표면이 터지는 단점에 대한 보완사항으로 알맞지 않은 것은?

① 노른자 사용량은 늘리고 전란의 사용량은 줄인다.

② 화학적 팽창제 사용량을 줄인다.

③ 배합의 점성을 증가시킬 수 있는 덱스트린을 첨가한다.

④ 설탕의 일부를 물엿으로 대체한다.

해설 표면이 터지는 경우 조치할 사항
• 설탕의 일부를 물엿으로 대체
• 팽창제 사용량 감소
• 덱스트린을 사용하여 점착성 증가
• 달걀노른자 사용량 감소
• 낮은 온도에서 오래 굽지 않는다.

정답 **7.** ③ **8.** ③ **9.** ③ **10.** ② **11.** ② **12.** ① **13.** ①

14. 데커레이션(decoration) 케이크 장식에 사용되는 분당의 성분은?

① 포도당　　　　② 설탕
③ 과당　　　　　④ 전화당

해설 분당은 고운 입자의 설탕과 3%의 옥수수 전분으로 이루어져 있다.

15. 정형기의 작동 공정이 아닌 것은?

① 둥글리기　　　② 밀어 펴기
③ 말기　　　　　④ 봉하기

해설 정형은 중간 발효가 끝난 후 틀에 패닝하기 위해 일정한 모양으로 성형하는 것으로 밀어 펴기, 말기, 봉하기의 3단계로 이루어진다.

16. 제과 생산관리에서 제1차 관리 3대 요소가 아닌 것은?

① 사람(man)
② 재료(manterial)
③ 방법(method)
④ 자금(money)

해설 생산관리는 사람, 재료, 자금의 3요소를 적절히 이용하여 좋은 물건을 싸고 필요한 만큼 원하는 시기에 만들어 내기 위해 관리하고 경영하는 것을 말한다.

17. 단백질 함량이 2% 증가된 강력분 사용 시 흡수율의 변화로 가장 알맞은 것은?

① 2% 감소
② 1.5% 증가
③ 3% 증가
④ 4.5% 증가

해설 단백질 함량이 1% 감소하면 흡수율이 1.5% 감소하므로, 2% 증가하면 3% 증가한다.

18. 발효 중 생긴 큰 기포를 제거하거나 반죽의 표면을 매끄럽게 하는 공정은?

① 분할　　　　　② 둥글리기
③ 중간 발효　　　④ 굽기

19. 용적 2050cm³인 팬에 스펀지 케이크 반죽을 400g으로 분할할 때 좋은 제품이 되었다고 한다. 용적 2870cm³인 팬에 적당한 분할 무게는?

① 440g　　　　　② 480g
③ 560g　　　　　④ 600g

해설 $2050\text{cm}^3 : 400\text{g} = 2870\text{cm}^3 :$ 분할 무게
∴ 분할 무게 $= \dfrac{400 \times 2870}{2050} = 560\text{g}$

20. 분당은 저장 중 응고되기 쉬우므로 이를 방지하기 위해 어떤 재료를 첨가하는가?

① 설탕
② 전분
③ 소금
④ 글리세린

해설 분당이 저장 중 응고되는 것을 방지하기 위해 3% 정도의 옥수수 전분을 첨가한다.

21. 머랭을 만드는 주요 재료는?

① 박력분　　　　② 전란
③ 달걀노른자　　④ 달걀흰자

해설 머랭은 흰자를 거품 내어 만드는 제품으로, 공예 과자로 만들거나 샌드 및 아이싱 크림으로 이용한다.

정답 **14.** ②　**15.** ①　**16.** ③　**17.** ③　**18.** ②　**19.** ③　**20.** ②　**21.** ④

22. 완제품 440g인 스펀지 케이크 500개를 주문받았다. 굽기 손실이 12%라면 준비해야 할 전체 반죽량은?

① 125kg ② 250kg
③ 300kg ④ 600kg

해설 완제품 무게 $= 440g \times 500 = 220000g$
$$= 220kg$$
$$\therefore \text{ 전체 반죽량} = \frac{\text{완제품 무게}}{1 - \text{굽기 손실}}$$
$$= \frac{220}{1 - 0.12}$$
$$\fallingdotseq 250kg$$

23. 푸딩을 제조할 때 경도는 어떤 재료로 조절하는가?

① 우유 ② 설탕
③ 달걀 ④ 소금

해설 푸딩은 밀가루에 달걀, 설탕, 우유 등을 혼합하여 중탕으로 구운 제품으로, 달걀의 열변성에 의한 농후화작용을 이용한 제품이다.

24. 젤리 롤 케이크는 어떤 배합을 기본으로 하여 만드는 제품인가?

① 스펀지 케이크 배합
② 파운드 케이크 배합
③ 하드 롤 배합
④ 슈크림 배합

해설 롤 케이크는 스펀지 케이크 배합을 기본으로 만들며, 수분이 많아야 한다.

25. 다음 머랭 중 설탕을 끓여 시럽으로 만들어 제조하는 것은?

① 이탈리안 머랭
② 스위스 머랭

③ 냉제 머랭
④ 온제 머랭

해설 이탈리안 머랭은 흰자를 거품내고 설탕을 넣어 뜨겁게 끓인 시럽을 부어 만든다.

26. 스펀지 케이크 반죽에 버터를 사용하고자 할 때 버터의 온도는 몇 도가 적합한가?

① 30℃ ② 35℃
③ 60℃ ④ 85℃

27. 냉동 반죽법의 장점이 아닌 것은?

① 소비자에게 신선한 빵을 제공할 수 있다.
② 운송, 배달이 용이하다.
③ 가스 발생력이 향상된다.
④ 다품종 소량 생산이 가능하다.

해설 냉동 반죽법은 반죽 후 급속 냉동시키는 과정에서 이스트가 약간 사멸하므로 가스 발생력이 감소한다.

28. 다음 중 생산관리의 목표는?

① 재고, 출고, 판매의 관리
② 재고, 납기, 출고의 관리
③ 납기, 재고, 품질의 관리
④ 납기, 원가, 품질의 관리

해설 생산 관리의 목표 : 공정 관리, 납기 관리, 원가 관리, 품질 관리, 재고 관리, 구매 관리

29. 정형한 후 반죽을 철판에 놓을 때, 일반적으로 가장 알맞은 철판 온도는?

① 약 10℃ ② 약 25℃
③ 약 32℃ ④ 약 55℃

정답 22. ② 23. ③ 24. ① 25. ① 26. ③ 27. ③ 28. ④ 29. ③

30. 2%의 이스트를 사용했을 때 최적의 발효 시간이 120분이면 2.2%의 이스트를 사용했을 때 예상 발효시간은?

① 130분 ② 109분
③ 100분 ④ 90분

해설 예상 발효시간

$= \dfrac{\text{기존 이스트 양} \times \text{기본 발효시간}}{\text{변경할 이스트 양}}$

$= \dfrac{2 \times 120}{2.2}$

$\fallingdotseq 109$분

31. 신선한 달걀의 특징은?

① 난각 표면에 광택이 없고 선명하다.
② 난각 표면이 매끈하다.
③ 난각에 광택이 있다.
④ 난각 표면에 기름기가 있다.

해설 신선한 달걀은 난각 표면에 광택이 없고 선명하며 난황계수가 큰 달걀이다.

32. 전분의 호화 현상에 대한 설명으로 틀린 것은?

① 전분의 종류에 따라 호화의 특성이 달라진다.
② 전분 현탁액에 적당량의 수산화나트륨을 가하면 가열하지 않아도 호화될 수 있다.
③ 수분이 적을수록 호화가 촉진된다.
④ 알칼리성일 때 호화가 촉진된다.

해설 수분이 적으면 노화가 촉진되고 수분이 많으면 호화가 촉진된다.

33. 어떤 제과점에서 반죽 온도를 24℃로 하여 여름에 과자를 만들려고 한다. 사용할 물

온도는 10℃, 수돗물 온도는 18℃, 사용할 물의 양은 3kg, 얼음 사용량은 900g일 때 조치할 사항으로 옳은 것은?

① 믹서에 얼음만 900g을 넣는다.
② 믹서에 수돗물만 3kg을 넣는다.
③ 믹서에 수돗물 3kg과 얼음 900g을 넣는다.
④ 믹서에 수돗물 2.1kg과 얼음 900g을 넣는다.

해설 수돗물의 양 = 사용할 물의 양
     − 얼음 사용량
     $= 3\text{kg} - 0.9\text{kg}$
     $= 2.1\text{kg}$

∴ 얼음 900g과 수돗물 2.1kg을 믹서에 넣는다.

34. 밀가루의 단백질 함량이 증가하면 패리노그래프 흡수율이 증가하는 경향을 보인다. 밀가루의 등급이 낮을수록 패리노그래프에 나타나는 현상은?

① 흡수율은 증가하나 반죽시간과 안정도는 감소한다.
② 흡수율은 감소하고 반죽시간과 안정도는 감소한다.
③ 흡수율은 증가하나 반죽시간과 안정도는 변화가 없다.
④ 흡수율은 감소하나 반죽시간과 안정도는 변화가 없다.

35. 물 100g에 설탕 25g을 녹이면 당도는?

① 20% ② 30%
③ 40% ④ 50%

해설 당도 $= \dfrac{\text{용질}}{\text{용매} + \text{용질}} \times 100$

$= \dfrac{25}{100 + 25} \times 100$

$= 20\%$

정답 **30.** ② **31.** ① **32.** ③ **33.** ④ **34.** ① **35.** ①

36. 밀가루에 함유되어 있지 않은 색소는?

① 카로틴   ② 멜라닌

③ 크산토필   ④ 플라본

해설 밀가루에 함유된 색소의 대부분은 카로틴이며, 멜라닌 색소는 함유되어 있지 않다.

37. 밀가루의 일반적인 자연 숙성 기간은?

① 1~2주   ② 2~3개월

③ 4~5개월   ④ 5~6개월

해설 밀가루의 일반적인 자연 숙성 기간은 온도 20℃, 습도 60%에서 약 2~3개월이다.

38. 반죽 온도가 정상보다 높을 때 예상되는 결과는?

① 기공이 밀착된다.

② 노화가 촉진된다.

③ 표면이 터진다.

④ 부피가 작다.

해설 반죽 온도가 높으면 기공이 열리고 큰 공기 구멍이 생겨 조직이 거칠고 노화가 촉진된다.

39. 다음 혼성주 중 오렌지 성분을 원료로 하여 만들지 않는 것은?

① 그랑 마르니에(grand marnier)

② 마라스키노(maraschino)

③ 쿠앵트로(cointreau)

④ 퀴라소(curacao)

해설 • 그랑 마르니에, 쿠앵트로, 퀴라소 : 오렌지를 원료로 하여 만든 술
• 마라스키노 : 체리를 원료로 하여 만든 술

40. 유지에 알칼리를 가할 때 일어나는 반응은?

① 가수분해   ② 비누화

③ 에스테르화   ④ 산화

해설 유지가 알칼리에 의해 가수분해되는 반응을 비누화(검화)라 하며, 이때 비누가 만들어진다.

41. 초콜릿을 템퍼링한 효과에 대한 설명 중 틀린 것은?

① 입안에서의 용해성이 나쁘다.

② 광택이 좋고 내부 조직이 조밀하다.

③ 팻 블룸(fat bloom)이 일어나지 않는다.

④ 안정한 결정이 많고 결정형이 일정하다.

해설 초콜릿을 템퍼링하면 입안에서의 용해성(구용성)이 좋아진다.

42. 반죽형 케이크에 대한 설명으로 옳지 않은 것은?

① 밀가루, 달걀, 분유 등과 같은 재료에 의해 케이크의 구조가 형성된다.

② 유지의 공기 포집력, 화학적 팽창제에 의해 부피가 팽창하기 때문에 부드럽다.

③ 레이어 케이크, 파운드 케이크, 마들렌 등은 반죽형 케이크에 해당된다.

④ 제품의 특징은 해면성(海面性)이 크고 가볍다.

해설 해면성이 크고 가벼운 것은 거품형 케이크이다.

43. 다음 중 이당류에 속하는 것은?

① 유당   ② 갈락토오스

③ 과당   ④ 포도당

해설 • 단당류 : 과당, 포도당, 갈락토오스

정답 36. ② 37. ② 38. ② 39. ② 40. ② 41. ① 42. ④ 43. ①

• 이당류 : 자당, 맥아당, 유당

44. 밀가루를 체로 쳐서 사용하는 이유와 가장 거리가 먼 것은?

① 불순물 제거
② 공기의 혼입
③ 재료 분산
④ 껍질색 개선

해설 껍질색을 개선하기 위해서는 배합비, 발효, 굽기로 조절한다.

45. 비터 초콜릿(bitter chocolate) 32% 중에는 코코아가 얼마 정도 함유되어 있는가?

① 16%   ② 20%
③ 24%   ④ 28%

해설 초콜릿은 코코아 5/8, 카카오버터 3/8으로 구성되어 있다.
∴ 코코아 함유량 $= 32 \times \dfrac{5}{8} = 20\%$

46. 식품의 향료에 대한 설명으로 틀린 것은?

① 자연 향료는 자연에서 채취한 후 추출, 정제, 농축, 분리 과정을 거쳐 얻는다.
② 합성 향료는 석유 및 석탄류에 포함되어 있는 방향성 유기물질로부터 합성하여 만든다.
③ 조합 향료는 천연 향료와 합성 향료를 조합하여 양자 간의 문제점을 보완한 것이다.
④ 식품에 사용하는 향료는 첨가물이지만 품질, 규격 및 사용법을 준수하지 않아도 된다.

해설 식품에 사용하는 향료는 첨가물이므로 품질, 규격 및 사용법을 준수해야 한다.

47. 다음에서 쌀과 콩에 대한 설명 중 ( )에 알맞은 것은?

> 쌀에는 리신(lysine)이, 콩에는 메티오닌(methionine)이 부족하다. 이것을 쌀과 콩 단백질의 ( )이라 한다.

① 제한 아미노산
② 필수 아미노산
③ 불필수 아미노산
④ 아미노산 불균형

해설 제한 아미노산은 식품에 함유되어 있는 필수 아미노산 중 인체에서 요구되는 양에 비해 가장 적게 들어 있는 필수 아미노산을 말한다.

48. 제과·제빵 시 사용되는 버터에 포함된 지방의 기능이 아닌 것은?

① 에너지의 급원 식품이다.
② 체온 유지에 관여한다.
③ 항체를 생성하고 효소를 만든다.
④ 음식에 맛과 향미를 준다.

해설 항체를 생성하고 효소를 만드는 것은 단백질의 기능이다.

49. 식품 첨가물에 대한 설명 중 틀린 것은?

① 성분 규격은 위생적인 품질을 확보하기 위한 것이다.
② 모든 품목은 사용 대상 식품의 종류 및 사용량에 제한을 받지 않는다.
③ 조금씩 사용하더라도 장기간 섭취할 경우 인체에 유해할 수도 있으므로 사용에 유의한다.
④ 사용 용도에 따라 보존료, 산화방지제 등이 있다.

50. 순수한 지방 20g이 내는 열량은?

① 80kcal   ② 140kcal

③ 180kcal   ④ 200kcal

해설 지방은 1g당 9kcal의 열량을 낸다.

∴ 지방 20g이 내는 열량 = 20×9

= 180kcal

51. 나이아신(niacin)의 결핍증은?

① 야맹증   ② 신장병

③ 펠라그라   ④ 괴혈병

해설 펠라그라는 니코틴산(나이아신)의 결핍에 의해 일어나는 병이다.

52. 인수공통 감염병의 예방 조치로 바람직하지 않은 것은?

① 우유의 멸균 처리를 철저히 한다.

② 이환된 동물의 고기는 익혀서 먹는다.

③ 가축의 예방 접종을 한다.

④ 외국으로부터 유입되는 가축은 항구나 공항 등에서 검역을 철저히 한다.

해설 이환된 동물의 고기는 먹지 않으며, 판매 및 수입을 금지한다.

53. 테트로도톡신은 어떤 식중독의 원인 물질인가?

① 조개 식중독

② 버섯 식중독

③ 복어 식중독

④ 감자 식중독

해설 • 조개 식중독 : 삭시톡신

• 버섯 식중독 : 무스카린, 팔린, 뉴린

• 감자 식중독 : 솔라닌

54. 식품위생 검사의 종류로 틀린 것은?

① 화학적 검사

② 관능 검사

③ 혈청학적 검사

④ 물리학적 검사

55. 산양, 양, 돼지, 소에게 감염되면 유산이 되고, 인체 감염 시 고열이 주기적으로 일어나는 인수공통 감염병은?

① 광우병   ② 공수병

③ 파상열   ④ 신증후군 출혈열

해설 파상열은 브루셀라증이라고도 하며, 증상은 장티푸스나 야토병과 비슷하지만 주기적으로 고열이 난다.

56. 대장균의 일반적인 특성에 대한 설명으로 옳은 것은?

① 분변 오염의 지표가 된다.

② 경피 감염병을 일으킨다.

③ 독소형 식중독을 일으킨다.

④ 발효 식품 제조에 유용한 세균이다.

해설 대장균은 분변에 오염되었는지의 여부를 알 수 있는 지표로, 식품과 함께 체내에 들어오면 장염을 일으킨다. 나이가 어릴수록 병원성이 강해진다.

57. 식품의 관능을 만족시키기 위해 첨가하는 물질은?

① 강화제

② 보존제

③ 발색제

④ 이형제

58. 경구 감염병에 속하지 않는 것은?

① 장티푸스　　　　② 말라리아

③ 세균성 이질　　　④ 콜레라

해설 • 경구 감염병 : 장티푸스, 세균성 이질, 콜레라

• 경피 감염병 : 말라리아

59. 곰팡이독과 관계가 없는 것은?

① 파툴린　　　　　② 아프라톡신

③ 시트리닌　　　　④ 고시폴

해설 고시폴은 식물성 자연독으로, 불충분하게 정제된 면실유에서 나오는 독성 물질이다.

60. 감염형 식중독을 일으키는 것은?

① 보툴리누스균

② 살모넬라균

③ 포도상구균

④ 고초균

해설 감염형 식중독을 일으키는 균은 살모넬라균, 장염 비브리오균, 병원성 대장균이 있다.

1. 다음 믹싱 방법 중 유지와 설탕을 먼저 섞는 방법으로 부피를 우선으로 할 때 사용하는 방법은?

① 크림법
② 1단계법
③ 블렌딩법
④ 설탕/물법

해설 • 크림법 : 유지 + 설탕
• 설탕/물법 : 설탕 + 물
• 블렌딩법 : 유지 + 밀가루
• 1단계법 : 유지를 제외한 모든 재료

2. 충전물 또는 젤리가 롤 케이크에 촉촉하게 스며드는 것을 막기 위해 조치해야 할 사항으로 틀린 것은?

① 굽기 조정
② 물 사용량 감소
③ 반죽시간 증가
④ 밀가루 사용량 감소

해설 밀가루 사용량을 감소시키면 반죽이 더욱 질어진다.

3. 블렌딩법으로 제조할 경우 알맞은 내용은?

① 달걀과 설탕을 넣고 거품을 내기 전 온도를 43℃로 중탕한다.
② 21℃ 정도의 품온을 갖는 유지를 사용하여 배합한다.
③ 젖은 상태의 머랭을 사용하여 밀가루와 혼합한다.
④ 반죽기의 반죽 속도는 고속 – 중속 – 고속의 순서로 진행한다.

해설 부드러움을 목적으로 만드는 블렌딩법은 밀가루와 유지를 먼저 넣고, 유지가 밀가루를 피복하도록 만드는 작업이다.

4. 스펀지 케이크 반죽을 팬에 담을 때 팬 용적의 어느 정도가 가장 적당한가?

① 약 10~20%
② 약 30~40%
③ 약 70~80%
④ 약 50~60%

해설 제품별 패닝량
• 스펀지 케이크 : 50~60%
• 초콜릿 케이크 : 55~60%
• 파운드 케이크 : 70%
• 푸딩 : 95%

5. 쇼트브레드 쿠키 제조 시 휴지시킬 때 성형을 용이하게 하기 위한 조치는?

① 반죽을 뜨겁게 한다.
② 반죽을 차게 한다.
③ 휴지 전 단계에서 오랫동안 믹싱한다.
④ 휴지 전 단계에서 짧게 믹싱한다.

해설 쇼트브레드 쿠키는 유지의 함량이 66%인 반죽형 쿠키로, 반죽을 차게 해야 밀어 펼 때 작업이 용이하다.

6. 코코아 20%에 해당하는 초콜릿을 사용하여 케이크를 만들려고 할 때 초콜릿 사용량은?

① 16% ② 20%

③ 28% ④ 32%

해설 초콜릿의 성분

• 카카오버터 : 37.5%

• 코코아 분말 : 62.5%

∴ 초콜릿 사용량 $= \dfrac{20}{62.5} \times 100 = 32\%$

7. 스펀지 젤리 롤을 만들 때 겉면이 터지는 결점이 생길 경우 조치할 사항으로 옳지 않은 것은?

① 저온에서 장시간 굽지 않는다.

② 팽창제 사용량을 감소시킨다.

③ 달걀노른자 사용량을 감소시킨다.

④ 반죽의 비중을 증가시킨다.

해설 반죽의 비중을 너무 높지 않게 믹싱해야 하며, 저온에서 장시간 굽지 않는다.

8. 반죽형으로 제조되는 케이크 제품은?

① 파운드 케이크

② 시폰 케이크

③ 레몬 시크론 케이크

④ 스파이스 케이크

해설 반죽형 케이크는 유지를 크림화하여 공기를 혼입하거나 화학적 팽창제로 부피를 형성하는 것으로 레이어 케이크, 파운드 케이크, 마들렌 등이 있다.

9. 다음 설명 중 맛과 향이 떨어지는 원인에 대한 설명으로 알맞지 않은 것은?

① 설탕을 넣지 않는 제품은 맛과 향이 제대로 나지 않는다.

② 저장 중 산패된 유지, 오래된 달걀로 인한

냄새를 흡수한 재료는 품질이 떨어진다.

③ 불결한 팬을 사용하거나 탄화된 물질이 제품에 붙으면 맛과 향이 떨어진다.

④ 굽기 상태가 부적절하면 생 재료의 맛이나 탄 맛이 남는다.

해설 감미제로 설탕을 넣지 않아도 포도당이나 물엿, 맥아시럽 등으로 대체할 수 있기 때문에 맛과 향이 떨어지는 직접적인 원인은 아니다.

10. 수평형 믹서를 청소하는 방법으로 옳지 않은 것은?

① 청소하기 전에 전원을 차단한다.

② 생산 직후 청소를 실시한다.

③ 물을 가득 채워 회전시킨다.

④ 금속으로 된 스크레이퍼를 사용하여 반죽을 긁어낸다.

해설 수평형 믹서는 플라스틱으로 된 스크레이퍼를 사용한다.

11. 오븐에서 구운 빵을 냉각할 때 평균 몇 %의 수분 손실이 추가적으로 발생하는가?

① 2% ② 4%

③ 6% ④ 8%

해설 굽기 손실은 제품마다 차이가 있지만 냉각할 때의 수분 손실은 보통 2%이다.

12. 다음 유지 중 성질이 다른 것은?

① 버터 ② 마가린

③ 샐러드유 ④ 쇼트닝

해설 버터, 마가린, 쇼트닝은 고체 기름, 샐러드유는 액체 기름이다.

13. 거품을 올린 흰자에 뜨거운 시럽을 첨가하면서 고속으로 믹싱하여 만드는 아이싱은?

① 마시멜로 아이싱
② 콤비네이션 아이싱
③ 초콜릿 아이싱
④ 로열 아이싱

14. 쿠키에 팽창제를 사용하는 주된 목적은?

① 제품의 부피를 감소시키기 위해
② 딱딱한 제품을 만들기 위해
③ 퍼짐과 크기의 조절을 위해
④ 설탕 입자의 조절을 위해

해설 팽창제는 제품의 부피를 크게 하고 부드러움을 주기 위해 사용한다.

15. 비중이 높은 제품의 특징이 아닌 것은?

① 기공이 조밀하다.
② 부피가 작다.
③ 껍질색이 진하다.
④ 제품이 단단하다.

해설 비중이 높을수록 부피가 작고 단단하며 기공이 거칠다.

16. 과일 케이크를 구울 때 증기를 분사하는 목적과 거리가 먼 것은?

① 향의 손실을 막는다.
② 껍질을 두껍게 만든다.
③ 겉껍질의 캐러멜화 반응을 연장한다.
④ 수분의 손실을 막는다.

17. 퐁당 아이싱이 끈적거리거나 포장지에 붙는 경향을 감소시키는 방법으로 옳지 않은 것은?

① 아이싱을 다소 덥게(40℃) 하여 사용한다.
② 아이싱에 최대의 액체를 사용한다.
③ 굳은 것은 설탕 시럽을 첨가하거나 데워서 사용한다.
④ 젤라틴, 한천 등과 같은 안정제를 적절하게 사용한다.

해설 퐁당 아이싱이 끈적거리거나 포장지에 붙는 경향을 감소시키기 위해서는 아이싱에 최소의 액체를 사용한다.

18. 케이크 팬 용적 410cm³에 100g의 스펀지 케이크 반죽을 넣어 좋은 결과를 얻었다면, 팬 용적 1230cm³에 넣어야 할 스펀지 케이크의 반죽 무게는?

① 123g
② 200g
③ 300g
④ 410g

해설 $410cm^3 : 100g = 1230cm^3 : x$
$$\therefore x = \frac{1230 \times 100}{410} = 300g$$

19. 일반적인 과자 반죽의 결과 온도로 가장 알맞은 것은?

① 10~13℃
② 22~24℃
③ 26~28℃
④ 32~34℃

해설 작업을 용이하게 하기 위한 과자 반죽의 결과 온도는 22~24℃가 적합하다.

20. 베이킹파우더를 많이 사용한 제품에 대한 설명과 거리가 먼 것은?

① 밀도가 크고 부피가 작다.
② 속 결이 거칠다.

③ 오븐 스프링이 커서 찌그러지기 쉽다.

④ 속 색이 어둡다.

해설 베이킹파우더를 많이 사용하면 부피가 커져 찌그러지기 쉬우며, 속 결이 거칠고 속 색이 어두워진다.

21. 케이크의 아이싱에 주로 사용되는 것은?

① 마지팬

② 프랄린

③ 글레이즈

④ 휘핑크림

해설 휘핑크림은 지방 함량이 30~50% 이상인 것으로, 거품을 내기 좋아 케이크 아이싱에 주로 사용된다.

22. 오븐 스프링(oven spring)이 일어나는 원인이 아닌 것은?

① 가스압

② 용해 탄산가스

③ 전분 호화

④ 알코올 기화

해설 오븐 스프링은 오븐 내에서 반죽 온도가 49℃가 되면 전분이 호화되면서 반죽의 부피가 처음보다 1/3 정도 부푸는 현상을 말한다.

23. 파이 롤러를 사용하기에 부적합한 제품은?

① 스위트 롤

② 데니시 페이스트리

③ 크로와상

④ 브리오슈

해설 파이 롤러는 반죽을 얇게 밀어 펴는 기계로, 페이스트리나 크로와상, 스위트 롤 제품을 만들 때 사용한다.

24. 패닝 시 주의할 사항으로 알맞지 않은 것은?

① 팬에 적당량의 팬 오일을 바른다.

② 틀이나 철판의 온도를 25℃로 맞춘다.

③ 반죽의 이음매가 틀의 바닥으로 놓이도록 패닝한다.

④ 반죽의 무게와 상태를 정하여 비용적에 맞게 적당한 양의 반죽을 넣는다.

해설 패닝 시 틀이나 철판의 온도는 32℃가 적합하다.

25. 패리노그래프로 알 수 없는 것은?

① 반죽의 흡수율

② 반죽의 점탄성

③ 반죽의 안정도

④ 반죽의 신장 저항력

해설 반죽의 신장 저항력은 익스텐소그래프로 알 수 있다.

26. 냉동 반죽의 사용 재료에 대한 설명 중 틀린 것은?

① 유화제는 냉동 반죽의 가스 보유력을 높이는 역할을 한다.

② 물은 일반 제품보다 3~5% 줄인다.

③ 일반 제품보다 산화제 사용량을 증가시킨다.

④ 밀가루는 중력분을 10% 정도 혼합한다.

27. 케이크 반죽의 혼합 완료 정도는 무엇으로 알 수 있는가?

① 반죽의 온도

② 반죽의 비중

③ 반죽의 색상

④ 반죽의 점도

28. 전분을 덱스트린으로 변화시키는 효소는?

① 말타아제
② 치마아제
③ α−아밀라아제
④ β−아밀라아제

29. 다음 중 pH가 중성인 것은?

① 식초
② 수산화나트륨 용액
③ 중조
④ 증류수

해설 증류수는 pH 7로 중성이다.
• 식초 : pH 2.4~3.4
• 수산화나트륨 용액 : pH 10
• 중조 : pH 8

30. 달걀 중에서 껍질을 제외한 고형분은 약 몇 %인가?

① 15%
② 25%
③ 35%
④ 45%

해설 전란 : 고형분 25%, 수분 75%

31. 검류에 대한 설명으로 틀린 것은?

① 유화제, 안정제, 점착제 등으로 사용된다.
② 낮은 온도에서도 높은 점성을 나타낸다.
③ 무기질과 단백질로 구성되어 있다.
④ 친수성 물질이다.

해설 검류는 매끄러운 느낌과 끈기를 준다. 안정제, 증점제 역할을 하여 분리 현상을 막아주며, 무기질과 다당류로 구성되어 있다.

32. 패리노그래프에 대한 설명으로 알맞지 않은 것은?

① 혼합하는 동안 일어나는 반죽의 물리적 성질을 파동 곡선 기록기로 기록하여 해석한다.
② 흡수율, 믹싱 내구성, 믹싱시간 등을 판단할 수 있다.
③ 곡선이 500BU에 도달하는 시간 등으로 밀가루의 특성을 알 수 있다.
④ 반죽의 신장도를 cm 단위로 측정한다.

해설 패리노그래프는 밀가루의 흡수율, 믹싱 내구성, 믹싱시간을 측정하며, 곡선이 500BU에 도달하는 시간으로 밀가루의 특성을 알 수 있다.

33. 버터의 지방 함량은?

① 14%
② 36%
③ 65%
④ 80%

해설 우유 지방(80%), 수분(14~17%), 무기질(2%), 소금(0~3%), 기타(약 1%)

34. 다음 중 유지의 산화 방지에 주로 사용되는 방법은?

① 수분 첨가
② 비타민 E 첨가
③ 단백질 제거
④ 가열 후 냉각

해설 산화방지제 : 비타민 E(토코페롤), 프로필 갈레이트(PG), BHA, BHT

35. 다음 중 동물성 단백질은?

① 덱스트린
② 아밀로오스
③ 글루텐

정답 28. ③ 29. ④ 30. ② 31. ③ 32. ④ 33. ④ 34. ② 35. ④

④ 젤라틴

해설 젤라틴은 동물의 껍질이나 연골 속의 콜라겐을 정제한 것이다.

36. 실내온도 23℃, 밀가루 온도 23℃, 수돗물 온도 20℃, 마찰계수 20일 때 희망하는 반죽 온도를 28℃로 만들려면 사용할 물의 온도는?

① 16℃ ② 18℃
③ 20℃ ④ 23℃

해설 사용할 물 온도
= (희망 온도×3)
− (실내온도＋밀가루 온도＋마찰계수)
= 28×3 − (23＋23＋20)
= 18℃

37. 퐁당 크림을 부드럽게 하고 수분 보유력을 높이기 위해 일반적으로 첨가하는 것은?

① 한천, 젤라틴
② 물, 레몬
③ 소금, 크림
④ 물엿, 전화당 시럽

해설 퐁당을 부드럽게 하기 위해 물엿, 전화당 시럽, 슈거 파우더를 사용한다.

38. 밀가루의 호화가 시작되는 온도를 측정하는 데 가장 적합한 것은?

① 레오그래프
② 아밀로그래프
③ 믹사트론
④ 패리노그래프

해설 아밀로그래프는 밀가루의 호화 정도를 그래프로 나타낸 것으로, 밀가루의 호화가 시작되는 온도를 측정하기에 적합하다.

39. 비터 초콜릿(bitter chocolate) 원액 속에 포함된 카카오버터의 함량은?

① 3/8 ② 4/8
③ 5/8 ④ 7/8

해설 초콜릿은 코코아 분말 함량이 5/8(62.5%), 카카오버터의 함량이 3/8(37.5%) 들어 있다.

40. 올리고당류의 특징에 대한 설명으로 가장 거리가 먼 것은?

① 청량감이 있다.
② 감미도가 설탕의 20~30%를 낮춘다.
③ 설탕에 비해 항충치성이 있다.
④ 장내 비피더스균이 증식을 억제한다.

해설 올리고당은 장내 비피더스균을 무럭무럭 자라게 한다.

41. 감미도가 가장 높은 것은?

① 포도당 ② 유당
③ 과당 ④ 맥아당

해설 과당(175) > 포도당(75) > 맥아당(32) > 유당(16)

42. 다음 중 이스트의 영양원에 해당하는 물질은?

① 인산칼슘 ② 소금
③ 황산암모늄 ④ 브롬산칼슘

해설 이스트의 영양원 : 염화암모늄, 황산암모늄, 인산암모늄

43. 식용 유지의 산화방지제로 항산화제를 사용하고 있는데, 항산화제는 직접 산화를 방지하는 물질과 항산화 작용을 보조하는 물질 또는 앞의 두 작용을 가진 물질로 구분한다. 항산화 작용을 보조하는 물질은?

① 비타민 C   ② BHA
③ 비타민 A   ④ BHT

해설 항산화 보조제는 항산화 능력은 없으나 항산화제와 같이 사용하면 항산화 효과를 높일 수 있는 물질로 비타민 C, 구연산, 주석산, 인산 등이 있다.

44. 지방의 기능이 아닌 것은?

① 지용성 비타민의 흡수를 돕는다.
② 외부의 충격으로부터 장기를 보호한다.
③ 높은 열량을 제공한다.
④ 변의 크기를 증대시켜 장내 체류시간을 단축시킨다.

해설 지방의 기능
• 체온 유지 및 장기 보호
• 1g당 9kcal의 열량 공급
• 지용성 비타민의 흡수를 도움

45. 압착 효모(생이스트)의 일반적인 고형분 함량은?

① 10%   ② 30%
③ 50%   ④ 60%

해설 • 고형분 함량 : 30%
• 수분 함량 : 70%

46. 주방 설계에 있어 주의할 점으로 알맞지 않은 것은?

① 가스를 사용하는 장소에는 환기시설을 갖춘다.
② 주방 내 여유 공간을 확보한다.
③ 종업원의 출입구와 손님용 출입구는 별도로 하며, 재료의 반입은 종업원 출입구로 한다.
④ 주방의 환기는 소형을 여러 개 설치하는 것보다 대형 환기장치 1개를 설치하는 것이 좋다.

해설 주방의 환기장치는 소형을 여러 개 설치하는 것이 청정한 온도와 습도를 유지하는 데 도움이 된다.

47. 생산 공장시설의 효율적 배치에 대한 설명 중 적합하지 않은 것은?

① 작업용 바닥 면적은 그 장소를 이용하는 사람의 수에 따라 달라진다.
② 판매 장소와 공장 면적의 배분 비율(판매 3, 공장 1)로 구성되는 것이 바람직하다.
③ 공장의 소요 면적은 주방설비의 설치 면적과 기술자의 작업을 위한 공간 면적으로 이루어진다.
④ 공장의 모든 업무가 효과적으로 진행되기 위한 기본은 주방의 위치와 규모에 대한 설계이다.

48. 밀가루가 75%의 탄수화물, 10%의 단백질, 1%의 지방을 함유하고 있다면 100g의 밀가루를 섭취했을 때 몇 kcal의 열량을 낼 수 있는가?

① 386kcal   ② 349kcal
③ 317kcal   ④ 307kcal

해설 탄수화물, 단백질은 1g당 4kcal, 지방은

1g당 9kcal의 열량을 낸다.

∴ 열량 $= (75 \times 4) + (10 \times 4) + (1 \times 9)$

　　　　$= 349kcal$

49. 당질의 대사 과정에 필요한 비타민으로서 쌀을 주식으로 하는 우리나라 사람에게 더욱 중요한 것은?

① 비타민 A　　　② 비타민 B₁

③ 비타민 B₁₂　　④ 비타민 D

해설 비타민 B₁은 당질 대사의 필수 요소로 식욕 증진, 노화 방지, 신경 안정에 좋으며, 결핍 시 각기병, 식욕 감퇴, 빈혈 등의 증상이 나타난다.

50. 필수 아미노산이 아닌 것은?

① 리신　　　　② 메티오닌

③ 페닐알라닌　④ 아라키돈산

해설 필수 아미노산에는 리신, 이소류신, 류신, 메티오닌, 페닐알라닌, 트레오닌, 트립토판 등이 있다.

51. 병원성 대장균에 대한 설명이 아닌 것은?

① 유당을 분해한다.

② 그람(gram) 양성균이다.

③ 호기성 또는 통성 혐기성이다.

④ 무아포 간균이다.

해설 병원성 대장균은 그람 음성균이며 포자를 형성하지 않는다.

52. 화학적 식중독에 대한 설명으로 잘못된 것은?

① 유해 색소의 경우 급성 독성은 문제가 되나 소량을 연속적으로 섭취할 경우 만성

독성의 문제는 없다.

② 인공감미료 중 시클라메이트는 발암성이 문제되어 사용이 금지되었다.

③ 유해성 보존료인 포르말린은 식품에 첨가할 수 없으며, 플라스틱 용기로부터 식품 중에 용출되는 것도 규제하고 있다.

④ 유해성 표백제인 롱갈리트 사용 시 포르말린이 오랫동안 식품에 잔류할 가능성이 있으므로 위험하다.

해설 불량 첨가물은 독성이 강하여 소량으로도 감염될 수 있으므로 사용이 금지된 첨가물이다.

53. 식품의 부패 요인과 가장 거리가 먼 것은?

① 수분　　　　② 온도

③ 가열　　　　④ pH

해설 식품의 부패 요인 : 온도, 습도, 수분, pH

54. 제품의 유통기간 연장을 위해 포장에 이용되는 불활성 가스는?

① 산소　　　　② 질소

③ 수소　　　　④ 염소

해설 포장 시 질소 가스를 충전하면 내용물의 유통기한을 연장할 수 있다.

55. 빵, 케이크에 허용되어 있는 보존료는?

① 프로피온산 나트륨

② 안식향산

③ 데히드로초산

④ 소르비톨

해설 빵이나 케이크에 사용되는 보존료에는 프로피온산 칼슘, 프로피온산 나트륨이 있다.

정답 49. ②　50. ④　51. ②　52. ①　53. ③　54. ②　55. ①

56. 장염 비브리오균에 의한 식중독 유형은?

① 독소형 식중독

② 감염형 식중독

③ 곰팡이독 식중독

④ 화학물질 식중독

해설 장염 비브리오 식중독은 균만 가지고 있는 감염형 식중독이다.

57. 다음 중 경구 감염병의 특징에 대한 설명이 아닌 것은?

① 감염 후 면역 형성이 잘된다.

② 2차 감염이 된다.

③ 소량의 균으로도 질병을 일으킬 수 있다.

④ 잠복기가 비교적 짧다.

해설 경구 감염병은 소량의 균에도 감염될 수 있으며, 2차 감염이 빈번하고 세균성 식중독에 비해 잠복기가 길다.

58. 인수공통 감염병 중 오염된 우유나 유제품을 통해 사람에게 감염되는 것은?

① 탄저

② 결핵

③ 야토병

④ 구제역

해설 결핵은 병에 걸린 소에서 짠 우유나 유제품을 통해 감염된다.

59. 살모넬라균으로 인한 식중독의 잠복기와 증상으로 옳은 것은?

① 오염 식품 섭취 10~24시간 후 발열이 나타나며(38~40℃) 1주일 이내 회복된다.

② 오염 식품 섭취 10~20시간 후 오한과 혈액이 섞인 설사가 나타나며 이질로 의심되기도 한다.

③ 오염 식품 섭취 10~30시간 후 점액성 대변을 배설하고 신경 증상을 보여 곧 사망한다.

④ 오염 식품 섭취 8~20시간 후 복통이 있으며 홀씨 A, F형의 독소에 의한 발병이 특징이다.

해설 살모넬라 식중독

• 증상 : 구토, 설사, 발열(38~40℃)

• 잠복기 : 10~24시간

• 특징 : 쥐, 파리, 바퀴벌레 등에 의해 오염

• 예방 : 열에 약하여 60℃에서 30분이면 사멸

60. HACCP 적용의 7가지 원칙에 해당하지 않는 것은?

① 위해요소 분석

② HACCP 팀 구성

③ 한계 기준 설정

④ 기록 유지 및 문서 관리

해설 HACCP 적용의 7가지 원칙

• 위해요소 분석과 위해 평가

• CCP 결정

• CCP에 대한 한계 기준 설정

• CCP 모니터링 방법 설정

• 개선 조치 설정

• 기록 유지 및 문서 유지

• 검증 방법 수립

제빵
기능사필기

제5편

빵류 제조

반죽 및 반죽 관리

1 반죽법의 종류 및 특징

1 빵의 의미 * 빵 : 밀가루, 물, 소금에 이스트를 넣고 반죽하여 발효시킨 후 오븐에서 구운 것

① **빵을 만드는 기본 3가지 재료** : 밀가루, 물, 소금

② **시간을 단축시키기 위한 재료** : 이스트

③ 설탕, 유지, 달걀, 버터 등을 넣으면 더욱 맛있는 빵을 만들 수 있다.

빵의 재료

주재료	부재료
밀가루, 물, 소금, 이스트	설탕, 유지, 달걀, 버터 등

2 스트레이트법(직접 반죽법)

모든 재료를 믹서에 한번에 넣고 배합을 하는 방법으로 직접법이라고도 한다.

① **배합표 작성** : 어떤 제품을 만들 것인지 결정하고 배합표를 작성한다.

② **재료 계량** : 배합표를 기준으로 각각의 재료를 계량한다.

③ **반죽** : 글루텐이 형성되는 클린업 단계에 유지를 넣는다.

④ **1차 발효** : 반죽 온도 27℃, 습도 75~80%

  ㉮ 반죽의 온도를 균일하게 하며 이스트 활동에 활력을 준다.

  ㉯ 탄력성이 더해지고 글루텐을 강화시킨다.

⑤ **펀치** : 반죽에 압력을 주어 가스를 빼거나 접어서 가스를 뺀다.

⑥ **분할** : 발효가 끝난 반죽을 계획했던 빵의 크기로 나눈다.

⑦ **둥글리기** : 발효 중 생긴 큰 기포를 제거하거나 반죽의 표면을 매끄럽게 한다.

⑧ **중간 발효** : 반죽 온도 27~29℃, 습도 75%

⑨ **정형** : 원하는 모양으로 만든다.

⑩ **패닝** : 반죽의 이음매 부분이 아래로 향하도록 반죽을 담는다.

⑪ **2차 발효** : 발효 온도 35~43℃, 습도 85~90%

⑫ **굽기** : 2차 발효가 끝난 반죽을 200℃ 전후에서 굽는다.

⑬ **냉각** : 굽기가 끝난 제품을 35~40℃로 식힌다.

스트레이트법의 장단점(스펀지/도우법과 비교)

장점	단점
• 노동력이 적게 든다. • 제조 공정이 단순하다. • 설비가 간단하다. • 발효 손실이 적다.	• 노화가 빠르다. • 발효 내구성이 약하다. • 발효 향과 식감이 덜하다. • 잘못된 공정을 수정하기 어렵다.

🔍 1차 발효 완료점
• 처음 반죽 부피의 3~3.5배 증가될 때   • 반죽을 눌렀을 때 조금 오므라드는 상태

예상문제 💿

1. 스트레이트법에 의한 제빵 반죽 시 보통 유지를 첨가하는 단계는?

① 픽업 단계   ② 클린업 단계

③ 발전 단계   ④ 렛다운 단계

해설 글루텐이 형성되는 클린업 단계에 유지를 첨가하면 믹싱시간이 단축된다.

2. 스트레이트법의 믹싱 반죽 온도로 알맞은 것은?

① 23℃   ② 25℃

③ 27℃   ④ 29℃

해설 스트레이트법의 믹싱 반죽 온도는 27℃로 맞춘다.

정답 1. ② 2. ③

---

3 스펀지/도우법(스펀지 도우법, 스펀지법)

두 번에 나누어 반죽을 하는 방법으로 처음 반죽을 스펀지(1차 반죽), 나중에 하는 반죽을 도우(본 반죽)라 하며, 중종법이라고도 한다.

① **스펀지 반죽 만들기** : 반죽 온도 24℃, 반죽 시간 4~6분(저속)

② **도우(본 반죽) 만들기** : 반죽 온도 27℃, 반죽 시간 8~12분

③ **플로어 타임** : 반죽할 때 파괴된 글루텐층을 다시 재결합시키기 위해 10~40분 발효시킨다.

스펀지/도우법의 장단점(스트레이트법과 비교)

장점	단점
• 노화가 지연된다. • 발효 내구성이 강하다. • 잘못된 공정을 수정할 기회가 있다. • 부피가 크고 속 결이 부드럽다.	• 발효성 손실이 크다. • 시설, 노동력 등 경비가 증가한다. • 제조 공정이 복잡하다.

스펀지/도우법의 재료별 사용 범위

재료	스펀지(1차 반죽)	도우(본 반죽)
밀가루	55~100%	0~45%
물	55~60%	55~65%
이스트	1~3%	0~2%
개량제	0~0.5%	–
소금	–	1.5~2.5%
설탕	–	0~8%
유지	–	0~5%
분유	–	0~8%

예상문제

1. 일반적인 스펀지/도우법으로 식빵을 만들 때 도우 반죽의 가장 적당한 온도는?

① 17℃   ② 27℃

③ 37℃   ④ 47℃

2. 스펀지 도우법에서 스펀지의 밀가루 사용량을 증가시킬 때 나타나는 결과가 아닌 것은?

① 반죽의 신장성이 좋아진다.

② 완제품의 부피가 커진다.

③ 본 반죽의 반죽시간이 길어지고 플로어 타임도 길어진다.

④ 부드러운 조직으로 제품의 품질이 좋아진다.

해설 본 반죽의 반죽시간이 짧아지고 플로어 타임도 짧아진다.

정답 1. ②   2. ③

4 액체 발효법(액종법)

스펀지/도우법의 결함을 보완하기 위해 스펀지 대신 액종을 만들어 제조하는 방법으로, 발효가 종료된 것은 pH로 확인한다(최적의 상태 : pH 4.2~5).

완충제를 분유로 사용하기 때문에 ADMI(아드미)법이라고도 한다.

① **액종 만들기 :** 액종용 재료를 같이 넣고 섞는다.
- ㉮ 온도 : 30℃
- ㉯ 발효시간 : 2~3시간

② **액종의 완충제 역할을 하는 재료 :** 분유, 탄산칼슘, 염화암모늄

배합표

액종		본 반죽	
재료	사용 범위	재료	사용 범위
물	30%	액종	35%
이스트	2~3%	밀가루	100%
설탕	3~4%	물	25~35%
개량제	1~2%	설탕	2~5%
분유	0~4%	소금	1.5~2.5%

액체 발효법의 장단점

장점	단점
• 한번에 많은 양을 발효시킬 수 있다. • 중종법보다 정확하고 간단하다. • 균일한 제품 생산이 가능하다. • 발효 내구력이 약한 밀가루로 만드는 데도 사용할 수 있다.	• 산화제의 사용량이 늘어난다. • 환원제와 연화제가 필요하다. • 중종법보다 품질이 약간 떨어진다. • 우유를 사용하지 않으면 풍미가 약간 떨어진다.

예상문제

1. 액체 발효법에서 가장 적당한 발효점 측정법은?

① 부피 증가   ② 거품의 상태
③ 산도 측정   ④ 액의 색 변화

해설 액종의 발효 완료점은 pH로 확인하며 pH 4.2~5가 최적인 상태이다.

정답 1. ③

5 연속식 제빵법

기계적인 설비를 사용하여 제빵 과정이 연속적으로 이루어지는 방법이다. 적은 인원으로 많은 빵을 만들 수 있어 대규모 공장의 대량 생산에 적합하다.

연속식 제빵법의 장단점

장점	단점
• 노동력이 감소하여 인건비가 적게 든다. • 발효 손실이 줄어든다. • 믹서, 분할기 등이 필요 없어 설비 면적이 감소한다.	• 일시적 기계 구입 비용이 많이 든다. • 산화제 첨가로 인한 발효 향이 감소한다.

예상문제 ◎

1. 연속식 제빵법에 관한 설명으로 틀린 것은?

① 노동력 감소　　　　　　　② 발효 손실 감소

③ 설비 면적 감소　　　　　　④ 일시적 기계 구입 비용의 경감

해설 연속식 제빵법은 일시적 기계 구입 부담이 크다는 단점이 있다.

정답 1. ④

6 비상 반죽법(비상 스트레이트법)

갑작스런 주문에 빠르게 대처할 때 공정 중 발효를 촉진시켜 전체 공정시간을 단축하는 방법이다.

(1) 필수 조치할 사항

① 반죽 온도를 30℃로, 발효시간을 15~30분으로 한다.

② 반죽을 20~25% 증가시키고 이스트를 2배로 증가시킨다.

③ 물을 1% 증가시키고 설탕을 1% 감소시킨다.

(2) 선택 조치할 사항

① 식초를 첨가한다.

② 소금을 2%에서 1.75%로 감소시킨다.

③ 분유를 1% 감소시킨다.

④ 이스트 푸드를 증가시킨다.

(3) 비상 반죽법의 장단점

비상 반죽법의 장단점

장점	단점
• 제조시간이 짧아 노동력이 감소한다. • 비상시 대처하기 용이하다.	• 이스트 냄새가 날 수 있다. • 부피가 고르지 않을 수 있다. • 노화가 빨리 일어난다.

7 재반죽법

재반죽법은 모든 재료를 넣고 반죽을 하되 물을 8~10% 남겨 두었다가 발효 후 나머지 물을 넣고 반죽하는 방법이다.

재반죽법의 장단점

장점	단점
• 스펀지/도우법에 비해 짧은 시간에 좋은 제품을 얻을 수 있다. • 균일한 제품을 생산할 수 있다. • 제품의 식감과 색상이 양호하다.	• 두 번의 반죽으로 인해 제조 공정 시간이 길어질 수 있다.

8 노타임 반죽법(무발효 반죽법)

산화제와 환원제의 사용으로 이스트 발효를 대신하여 발효시간을 단축함으로써 배합 후 바로 정형 공정을 거쳐 2차 발효를 하는 방법이다.

(1) 산화제와 환원제

① **산화제** : 브롬산칼륨, 요오드산칼륨, ADA(아조디카본아미드), 비타민 C(아스코르브산)

② **환원제**

㉮ 프로테아제 : 단백질 분해 효소로 2차 발효 중 작용한다.

㉯ L-시스테인 : S-S 결합을 따라 믹싱 시간을 25% 정도 단축시킨다.

㉰ 소르브산, 푸마르산, 중아황산염 등

🔍 **산화제의 특징**

• 브롬산칼륨 : 지효성 • 요오드산칼륨 : 속효성
• ADA : 표백과 숙성작용

(2) 노타임 반죽법의 장단점

노타임 반죽법의 장단점

장점	단점
• 제조시간이 절약된다. • 발효 손실이 적다. • 반죽이 부드러우며 흡수율이 좋다. • 빵의 속 결이 치밀하고 고르다.	• 제품의 질이 고르지 않다. • 제품에 광택이 없다. • 맛과 향이 좋지 않다. • 반죽의 내구성이 떨어진다.

9 냉동 반죽법　* 보통 반죽보다 이스트를 2배 정도 더 넣는다.

　냉동 반죽법은 1차 발효가 끝난 반죽을 −40℃에서 급속 냉동하여 −25~−18℃에 냉동 저장한 다음 필요할 때마다 꺼내 쓰는 방법으로, 단과자빵이나 크로와상과 같은 고율 배합에 적합하다.

냉동 반죽법의 장단점

장점	단점
• 초보자도 쉽게 만들 수 있다. • 인건비 절감 효과가 높다. • 운송 배달이 용이하다. • 생산성이 향상되고 재고 관리에 좋다.	• 제품의 노화가 빠르다. • 많은 양의 산화제를 사용해야 한다. • 반죽이 끈적거리거나 퍼지기 쉽다. • 이스트가 죽어 가스 발생력이 떨어진다.

예상문제 ◉

1. 장시간 발효 과정을 거치지 않고 배합 후 정형하여 2차 발효를 하는 제빵법은?

① 재반죽법 　　　　　　　② 스트레이트법
③ 노타임법 　　　　　　　④ 스펀지/도우법

2. 냉동 반죽법에 대한 사항 중 틀린 것은?

① −5℃에서 냉동 저장한다.
② 노화 방지제를 소량 이용한다.
③ 반죽은 조금 되게 한다.
④ 크로와상 등의 제품에 이용한다.

해설 냉동 반죽법은 −40℃에서 급속 냉동하여 −25~−18℃에서 냉동 저장한다.

정답 1. ③　2. ①

10 찰리우드 반죽법(초고속 반죽법)

① 초고속 믹서를 사용하여 반죽을 기계적으로 숙성시키는 기계적(물리적) 숙성 반죽법으로, 초고속 반죽법이라고도 한다.

② 발효시간이 줄어들지만 제품의 발효 향이 떨어지는 단점이 있다.

③ 초고속 믹서로 반죽을 기계적으로 숙성시키므로 플로어 타임 후 분할한다.

* 플로어 타임 : 본 반죽을 끝낸 후 분할하기 전에 발효시키는 공정

예상문제

1. 공정시간이 단축되나 제품의 발효 향이 떨어지는 반죽법은?

① 재반죽법   ② 찰리우드법
③ 노타임법   ④ 스트레이트법

해설 찰리우드법은 반죽을 기계적으로 숙성시키므로 제품의 발효 향이 떨어지는 단점이 있다.

정답 1. ②

---

2 반죽의 결과 온도

1 반죽 온도

반죽 온도의 높고 낮음에 따라 반죽의 상태와 발효 속도가 달라지므로 온도 조절이 가장 쉬운 물을 이용하여 반죽 온도를 조절한다.

① 마찰계수＝(결과 온도×6)－(실내온도＋밀가루 온도＋물 온도＋설탕 온도＋달걀 온도＋쇼트닝 온도)

② 사용할 물 온도＝(희망 온도×6)－(실내온도＋밀가루 온도＋설탕 온도＋달걀 온도＋쇼트닝 온도＋마찰계수)

③ 얼음 사용량＝물 사용량 × $\dfrac{\text{물 온도} － \text{사용할 물 온도}}{80 ＋ \text{물 온도}}$

2 제빵법에 따른 적정 희망 반죽 온도

① 스트레이트법의 반죽 온도 : 27℃

② 스펀지/도우법의 스펀지 반죽 온도 : 24℃

③ 비상 스트레이트법의 반죽 온도 : 30℃

④ 액체 발효법의 반죽 온도 : 30℃

3 반죽의 비중

1 비중

비중은 같은 부피의 물 무게에 대한 반죽의 무게를 소수로 나타낸 값이다.

$$비중 = \frac{같은 \ 부피의 \ 반죽 \ 무게}{같은 \ 부피의 \ 물 \ 무게} = \frac{반죽 \ 무게 - 컵 \ 무게}{물 \ 무게 - 컵 \ 무게}$$

2 비중이 제품에 미치는 영향

비중이 제품에 미치는 영향

항목	비중이 높으면	비중이 낮으면
부피	작다	크다
기공	작다	크다
조직	조밀하다	거칠다

3 반죽의 6단계

(1) 픽업 단계   * 데니시 페이스트리

① 유지를 제외한 모든 재료를 넣고 재료가 대충 섞인 상태를 말한다.
② 픽업 단계까지는 반죽기를 저속으로 작동시키는 것이 좋다.

(2) 클린업 단계   * 스펀지법의 스펀지 반죽

① 물과 밀가루가 완전히 한 덩어리가 된 상태로, 반죽기의 내부가 **빵** 반죽에 의해 깨끗해진다.
② 클린업 단계에 유지를 넣으면 글루텐이 반죽에 조금씩 결합되기 시작하면서 반죽기 내부가 **빵** 반죽에 의해 깨끗해진다.
③ 클린업 단계에 유지를 넣으면 믹싱시간이 단축된다.

(3) 발전(디벨로프) 단계   * 하스 브레드

① 반죽에 탄성이 가장 많이 생기고, 반죽기 모터가 힘을 가장 많이 받는 단계이다.
② 탄력성이 최대로 증가하며 반죽이 강하고 단단해지는 단계이다.

(4) 최종(파이널) 단계   * 식빵, 단과자빵

① 반죽에 윤기가 나며 탄성과 점성이 만나는 단계로, 반죽을 양손으로 펼쳤을 때 반죽에 실핏줄이 없이 투명한 상태이다.

② 탄력성과 신장성이 가장 좋은 단계이다.

③ 일반적으로 반죽은 최종 단계에서 마무리한다.

(5) 렛다운 단계   * 잉글리시 머핀, 비상용 빵

① 탄성이 없어지고 신장성만 최대인 상태이다.

② 반죽이 고무줄처럼 늘어나는 단계이다.

(6) 파괴(브레이크) 단계

① 반죽을 너무 오랫동안 하여 반죽에 힘이 없고 찢어지는 단계이다.

② 파괴 단계까지 반죽하면 반죽에 힘이 없고 빵의 내상이 매우 거친 제품이 된다.

4 반죽의 흡수율에 영향을 미치는 요소

① **단백질 :** 단백질을 1% 증가시키면 물 흡수율이 2% 증가한다.

② **반죽 온도 :** 반죽 온도를 5℃ 올리면 물 흡수율이 3% 감소한다.

③ **탈지분유 :** 탈지분유를 1% 증가시키면 물 흡수율도 1% 증가한다.

④ **설탕 :** 설탕을 5% 증가시키면 물 흡수율은 1% 감소한다.

⑤ **물 :** 경수를 사용하면 물 흡수량이 높고 연수를 사용하면 물 흡수량이 낮다.

> 🔍 ㆍ반죽 온도가 낮을수록 물 흡수량이 좋다.
> ㆍ손상 전분을 1% 증가시키면 흡수율은 2% 증가한다.

5 반죽시간에 영향을 미치는 요소

① 반죽기 회전 속도가 빠르면 반죽시간이 짧아진다.

② 클린업 단계 이후에 소금을 넣으면 반죽시간이 짧아진다.

③ 탈지분유는 단백질의 구조를 강하게 하므로 반죽시간이 길어지게 한다.

④ 수분이 많아 반죽이 질면 반죽시간이 길어진다.

⑤ 반죽 온도가 낮을수록 반죽시간이 길어진다.

⑥ pH 5.0 정도에서 글루텐이 가장 질기고 반죽시간이 길다.

⑦ 반죽에 유지 함량이 많으면 글루텐을 연화시켜 반죽시간이 길어진다.

🔍 **반죽에 부여하고자 하는 물리적 성질**
- 탄력성
- 가소성
- 흐름성
- 점탄성(점성+탄력성)

예상문제 🔘

1. 식빵의 믹싱 공정 중 반죽의 신장성이 최대가 되는 단계는?

① 픽업 단계
② 클린업 단계
③ 최종 단계
④ 파괴 단계

해설 탄력성과 신장성이 가장 좋은 단계는 최종 단계이다.

2. 유지를 제외한 전 재료를 넣는 단계는?

① 픽업 단계
② 클린업 단계
③ 발전 단계
④ 최종 단계

해설 픽업 단계는 유지를 제외한 전 재료를 넣는 단계로, 픽업 단계에서는 반죽기를 저속으로 작동시킨다.

3. 수돗물 온도 10℃, 실내온도 28℃, 밀가루 온도 30℃, 마찰계수 23일 때 반죽 온도를 27℃로 하려면 몇 ℃의 물을 사용해야 하는가?

① 0℃
② 5℃
③ 12℃
④ 17℃

해설 사용할 물 온도 = (희망 온도 × 3) − (실내온도 + 밀가루 온도 + 마찰계수)
= (27 × 3) − (28 + 30 + 23) = 0℃

정답 1. ③ 2. ① 3. ①

충전물 · 토핑물 제조

---

1 재료의 특성 및 전처리

1 재료의 전처리

전처리란 작성된 배합표를 기준으로 하여 계량한 재료로 반죽을 하기 전에 행하는 모든 작업을 말한다.

2 재료별 전처리 방법   * 가루상태의 재료는 체로 쳐서 사용한다.

(1) 밀가루

① 밀가루 속의 이물질과 알갱이를 제거하고, 이스트가 호흡하는 데 필요한 공기를 밀가루에 혼입하여 발효를 촉진시키고 흡수율을 증가시킨다.
② 공기의 혼입으로 밀가루의 15%까지 부피를 증가시킬 수 있다.

(2) 이스트

① **생이스트** : 잘게 부수어 사용하거나 물에 녹여 사용한다.
② **드라이 이스트** : 무게의 5배 정도의 미지근한 물(35~40℃)에 풀어 사용한다.

(3) 유지

냉장고나 냉동고에서 미리 꺼내어 실온에서 부드러운 상태로 만든 후 사용한다.

(4) 소금

이스트의 발효를 억제하거나 파괴하므로 가능하면 물에 녹여 사용한다.

(5) 탈지분유

① 설탕 또는 밀가루와 혼합하여 체로 쳐서 분산시키거나 물에 녹여 사용한다.
② 우유 대용으로 사용할 때는 분유 1에 물 9의 비율로 사용한다.

(6) 소금

소금은 이스트의 발효를 억제하거나 파괴하므로 가능하면 물에 녹여 사용한다.

(7) 견과류 및 향신료

① 견과류는 조리 전에 살짝 구워준다.
② 껍질의 쓴맛을 제거하기 위해 끓는 물에 데친다.
　㈎ 아몬드는 끓는 물에 3~5분 정도 담갔다가 꺼낸 후 껍질을 제거한다.
　㈏ 헤이즐넛은 135℃로 예열된 오븐에 향이 나기 시작할 때까지 12~15분간 둔다.
③ 향신료는 소스나 커스터드 등에 넣기 전에 갈아서 구워준다. 1차로 구워주면 견과류나 향신료의 향미가 더해지고 식감이 바삭해진다.

(8) 물

반죽 온도에 영향을 미치므로 물의 온도에 유의하여 사용한다.

🔎 **가루 재료를 체로 치는 이유**
- 이물질 제거
- 재료의 고른 분산
- 공기의 혼입
- 흡수율 증가

예상문제 ◉

1. 다음 중 가루 재료(밀가루)를 체질하는 이유가 아닌 것은?

① 재료 분산　　　　　　　② 이물질 제거
③ 공기 혼입　　　　　　　④ 마찰열 발생

해설 가루 재료를 체로 치는 이유 : 공기 혼입, 이물질 제거, 재료 분산, 흡수율 증가

정답 1. ④

2　충전물·토핑물 제조 방법 및 특징

충전물은 제품 안을 채우거나 제품 위에 뿌리거나 바르고 얹는 재료를 말한다.

1 과일 충전물

과일에 설탕을 넣고 졸여 만든 것으로 타르트, 파이, 페이스트리에 충전용으로 사용된다.

2 커스터드 크림   * 농후화제 : 달걀, 전분, 박력분

① 달걀, 설탕, 우유를 섞다가 옥수수 전분이나 박력분을 안정제로 넣어 끓인 크림이다.
② **특징 :** 달걀은 농후화제와 결합제 역할을 한다.

3 가나슈 크림   * 생크림 : 초콜릿 = 1 : 1

80℃ 이상 끓인 생크림에 잘게 자른 초콜릿을 붓고 거품이 생기지 않도록 섞은 후 냉장고에서 차게 굳혀 사용한다.

4 버터 크림

버터에 시럽(설탕 100에 물 30을 넣고 114~118℃로 끓인 후 냉각)을 넣고 휘핑한다.

5 생크림

우유의 지방 함량이 35~40% 정도인 진한 생크림을 휘핑하여 사용하며, 단맛은 기호에 따라 크림 100에 설탕 10~15의 비율로 조절하여 휘핑한다.

6 디프로매트 크림

커스터드 크림과 무가당 생크림을 1:1로 혼합한 크림이다.

예상문제

1. 커스터드 크림의 재료에 속하지 않는 것은?
　① 우유　　　　　　　　　② 달걀
　③ 설탕　　　　　　　　　④ 생크림

2. 가나슈 크림에 대한 설명으로 옳은 것은?
　① 생크림은 절대 끓여서 사용하지 않는다.
　② 초콜릿의 종류는 달라도 카카오 성분은 같다.
　③ 끓인 생크림에 초콜릿을 더한 크림이다.
　④ 초콜릿과 생크림의 배합 비율은 10 : 1이 원칙이다.
　해설 가나슈는 끓인 생크림에 초콜릿을 더한 크림이다.

정답 1. ④　2. ③

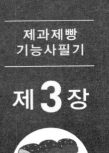

제과제빵
기능사필기

제 **3** 장

반죽 발효

---

1 **발효 조건 및 상태 관리**

1 1차 발효 조건 및 상태 관리

(1) 발효의 목적

① **반죽의 팽창작용** : 가스를 발생시켜 반죽을 부풀리게 만든다.

② **반죽의 숙성작용** : 글루텐을 숙성시켜 반죽을 부드럽게 만든다.

③ **빵의 풍미 생성** : 발효에 의해 생성된 알코올·유기산류를 축적하여 독특한 맛과 향을 부여한다.

(2) 일반적인 1차 발효 조건

① **발효실 온도** : 27℃

② **발효실 습도** : 75~80%

(3) 발효 중 일어나는 변화

① 전분은 아밀라아제에 의해 맥아당으로 분해되고, 맥아당은 말타아제에 의해 포도당 2분자로 분해된다.

② 설탕은 인베르타아제에 의해 포도당과 과당으로 분해되고, 포도당과 과당은 치마아제에 의해 탄산가스와 알코올로 분해된다.

③ 유당은 잔당으로 남아 캐러멜화 역할을 한다.

④ 단백질은 프로테아제에 의해 아미노산으로 변화된다.

> 🔍 **발효 손실**
> • 1차 발효 손실량 : 보통 1~2%
> • 소금과 설탕이 적을수록, 발효시간이 길수록, 반죽 온도가 높을수록 발효 손실이 커진다.

(4) 발효에 영향을 주는 요소

① **이스트의 양** : 이스트의 양이 많으면 발효시간이 짧아지고 양이 적으면 길어진다.

$$\text{변경할 이스트의 양} = \frac{\text{정상 이스트 양} \times \text{정상 발효시간}}{\text{변경할 발효시간}}$$

② **반죽 온도** : 온도가 1℃ 상승함에 따라 발효시간은 15~30분 단축된다.

③ **pH** : pH 4.5~5.5일 때 가스 발생력이 커지고 pH 4 이하, 6 이상이면 작아진다.

예상문제

1. 반죽을 발효시키는 목적이 아닌 것은?

① 반죽의 팽창작용   ② 반죽의 숙성작용

③ 글루텐 응고   ④ 빵의 풍미 생성

해설 글루텐 응고는 굽기 과정에서 나타나는 현상이다.

2. 가스 발생량이 많아져 발효가 빨라지는 경우가 아닌 것은?

① 소금을 많이 사용할 때   ② 이스트를 많이 사용할 때

③ 발효실 온도를 약간 높일 때   ④ 반죽에 약산을 약간 첨가할 때

해설 소금의 양이 1% 이상이면 삼투압에 의해 발효가 지연된다.

정답 1. ③ 2. ①

---

2 2차 발효 조건 및 상태 관리

(1) 2차 발효의 목적

① 성형할 때 빠져나간 가스를 다시 부풀리게 한다.

② 알코올과 유기산 및 그 외의 방향성 물질을 생성한다.

③ 완제품 크기를 조절한다.

(2) 2차 발효 온도 및 반죽상태가 제품에 미치는 영향

① **2차 발효 온도가 높을 경우**

㈎ 속과 껍질이 분리된다.

㈏ 발효 속도가 빨라진다.

㈐ 반죽의 겉껍질에 세균이 번식하기 쉽다.

② 어린 반죽일 경우(발효 부족)

　(개) 껍질에 균열이 생기기 쉽다.

　(내) 껍질색이 짙고 붉은 기가 약간 생긴다.

　(대) 글루텐의 신장성이 불충분하여 부피가 작다.

③ 지친 반죽일 경우(발효 과다)

　(개) 제품의 윗면이 움푹 들어간다.

　(내) 향기나 보존성이 좋지 않다.

　(대) 착색이 좋지 않고 결이 거칠다.

④ 습도가 높을 경우

　(개) 제품의 윗면이 납작해진다.

　(내) 껍질이 거칠고 질겨진다.

　(대) 껍질에 기포나 반점, 줄무늬가 생긴다.

🔍 2차 발효시간이 제품에 미치는 영향

- 부족한 경우 : 옆면이 터지거나 부피가 작아지고 껍질색이 진한 적갈색이 된다.
- 지나친 경우 : 기공이 거칠고 부피가 너무 크거나 껍질색이 연해진다.

예상문제 ◉

1. 일반적으로 2차 발효는 제품 부피의 몇 %까지 부풀리는 것이 알맞은가?

① 60~70%　　　　　　　　　② 70~80%

③ 80~90%　　　　　　　　　④ 90~100%

2. 2차 발효가 부족할 때 일어나는 현상이 아닌 것은?

① 껍질색이 연하다.　　　　　② 부피가 작다.

③ 붉은 기가 약간 생긴다.　　④ 제품의 균열이 일어나기 쉽다.

해설 2차 발효가 부족할 때 껍질색이 진하고 붉은 기가 약간 생긴다.

정답 1. ②　2. ①

제4장

반죽 정형

1 반죽 분할

　1차 발효를 끝낸 반죽을 정해진 무게만큼 나누는 것을 말하며, 분할하는 과정에도 발효가 진행되므로 가능한 빠른 시간 내에 분할해야 한다.

1 기계 분할　　* 단과자빵 : 30분, 식빵류 : 20분 이내

　① 분할 속도는 1분에 12~16회전이 가장 적합하다.
　② 분할기에 윤활유를 사용할 경우 FDA 허용 기준에 따라 0.1% 이상 남으면 안 된다.
　③ 기계 분할 시 반죽의 손상을 줄이는 방법
　　㈎ 밀가루의 단백질 함량이 높고 반죽은 약간 된반죽이 좋다.
　　㈏ 반죽의 결과 온도는 비교적 낮은 것이 좋다.

2 손 분할　　* 소규모 빵집에서 적합

　① 덧가루는 빵 내부에 줄무늬를 만들 수 있으므로 주의한다.
　② 기계 분할에 비해 손상 정도가 덜하며 약한 밀가루 반죽의 분할에 유리하다.

2 반죽 둥글리기

1 둥글리기의 목적

　① 가스를 균일하게 분산하여 반죽의 기공을 고르게 조절한다.
　② 반죽의 절단면에 표피를 만들어 끈적거림을 없앤다.
　③ 분할로 흐트러진 글루텐의 구조와 방향을 정돈시킨다.
　④ 가스를 보유할 수 있는 반죽의 구조로 만든다.
　⑤ 분할한 반죽을 성형하기 적절한 상태로 만든다.

2 반죽의 끈적거림을 없애는 방법

① 반죽에 유화제를 사용한다.
② 덧가루는 적정량을 사용한다.
③ 최적의 발효상태를 유지한다.
④ 반죽에 최적의 가수량을 넣는다.

3 중간 발효의 조건 및 상태 관리

1 중간 발효

(1) 목적

중간 발효는 둥글리기가 끝난 반죽이 가스를 포집할 수 있는 시간을 갖도록 하며(벤치 타임) 다음 작업을 용이하게 한다.

(2) 중간 발효 조건

① 온도 : 27~29℃　　　　　② 습도 : 75%

예상문제

1. 중간 발효의 목적이 아닌 것은?

① 반죽의 휴지　　　　　　② 기공의 제거
③ 탄력성 제공　　　　　　④ 반죽의 유연성 부여

해설 중간 발효의 목적 : 글루텐 조절, 성형의 용이성, 반죽의 탄력성 제공, 반죽의 유연성 회복, 끈적거림 방지

2. 중간 발효가 필요한 이유로 가장 알맞은 것은?

① 탄력성을 갖게 하기 위하여
② 모양을 일정하게 하기 위하여
③ 반죽 온도를 낮게 하기 위하여
④ 반죽에 유연성을 부여하기 위하여

해설 중간 발효는 가스 발생으로 반죽의 유연성을 회복시키기 위해 필요하다.

정답 1. ②　2. ④

4 제품별 성형 방법 및 특징

1 모카빵

(1) 제품의 특징

① 단과자빵의 배합에 커피를 1.5% 정도 넣는다.

② 중간 발효가 끝난 반죽을 타원형으로 밀어 펴고 비스킷을 분할한 후 반죽에 감싼다.

③ 토핑을 올리고 2차 발효할 때 가라앉지 않도록 일반 빵의 85~90%만 발효시킨다.

2 통밀빵

(1) 제품의 특징

① 식이섬유가 풍부하고 배변활동에 도움이 되는 오트밀을 묻혀 만든 건강빵이다.

② 클린업 단계에서 버터를 넣은 후 발전 단계까지 믹싱한다.

③ 여름에는 물의 양을 줄이고 겨울에는 물의 양을 늘려서 되기를 조절한다.

④ 이음매 부분을 잘 봉합해야 터지거나 벌어지지 않는다.

⑤ 밀대를 사용하여 밀대(봉)형으로 일정한 길이 22~23cm로 밀어 펴서 성형한다.

⑥ 반죽에 붓이나 스프레이로 물을 묻힌 후 오트밀을 윗면부터 고르게 굴려서 묻힌다.

예상문제

1. 모카빵은 무엇을 기본으로 한 배합인가?

① 식빵이 기본 배합이다.　　　　② 과자빵이 기본 배합이다.

③ 페이스트리가 기본 배합이다.　　④ 바게트가 기본 배합이다.

해설 모카빵은 과자빵을 기본으로 하고 커피를 1.5% 넣은 것이다.

2. 통밀에 대한 설명이 아닌 것은?

① 가루를 이용할 경우 체에 거르지 않고 그대로 사용한다.

② 통밀에는 지방산이 들어 있어 산화되기 쉬우므로 밀봉하여 냉장 보관하는 것이 좋다.

③ 식이섬유가 풍부하여 체중 감량 시 도움을 준다.

④ 일반 밀에 비해 식이섬유가 풍부하며 혈당 상승 속도가 늦어 혈당 유지에 도움이 된다.

해설 가루를 이용할 경우 체로 한번 쳐서 사용한다.

정답 1. ② 2. ①

3 단과자빵

(1) 소보로빵의 특징

버터와 설탕을 크림화시킨 후 달걀을 넣고 되기를 알맞게 조절한 다음 밀가루를 섞어 과립상태로 만들어 단과자빵 반죽에 올린다.

(2) 크림빵의 특징

단과자빵의 내부에 커스터드 크림을 넣어 만든 제품이다. 달걀노른자를 넣고 설탕과 전분을 넣은 후 뜨겁게 데운 우유를 천천히 넣으면서 걸쭉하게 만든 크림을 넣는다.

> 🔎 **단과자빵**
> 단과자빵은 식빵 반죽보다 설탕, 유지, 달걀을 더 많이 배합한 빵이다.

예상문제 🔘

1. 단과자빵 제조에서 일반적인 이스트 사용량은?

① 0.1~1% 　　　　　　　② 3~7%

③ 8~10% 　　　　　　　④ 12~14%

2. 다음 중에서 단과자빵이 아닌 것은?

① 소보로빵 　　　　　　　② 단팥빵

③ 크림빵 　　　　　　　④ 호밀빵

해설 단과자빵은 식빵의 배합보다 설탕, 버터, 달걀 등의 배합량이 더 많이 들어간 제품을 말한다.

정답 1. ②　　2. ④

---

4 스위트롤

(1) 제품의 특징

① 클린업 단계에서 유지를 넣고 최종 단계까지 믹싱한다.

② 막대형으로 만든 후 4~5cm 길이로 잘라 야자잎형, 트리플리프(세잎세형)로 성형한다.

③ 구울 때 충전물이 너무 많지 않도록 하고, 충전물을 뿌릴 때 가장자리는 피하도록 한다.

5 호밀빵

(1) 제품의 특징

① 밀가루에 최고 90%의 호밀가루를 섞어 만든 **빵**으로 발전 단계까지 반죽한다.

② 밀가루와 글루텐의 질이 달라 가스 보유력이 다르므로 일반 식빵보다 발효시간을 작게 한다.

③ 천연 발효시키는 것이 가장 좋으며, 제품을 만들 때 이스트는 보통 1~2%를 이용한다.

④ 타원형(럭비공 모양)으로 만들고 칼집 모양은 가운데 일자로 낸다.

> **🔍 호밀빵 굽기**
> 하스 브레드 형태로 호밀빵을 제조하고자 할 경우 굽기 중 불규칙한 터짐을 방지하기 위해 윗면에 커팅이 필요하다.

예상문제 🎯

1. 호밀빵을 만들 때 밀가루에 호밀가루를 섞어 사용하는 이유가 아닌 것은?

① 독특한 맛   ② 색상

③ 조직의 특성   ④ 구조력 향상

2. 호밀빵을 굽기 전 윗면에 커팅이 필요한 이유는 무엇인가?

① 반죽의 팽창을 줄이기 위하여

② 맛을 좋게 하기 위하여

③ 불규칙한 터짐을 방지하기 위하여

④ 커팅을 하지 않아도 제품의 상태는 변함이 없다.

해설 호밀빵은 굽기 중 불규칙한 터짐을 방지하기 위해 윗면에 커팅이 필요하다.

3. 호밀빵을 만들 때 일반 식빵과 비교하여 맞지 않는 것은?

① 호밀빵은 발효시간을 짧게 한다.

② 호밀빵은 배합시간이 길다.

③ 반죽의 농도는 호밀빵이 낮다.

④ 일반 식빵보다 흡수율이 좋다.

정답 1. ④ 2. ③ 3. ②

5 패닝 방법

1 패닝

패닝은 정형이 완료된 반죽을 팬이나 틀, 기타 철판에 넣는 공정을 말한다.

2 패닝 시 주의사항

① 반죽의 이음매가 틀의 바닥을 향하게 한다.
② 팬의 온도는 32℃가 적당하며 49℃까지는 무방하다.

3 반죽의 적정 분할량

$$반죽의\ 적정\ 분할량 = \frac{틀\ 부피}{비용적}$$

6 제품의 결함과 원인

1 빵의 옆면이 찌그러진 경우

① 지친 반죽일 때
② 2차 발효가 지나칠 때
③ 오븐의 열이 고르지 못할 때
④ 팬 용적보다 반죽의 양이 많을 때

2 식빵 표면에 기포가 생기는 경우

① 발효가 부족할 때
② 진반죽일 때
③ 오븐의 윗불 온도가 높을 때
④ 2차 발효 습도가 높을 때

3 껍질이 갈라지는 경우

① 오븐의 윗불 온도가 높을 때
② 2차 발효실 습도가 너무 낮을 때

③ 어린 반죽일 때

④ 지친 발효일 때

4 브레이크와 슈레드가 부족한 경우(터짐과 찢어짐)

① 진반죽일 때

② 2차 발효가 지나칠 때

③ 오븐 온도가 너무 높을 때

④ 발효가 부족하거나 지나칠 때

⑤ 이스트 푸드가 부족할 때

⑥ 효소제 사용량이 많을 때

5 식빵의 바닥이 움푹 들어간 경우

① 식빵 틀이 뜨거울 때

② 식빵 틀에 기름을 칠하지 않았을 때

③ 식빵 틀 바닥에 수분이 있을 때

④ 2차 발효실 습도가 높을 때

⑤ 믹서의 회전 속도가 느릴 때

⑥ 굽기 과정에서 초기 온도가 높을 때

6 식빵 윗면이 납작하고 모서리가 날카로운 경우

① 소금의 사용량이 많을 때

② 믹싱이 지나칠 때

③ 진반죽일 때

④ 발효실 습도가 높을 때

7 빵의 껍질색이 연한 경우

① 굽기 시간이 부족할 때

② 1차 발효시간이 초과되었을 때

③ 설탕의 양이 부족할 때

④ 2차 발효실 습도가 낮을 때

⑤ 오래된 밀가루를 사용했을 때

⑥ 오븐 속의 온도와 습도가 낮을 때

8 식빵 껍질이 질긴 경우

① 지친 반죽일 때
② 발효가 부족할 때
③ 2차 발효실 습도가 높을 때
④ 오븐 온도가 낮을 때
⑤ 질 낮은 밀가루를 사용했을 때
⑥ 성형 과정에서 반죽을 거칠게 다루었을 때

예상문제

1. 제빵 시 브레이크와 슈레드 부족 현상이 생기는 원인으로 알맞지 않은 것은?

① 발효시간이 너무 짧을 때
② 오븐 온도가 높을 때
③ 이스트 푸드가 많을 때
④ 2차 발효실 습도가 낮을 때

해설 이스트 푸드가 적으면 브레이크와 슈레드 부족 현상이 생긴다.

2. 완제품 식빵의 껍질색이 진하게 나왔다면 그 원인으로 알맞은 것은?

① 오븐 습도가 낮을 때
② 설탕을 많이 사용했을 때
③ 오븐 온도가 낮을 때
④ 1차 발효시간이 초과되었을 때

해설 식빵의 껍질색이 진하게 나온 것은 설탕을 많이 사용하여 캐러멜화 작용이 일어났기 때문이다.

정답 1. ③ 2. ②

제 5 장

반죽 익힘

1 반죽 익히기 방법의 종류 및 특징

1 굽기

(1) 굽기의 조건

　① 고율 배합 반죽일수록, 다량의 반죽일수록 낮은 온도에서 장시간 굽는다.
　② 저율 배합 반죽일수록, 소량의 반죽일수록 높은 온도에서 단시간 굽는다.

(2) 온도가 부적합하여 생긴 현상

　① **오버 베이킹** : 낮은 온도에서 오래 구워 윗면이 평평하고 부드러우며 수분 손실이 많다.
　② **언더 베이킹** : 높은 온도에서 짧게 구워 중심 부분이 갈라지고 거칠며 주저앉기 쉽다.

(3) 굽기의 변화　＊ 오븐 팽창 : 오븐 스프링이라고도 한다.

　① **오븐 팽창** : 2차 발효된 반죽이 처음 크기의 1/3 정도까지 급격히 팽창되는 현상이다.
　② **오븐 라이즈** : 이스트가 사멸 전까지 활동하여 반죽 속에서 가스가 만들어지므로 반죽의 부피가 조금씩 커지는 현상이다.
　　＊ 반죽의 내부 온도가 60℃에 이르지 않은 상태에서 일어난다.

2 튀기기

(1) 튀김 기름　＊ 표준 온도 : 185~195℃

　① **튀김 기름의 4대 적** : 온도(열), 수분(물), 공기(산소), 이물질
　② 굽기 손실률 $= \dfrac{\text{굽기 전 반죽 무게} - \text{굽기 후 반죽 무게}}{\text{굽기 전 반죽 무게}} \times 100$
　③ **튀김 기름의 조건** : 발연점이 높고 산가는 낮으며 산패에 안정성이 있어야 한다. 여름에는 융점이 높고 겨울에는 낮아야 한다.

2 익히기 중 성분 변화의 특징

① **캐러멜화 반응** : 당류 + 고온(160℃ 이상)
② **마이야르 반응** : 환원당(설탕 제외) + 단백질(아미노산)

3 관련 기계 및 도구

1 오븐

① **데크 오븐** : 소규모 제과점에서 많이 사용하는 가장 대중적인 오븐
② **터널 오븐** : 반죽이 들어가는 입구와 제품이 나오는 출구가 서로 다른 오븐
③ **컨벡션 오븐** : 뜨거운 열이 순환되는 오븐

2 밀가루 반죽의 적성시험 기계

① **아밀로그래프** : 밀가루 호화 정도, 밀가루 전분의 질 측정
② **익스텐소그래프** : 패리노그래프의 결과 보완, 반죽의 신장성 측정
③ **패리노그래프** : 밀가루의 흡수율, 반죽의 내구성, 믹싱시간 측정
④ **믹소그래프** : 반죽하는 동안 글루텐의 발달 정도 측정
⑤ **레오그래프** : 반죽이 기계적 발달을 할 때 일어나는 변화 측정

예상문제 ◉

1. 패리노그래프(farinograph)의 기능 및 특징이 아닌 것은?
　① 흡수율 측정　　　　　　　　　② 믹싱시간 측정
　③ 500BU 중심으로 그래프 작성　　④ 전분의 호화력 측정
　해설 전분의 호화력을 측정하는 기계는 아밀로그래프이다.

2. 반죽의 신장성과 신장에 대한 저항성을 측정하는 기계는?
　① 패리노그래프　　　　　　　　② 레오퍼멘토에터
　③ 믹서트론　　　　　　　　　　④ 익스텐소그래프
　해설 익스텐소그래프는 패리노그래프를 보완한 것으로 반죽의 신장성을 측정하는 기계이다.

정답 1. ④　2. ④

마무리

1 냉각 방법 및 특징

1 냉각   * 냉각 손실률 : 2%

① **냉각** : 200℃ 전후에서 구워낸 **빵**을 35~40℃로 식히는 과정이다.
② **냉각 후 내부 온도와 수분 함량** : 온도 35~40℃, 수분 함량 38%
③ **냉각실 온도와 상대 습도** : 온도 20~25℃, 습도 75~85%

2 냉각 방법

① **자연 냉각** : 상온에서 냉각하는 것으로 3~4시간 소요된다.
② **터널식 냉각** : 공기 배출기를 사용한 냉각으로 2~2.5시간 소요된다.
③ **공기 조절식 냉각(에어컨디션식 냉각)** : 온도 20~25℃, 습도 85%의 공기에 통과시켜 90분간 냉각하는 방법으로, 식빵을 냉각하는 가장 **빠른** 방법이다.

2 장식 재료의 특성 및 제조 방법

1 아이싱   * 아이싱 : 빵, 과자에 설탕을 위주로 한 재료를 덮거나 씌우는 것

(1) 아이싱의 종류

① **단순 아이싱** : 분설탕, 물, 물엿, 향료를 섞어 43℃의 되직한 페이스트 상태로 만든 것
② **크림 아이싱**
　㈎ 퍼지 아이싱 : 설탕, 버터, 초콜릿, 우유를 주재료로 만든 것
　㈏ 퐁당 아이싱 : 설탕 시럽을 믹싱하여 기포를 넣고 만든 것
　㈐ 마시멜로 아이싱 : 거품을 올린 흰자에 뜨거운 시럽을 첨가하여 만든 것

(2) 아이싱의 끈적거림을 방지하는 방법

① 젤라틴, 한천, 로커스트빈 검, 카라야 검과 같은 안정제를 사용한다.

② 전분, 밀가루와 같은 흡수제를 사용한다.

* 아이싱을 부드럽게 하고 수분 보유력을 높이는 재료 : 물엿, 포도당, 전화당 시럽, 설탕

(3) 굳은 아이싱을 풀어주는 방법

① 35~43℃로 중탕한다.

② 아이싱에 최소의 액체를 넣는다.

③ 데우는 정도로 굳은 아이싱이 풀리지 않으면 설탕 시럽(설탕 : 물 = 2 : 1)을 넣는다.

2 글레이즈

① 글레이즈 : 표면에 광택을 내거나 젤라틴, 시럽, 퐁당, 초콜릿 등을 바르는 것

② 도넛과 케이크의 글레이즈 온도 : 45~50℃

> 🔍 도넛에 설탕으로 아이싱하면 40℃ 전후가 좋고, 퐁당은 38~44℃가 좋다.

3 머랭 * 머랭 : 흰자로 거품을 내고 당분을 넣어 단단하게 만든 것

① **일반 머랭** : 과자나 스펀지 등을 만들 때 사용하며, 가장 기본이 되는 머랭

② **온제 머랭** : 흰자와 설탕을 섞어 43℃로 데워서 사용하는 머랭

③ **이탈리안 머랭(시럽 머랭)** : 흰자를 60% 정도 거품을 낸 후 설탕 100에 물 30 정도를 넣고 114~118℃로 끓인 시럽을 조금씩 부으면서 만든 단단한 머랭

④ **스위스 머랭**

㉮ 흰자 1/3과 설탕 2/3를 섞고 40℃로 데워 사용하되, 레몬즙이나 아세트산을 더하여 만든 머랭

㉯ 나머지 흰자 2/3와 설탕 1/3은 일반 머랭으로 만들어 혼합한다.

㉰ 구웠을 때 표면에 광택이 있다.

4 퐁당 * 설탕의 재결정성 이용

설탕 100에 대하여 물 30을 넣고 114~118℃로 끓인 후 희고 뿌연 상태로 재결정화시킨 것으로, 38~44℃에서 사용한다.

5 버터 크림

버터에 시럽(설탕 100에 물 30을 넣고 114~118℃로 끓인 후 냉각)을 넣고 휘핑하여 사용한다.

예상문제

1. 무스 크림을 만들 때 가장 많이 이용되는 머랭의 종류는?

① 냉제 머랭　　　　　　　② 온제 머랭
③ 스위스 머랭　　　　　　④ 이탈리안 머랭

해설 이탈리안 머랭은 무스 케이크나 과자와 같이 익히지 않는 제품을 만들기에 좋다.

2. 아이싱에 많이 쓰이는 퐁당을 만들 때 끓이는 온도로 알맞은 것은?

① 106~110℃　　　　　　② 108~112℃
③ 114~118℃　　　　　　④ 120~124℃

정답 1. ④　2. ③

---

3 제품 포장의 목적

1 포장

포장은 제품의 유통 과정에서 제품의 가치 및 상태를 보호하기 위해 적절한 포장재에 담는 과정으로, 35~40℃가 적합하다.

2 포장의 목적

① 상품으로서의 가치를 높여준다.
② 수분 손실을 막아 노화를 지연시킨다.
③ 미생물의 침투를 막아 오염되지 않도록 한다.
④ 소비자가 사용하기 쉽도록 하기 위한 것이다.
⑤ 보관, 운송, 판매 등 일련의 작업을 능률적으로 하기 위한 것이다.

- 높은 온도에서 포장하면 썰기 어려워 찌그러지기 쉽고, 곰팡이가 생기기 쉽다.
- 낮은 온도에서 포장하면 수분 손실이 많아 노화가 가속되고 껍질이 건조해진다.

4 포장재별 특성과 포장 방법

1 포장재별 특성

① **폴리에틸렌(PE)** : 수분 차단성이 좋고 가격이 저렴하여 저지방 식품의 간이 포장에 사용된다.

② **폴리스티렌(PS)** : 가볍고 단단한 투명 재료이지만 충격에 약하다. 용기면, 달걀용기, 육류나 생선류의 트레이로 사용된다.

③ **폴리프로필렌(PP)** : 투명성, 표면 광택도, 기계적 강도가 좋아 각종 스낵류, 빵류, 라면류 등 유연 포장에 사용된다.

④ **오리엔티드 폴리프로필렌(OPP)** : 가열 접착을 할 수 없고 가열에 의해 수축하지만 투명성, 방습성, 내유성이 우수한 특징이 있다.

2 포장 방법

① **용기 충전 포장** : 액체 식품 포장법으로, 종이 용기나 플라스틱 용기에 충전한 후 밀봉하는 방식

② **진공 포장** : 포장기의 내부 공기가 진공 펌프로 빠져나가 진공상태가 된 후 히터로 완전히 열접착하는 방식

③ **가스 충전 포장** : 유제품, 식육 가공품, 유제품 내부의 공기를 불활성가스로 치환하는 방법으로, 식품의 종류에 따라 질소가스 또는 탄산가스로 충전하는 방식

④ **제대 충전 포장** : 캔디, 스낵식품의 과자류, 분말식품이나 유제품, 식육 가공품의 포장법으로, 포장 재료를 제대하여 만든 봉지에 제품을 충전한 후 밀봉하는 방식

⑤ **성형 충전 포장** : 의약품 정제 PTP 포장, 슬라이스햄 등의 진공 포장법으로, 플라스틱 시트를 가열하면서 내용품에 맞춰 성형한 용기에 제품을 채워 밀봉하는 방식

5 제품 관리

1 노화

① **껍질의 노화** : 시간이 지나면서 빵 속 수분이 껍질로 옮겨져 껍질이 눅눅해지고 질겨진다.

㉮ 신선한 빵의 껍질 : 바삭바삭하고 빵 특유의 좋은 냄새가 난다.

㉯ 노화된 빵의 껍질 : 빵 속이 부드러워지고 향이 좋지 않다.

② **빵 속의 노화** : 시간이 지나면서 빵 속 수분(43%)이 빠져나가 탄력을 잃고 향미가 떨어진다.

　㉮ 신선한 빵의 속 : 수분이 많고 부드럽다.

　㉯ 노화된 빵의 속 : 수분이 빠져나가 거칠어지고 탄력성을 잃고 향이 나빠진다.

2 부패

식품이 미생물이나 효소의 작용에 의해 분해되어 변질이 일어나 먹을 수 없게 되는 현상을 말한다.

① 단백질이 많이 함유된 식품은 부패에 의해 암모니아, 아민, 유기산이 생성된다.

② 과실에서는 당이 발효되어 유기산이 생성된다.

예상문제

1. 빵의 노화현상이 아닌 것은?

① 풍미의 변화　　　　　　　② 탄력성 상실

③ 껍질이 질겨짐　　　　　　④ 곰팡이 발생

해설 곰팡이 발생은 빵의 부패현상이며 먹을 수 없는 상태이다.

정답 1. ④

---

6 저장 방법의 종류 및 특징

① **냉장·냉동법** : 10℃ 이하에서는 번식 억제, −5℃ 이하에서는 번식이 불가능하다.

② **건조법** : 일반적으로 세균은 수분 15% 이하에서는 번식하지 못한다.

③ **가열 살균법** : 영양소 파괴가 우려되긴 하지만 보존성이 좋다.

　㉮ 저온 장시간 살균법 : 63~65℃에서 30분간 가열 후 급랭

　　예 우유, 술, 과즙, 소스

　㉯ 고온 단시간 살균법 : 70~75℃에서 15초간 가열　예 통조림 살균법

　㉰ 초고온 순간 살균법 : 130~140℃에서 2초간 가열 후 급랭시키는 방법이다.

　　예 우유, 과즙

　㉱ 초음파 가열 살균법 : 초음파로 단시간 처리하는 방법　* 장점 : 품질과 영양가 유지

> 냉장고가 2개인 경우에는 생식품과 조리된 식품을 서로 다른 냉장고에 보관하여 교차오염을 차단할 수 있도록 한다.

7 유통·보관 방법

① **실온 유통 제품** : 실온은 1~35℃이며 제품의 특성에 따라 봄, 여름, 가을, 겨울을 고려하여 선택한다.

② **상온 유통 제품** : 상온은 15~25℃이며 25℃를 포함하여 선택한다.

③ **냉장 유통 제품** : 냉장은 0~10℃이며 10℃를 포함한 냉장 온도를 선택한다.

④ **냉동 유통 제품** : 냉동은 −18℃ 이하이며, 품질 변화가 최소화될 수 있는 냉동 온도를 선택한다.

> 🔍 **유통기한**
> 유통기한은 유통업체 입장에서 제품을 소비자에게 판매해도 되는 최종 기한을 의미한다.

예상문제 🏷

1. 우유를 살균할 때 많이 이용되는 저온 장시간 살균법으로 가장 적합한 온도는?

① 18~20℃　　　　　　　② 38~40℃
③ 45~50℃　　　　　　　④ 63~65℃

정답 1. ④

8 저장·유통 중 변질 및 오염원 관리 방법

1 식품의 변질

① **부패** : 단백질을 주성분으로 하는 식품이 미생물, 혐기성 세균의 번식에 의해 분해되어 유해 물질이 생성되는 현상을 말한다.

② **발효** : 미생물이 번식하여 식품의 성질이 변화되는 현상이다.

　예 빵, 술, 간장, 된장　＊ 발효는 변화가 인체에 유익한 경우이다.

③ **변패** : 탄수화물을 많이 함유하는 식품이 미생물의 분해작용으로 맛이나 냄새가 변화되는 현상이다.

④ **산패** : 유지나 유지 식품이 보존, 조리, 가공 중 변화되어 불쾌한 냄새가 나고 맛, 색의 변화로 품질이 떨어지는 현상이다.

2 식품의 변질에 영향을 미치는 미생물의 증식 조건

식품의 변질에 영향을 미치는 미생물의 증식 조건에는 온도, pH, 수분, 산소, 영양소, 삼투압 등이 있다.

(1) 온도   * 일반적으로 0℃ 이하, 80℃ 이상에서는 발육이 억제된다.

① **저온균** : 0~20℃
② **중온균** : 20~40℃   * 대부분의 병원성 세균
③ **고온균** : 50~70℃

(2) pH(수소 이온 농도)

① **효모, 곰팡이** : pH 4~6(산성)
② **일반 세균** : pH 6.5~7.5(약산성~중성)
③ **콜레라균** : pH 8~8.6(알칼리성)

(3) 수분

① **증식 촉진 수분 함량** : 60~65%, **증식 억제 수분 함량** : 13~15%
② **수분활성도(Aw)** : 세균 0.95 이하, 효모 0.87, 곰팡이 0.8일 때 억제된다.

$$수분활성도 = \frac{식품의\ 수분의\ 수증기압}{순수한\ 물의\ 수증기압}$$

(4) 산소

① **절대 호기성 세균** : 산소가 충분히 공급되어야 잘 자라는 세균
② **통성 호기성 세균** : 산소가 충분히 있어야 잘 자라며, 없어도 성장 가능한 세균
③ **절대 혐기성 세균** : 산소가 전혀 없어야 잘 자라는 세균
④ **통성 혐기성 세균** : 산소가 없어야 잘 자라며, 있어도 잘 자라는 세균

(5) 영양소

에너지원(탄소원), 질소원(아미노산), 무기질, 비타민, 기타 성장에 필요한 요소들이 양분을 통해 모든 미생물에 충분히 공급되어야 한다.

(6) 삼투압

① 설탕, 식염에 의한 삼투압은 일반적으로 세균 증식을 억제한다.
② 일반 세균은 3% 식염에서 증식 억제, 호염 세균은 3%의 식염에서 증식, 내염성 세균은 8~10% 식염에서 증식한다.

🔍 **수분활성도**

미생물은 수분활성도가 낮으면 증식이 억제되고, 곡류나 건조 식품은 육류, 과일, 채소류보다 수분활성도가 낮다.

예상문제 🎯

1. 탄수화물을 많이 함유한 식품이 미생물의 분해작용으로 인해 맛이나 냄새가 변화되는 현상은?

① 발효 　　　　　　　　　　　② 변패
③ 산패 　　　　　　　　　　　④ 부패

2. 효모나 곰팡이가 잘 자라는 pH 범위는?

① pH 4~6 　　　　　　　　　② pH 5.5~6.5
③ pH 6~7 　　　　　　　　　④ pH 7.5~8.6

해설 • pH 4~6 : 효모, 곰팡이 　• pH 6.5~7.5 : 일반 세균 　• pH 8~8.6 : 콜레라균

3. 식품의 변질에 관여하는 요인과 거리가 먼 것은?

① pH 　　　　　　　　　　　② 산소
③ 압력 　　　　　　　　　　　④ 영양소

해설 식품 변질에 영향을 미치는 미생물의 증식 조건에는 온도, pH, 수분, 산소, 영양소, 삼투압 등이 있다.

정답 1. ② 　2. ① 　3. ③

제빵
기능사필기

제 **6** 편

제빵기능사
출제문제

- 기출 모의고사

- 2020년 복원문제

🔍 기출 모의고사는 실제 정기 검정에서 출제된 문제로 구성하였습니다.

기출 모의고사

1. 식빵의 밑부분이 움푹 들어가는 원인으로 알맞지 않은 것은?

① 2차 발효실의 습도가 높을 때
② 팬의 바닥에 수분이 있을 때
③ 오븐 바닥의 열이 낮을 때
④ 팬에 기름칠을 하지 않았을 때

해설 오븐 바닥의 열이 높을 때 식빵의 밑부분이 움푹 들어간다.

2. 다음 중 수소를 첨가하여 만든 제품은?

① 생크림   ② 쇼트닝
③ 라드   ④ 양기름

해설 쇼트닝이나 마가린은 동·식물성 유지에 수소를 첨가하여 만든 제품이다.

3. 스트레이트법의 반죽 순서로 알맞은 것은?

① 반죽 – 성형 – 분할 – 발효 – 굽기
② 반죽 – 발효 – 분할 – 성형 – 굽기
③ 반죽 – 분할 – 성형 – 발효 – 굽기
④ 반죽 – 발효 – 성형 – 부할 – 굽기

해설 스트레이트법의 반죽 순서
배합표 작성 → 재료 계량 → 전처리 → 반죽(믹싱) → 1차 발효 → 분할 → 둥글리기 → 중간 발효 → 정형 → 패닝 → 2차 발효 → 굽기 → 냉각

4. 제빵에 있어서 발효의 주된 목적은?

① 이스트를 증식시킨다.

② 탄산가스와 알코올을 생성시킨다.
③ 분할 및 성형이 잘되도록 한다.
④ 가스를 포용할 수 있는 상태로 글루텐을 연화시킨다.

해설 발효는 이스트로 인해 탄수화물이 탄산가스와 알코올로 변환되고 가스 유지력이 좋아진다.

5. 커스터드 크림의 재료에 속하지 않는 것은?

① 우유   ② 달걀
③ 설탕   ④ 생크림

해설 커스터드 크림은 우유, 설탕, 달걀을 섞고 안정제를 넣어 끓인 크림으로 슈, 크림빵 또는 아이싱에 사용된다.

6. 식빵 반죽의 표면에 기포가 생기는 이유로 알맞은 것은?

① 발효가 과다할 때
② 된반죽일 때
③ 오븐 윗불 온도가 낮을 때
④ 2차 발효 습도가 높을 때

해설 식빵 반죽의 표면에 기포가 생기는 경우
• 발효가 부족할 때
• 진반죽일 때
• 오븐 윗불 온도가 높을 때
• 2차 발효 습도가 높을 때

7. 제빵에서 밀가루, 이스트, 물과 함께 기본적

인 필수 재료는?

① 분유　　　　　② 유지

③ 소금　　　　　④ 설탕

해설 제빵의 기본적인 필수 재료는 밀가루, 이스트, 물, 소금이다.

8. 튀김 기름의 산패를 일으키는 원인 요소와 가장 거리가 먼 것은?

① 산소　　　　　② 금속

③ 열　　　　　　④ 수소

해설 튀김 기름의 산패를 일으키는 원인 요소는 열, 수분, 산소, 금속, 이물질이다.

9. 제빵에서 사용하는 측정 단위에 대한 설명으로 틀린 것은?

① 온도는 물체의 뜨겁고 찬 정도를 수량으로 나타낸 것이다.

② 무게보다 부피 단위로 계량한다.

③ 우리나라에서는 섭씨를 사용한다.

④ 원료의 무게를 측정하는 것을 계량이라 한다.

해설 제빵에서 사용하는 측정 단위는 부피보다 무게 단위로 계량한다.

10. 고율 배합의 제품을 굽는 방법으로 알맞은 것은?

① 저온 단시간

② 고온 단시간

③ 저온 장시간

④ 고온 장시간

해설 고율 배합은 설탕의 사용량이 밀가루보다 많은 것을 말하며, 고율 배합의 제품은 낮은 온

도에서 오래 구워야 한다.

11. 이스트를 사용하지 않고 호밀가루나 밀가루, 대기 중에 존재하는 이스트나 유산균을 물과 반죽하여 배양한 발효종을 이용하는 제빵법은?

① 스펀지/도우법

② 액체 발효법

③ 샤워종법

④ 오버 나이트 스펀지법

12. 안치수 지름이 12cm, 높이가 4cm인 둥근 틀에 빵 반죽을 채우려고 한다. 반죽이 1g당 2.4cm³의 부피를 가진다면 이 틀에 약 몇 g의 반죽을 넣어야 알맞은가?

① 63g　　　　　② 95g

③ 130g　　　　　④ 188g

해설 틀 부피 = 반지름×반지름×3.14×높이
$$= 6 \times 6 \times 3.14 \times 4$$
$$= 452.16 \text{cm}^3$$

$$\therefore \text{반죽 무게} = \frac{\text{틀 부피}}{\text{비용적}} = \frac{452.16}{2.4}$$
$$\fallingdotseq 188g$$

13. 제빵에서 설탕의 기능이 아닌 것은?

① 이스트의 영양분이 된다.

② 껍질색이 나게 한다.

③ 향을 좋게 한다.

④ 노화를 촉진시킨다.

해설 설탕은 흡수율을 증가시켜 노화를 지연시키며, 일부는 이스트의 먹이로 사용되고 껍질색이 나게 한다.

14. 어린 반죽으로 제조를 할 경우 중간 발효 시간은 어떻게 되는가?

① 같다.

② 짧아진다.

③ 길어진다.

④ 일정하다.

해설 어린 반죽은 숙성이 덜 된 반죽으로 발효 시간이 짧을 때 나타나므로 중간 발효시간을 늘려서 부피나 속 색깔 등을 조절할 수 있다.

15. 발효에 직접적으로 영향을 주는 요소와 가장 거리가 먼 것은?

① 반죽 온도

② 반죽의 pH

③ 이스트의 양

④ 달걀의 신선도

해설 발효에 영향을 주는 요소는 반죽 온도, 이스트의 양, 반죽의 pH, 이스트 푸드 등이 있다.

16. 어떤 빵의 굽기 손실이 12%일 때 완제품의 무게를 600g으로 만들려면 분할 무게는 약 몇 g으로 하면 되는가?

① 612g　　　　② 682g

③ 702g　　　　④ 712g

해설 분할 무게 $= \dfrac{\text{완제품 무게}}{1 - \text{굽기 손실}} = \dfrac{600}{1 - 0.12}$

$\doteqdot 682g$

17. 오랜 시간 발효 과정을 거치지 않고 배합 후 정형하여 2차 발효를 하는 제빵법은?

① 재반죽법

② 스트레이트법

③ 노타임법

④ 스펀지/도우법

해설 노타임법은 산화제와 환원제를 사용하여 1차 발효시간을 단축함으로써 배합 후 바로 정형하여 2차 발효를 하는 제빵법이다.

18. 일반적으로 빵의 노화현상에 따른 변화와 거리가 먼 것은?

① 수분 손실

② 탄력성 상실

③ 향의 손실

④ 곰팡이 발생

해설 곰팡이가 발생하는 것은 빵의 부패현상이다.

19. 다음은 어떤 공정의 목적을 나타낸 것인가?

자른 면의 점착성을 감소시키고 겉껍질을 형성하여 탄력을 유지시킨다.

① 분할

② 둥글리기

③ 중간 발효

④ 정형

해설 둥글리기는 반죽을 분할할 때 절단면의 점착성을 줄이고 흐트러진 글루텐을 정돈하며, 중간 발효에서 생성되는 가스 보유력을 유지시키기 위한 공정이다.

20. 빵 반죽의 글루텐을 구성하는 단백질은 약 몇 ℃에서 열변성이 시작되는가?

① 20~30℃

② 40~50℃

③ 60~70℃

④ 90~100℃

21. 빵의 노화를 지연시키는 경우에 대한 설명이 아닌 것은?

① 저장 온도를 −18℃ 이하로 유지한다.
② 21~35℃에서 보관한다.
③ 고율 배합으로 한다.
④ 냉장고에서 보관한다.

해설 빵을 냉장고에서 보관하면 수분 손실이 많아져 노화가 촉진된다.

22. 이스트 푸드에 대한 설명으로 틀린 것은?

① 발효를 조절한다.
② 밀가루 무게 대비 1~5%를 사용한다.
③ 이스트의 영양을 보급한다.
④ 반죽 조절제로 사용한다.

해설 이스트 푸드는 밀가루 무게 대비 0.2%를 사용한다.

23. 이스트 2%를 사용했을 때 150분 발효시켜 좋은 결과를 얻었다면 100분 발효시켜 같은 결과를 얻기 위해 이스트를 어느 정도 사용하면 좋은가?

① 1%   ② 2%
③ 3%   ④ 4%

해설 변경할 이스트의 양

$$= \frac{\text{정상 이스트 양} \times \text{정상 발효시간}}{\text{변경할 발효시간}}$$
$$= \frac{2 \times 150}{100} = 3\%$$

24. 아밀로그래프의 설명으로 틀린 것은?

① 전분의 점도 측정
② 전분의 다소 측정
③ 아밀라아제의 효소 능력 측정
④ 전분의 호화를 BU 단위로 측정

해설 아밀로그래프는 전분의 점도, 아밀라아제의 활성도, 전분의 호화를 측정할 때 사용한다.

25. 제빵 냉각법으로 적합하지 않은 것은?

① 급속 냉각
② 자연 냉각
③ 터널식 냉각
④ 에어컨디션식 냉각

해설 제빵 시 급속 냉각을 하면 수분이 손실되어 크러스트(껍질)에 균열이 생긴다.

26. 반죽을 팬에 넣기 전 팬에서 제품이 잘 떨어지도록 하기 위해 이형유를 사용하는데, 그 설명으로 틀린 것은?

① 이형유는 고온이나 산패에 안정해야 한다.
② 이형유는 발연점이 높은 것을 사용해야 한다.
③ 이형유의 사용량은 반죽 무게의 5% 정도이다.
④ 이형유의 사용량이 많으면 튀김현상이 나타난다.

해설 팬 오일은 발연점이 높은 것을 사용하며, 반죽 무게의 0.1~0.2% 정도를 사용한다.

27. 우유 가공품과 거리가 먼 것은?

① 치즈
② 마요네즈
③ 연유
④ 생크림

해설 치즈는 우유 단백질(카세인)을 레닌에 의해 응고시킨 것, 연유는 우유를 농축시킨 것, 생크림은 우유의 유지방을 농축시킨 것이다.

28. 제과·제빵에서 설탕의 주요 기능이 아닌 것은?

① 감미제의 역할을 한다.
② 껍질색을 좋게 한다.
③ 수분 보유제로 노화를 지연시킨다.
④ 밀가루 단백질을 강하게 만든다.

해설 설탕의 기능 : 감미제의 역할, 껍질색을 좋게, 노화 지연, 발효 조절, 밀가루 연화작용

29. 유지의 발연점에 영향을 주는 요인으로 거리가 먼 것은?

① 유리 지방산의 함량
② 외부에서 들어온 미세한 입자상의 물질들
③ 노출된 유지의 표면적
④ 이중 결합의 위치

해설 유리 지방산 함량이 많을수록, 기름 이외의 이물질이 많을수록, 노출된 유지의 표면적이 넓을수록 유지의 발연점이 내려간다.

30. 과당이나 포도당을 분해하여 CO_2 가스와 알코올을 만드는 효소는?

① 말타아제
② 인베르타아제
③ 프로테아제
④ 치마아제

해설 치마아제는 제빵용 이스트 속에 들어 있는 산화 효소로, 과당이나 포도당을 분해하여 이산화탄소와 알코올을 생성한다.

31. 강력분의 특성으로 알맞지 않은 것은?

① 중력분이나 박력분에 비해 단백질 함량이 많다.

② 비스킷과 튀김옷의 용도로 사용된다.
③ 박력분에 비해 점탄성이 크다.
④ 경질소맥을 원료로 하여 만든다.

해설 비스킷과 튀김옷은 바삭한 식감을 위해 단백질 함량이 적은 밀가루를 사용한다.

32. 제빵에서 쇼트닝의 가장 중요한 기능은?

① 자당, 포도당 분해
② 유단백질의 완충작용
③ 윤활작용
④ 글루텐 강화

해설 쇼트닝은 구워진 제품에 윤활성을 주어 제품에 부드러움과 바삭함을 준다.

33. 달걀의 성분 중 마요네즈의 제조에 이용되는 것은?

① 글루텐
② 레시틴
③ 카세인
④ 모노글리세라이드

해설 마요네즈는 달걀노른자에 함유된 레시틴의 유화성을 이용하여 만든 것이다.

34. 이스트의 기능이 아닌 것은?

① 팽창 역할
② 향 형성
③ 윤활 역할
④ 반죽의 숙성

해설 윤활 역할은 쇼트닝의 기능이다.

35. 어떤 물속에 녹아 있는 칼슘(Ca)과 마그

네슘(Mg)염을 탄산칼슘($CaCO_3$)으로 환산한 경도가 200ppm일 때, 이 물은 어떤 물에 속하는가?

① 경수 　　　　② 아경수

③ 연수 　　　　④ 아연수

해설 ・연수 : 60ppm 이하

・아연수 : 61~120ppm 미만

・아경수 : 120~180ppm 미만

・경수 : 180ppm 이상

36. 무게가 100g인 빈 컵에 물을 가득 채웠더니 240g이 되었다. 물을 빼고 주스를 부었더니 254g이 되었다면 주스의 비중은?

① 1.03 　　　　② 1.1

③ 1.52 　　　　④ 3.05

해설 비중 = $\dfrac{\text{주스를 담은 컵 무게} - \text{컵 무게}}{\text{물을 담은 컵 무게} - \text{컵 무게}}$

$= \dfrac{254-100}{240-100} \fallingdotseq 1.1$

37. 식빵 제조 시 부피가 너무 큰 원인이 되는 것은?

① 배합한 물이 부족할 때

② 오븐의 온도가 높을 때

③ 숙성이 덜 된 소맥분을 사용했을 때

④ 소금의 양이 부족할 때

해설 식빵 제조 시 소금의 양이 많으면 부피가 작아지고, 적으면 부피가 커지는 원인이 된다.

38. 빵 반죽에서 손 분할이나 기계 분할은 가능한 몇 분 이내에 완료하는 것이 좋은가?

① 10~15분

② 15~20분

③ 20~25분

④ 25~30분

해설 시간이 지날수록 발효가 계속 진행되므로 손 분할이나 기계 분할은 15~20분 이내에 완료하는 것이 좋다.

39. 빵의 품질 평가 방법 중 내부 특성에 대한 평가 항목이 아닌 것은?

① 기공

② 조직

③ 속 색

④ 껍질의 특성

해설 껍질의 특성은 외부 특성에 대한 평가 항목이다.

40. 성형한 식빵 반죽을 팬에 넣을 때 이음매의 위치는 어느 쪽이 가장 좋은가?

① 왼쪽

② 오른쪽

③ 아래

④ 위

해설 성형한 반죽을 팬에 넣을 때 이음매의 위치는 아래로 향하도록 패닝한다.

41. 일반 식염을 구성하는 대표적인 원소는?

① 나트륨, 염소

② 칼슘, 탄소

③ 마그네슘, 염소

④ 칼슘, 탄소

해설 식염(NaCl)은 나트륨(Na)과 염소(Cl)로 구성된 화합물로, 발효를 조절하고 글루텐을 강화시키며 방부 효과를 한다.

42. 패리노그래프에 관한 설명으로 알맞지 않은 것은?

① 글루텐 흡수율 측정
② 믹싱시간 측정
③ 믹싱 내구성 측정
④ 전분의 점도 측정

해설 패리노그래프
• 글루텐 흡수율 측정
• 믹싱시간 측정
• 믹싱 내구성 측정

43. 다음 중 4대 기본 맛이 아닌 것은?

① 단맛　　　　② 떫은 맛
③ 짠맛　　　　④ 신맛

해설 4대 기본 맛 : 단맛, 신맛, 짠맛, 쓴맛

44. 밀가루의 아밀라아제 활성 정도를 측정하는 기계는?

① 아밀로그래프
② 패리노그래프
③ 익스텐소그래프
④ 믹소그래프

해설 아밀로그래프는 밀가루의 호화 정도, 밀가루 전분의 질, 아밀리아제의 활성 정도를 측정한다.

45. 우유를 살균할 때 많이 이용되는 저온 장시간 살균법으로 가장 적합한 온도는?

① 18~20℃　　　② 38~40℃
③ 63~65℃　　　④ 78~80℃

해설 저온 장시간 살균법은 63~65℃에서 30분간 가열하는 방법이다.

46. 다음 중 단당류가 아닌 것은?

① 포도당　　　　② 과당
③ 유당　　　　　④ 갈락토오스

해설 유당은 이당류이며, 가수분해 시 포도당과 갈락토오스를 생성한다.

47. 어떤 밀가루 100g이 수분 11%, 단백질 12%, 탄수화물 72%, 지방 1.5%, 기타 4%로 구성되었을 때, 이 밀가루의 1g당 열량은?

① 약 1.0kcal
② 약 3.5kcal
③ 약 6.8kcal
④ 약 8.1kcal

해설 $1g$당 열량 $= \dfrac{\text{열량}}{100}$

• 탄수화물 : $\dfrac{72 \times 4}{100} = 2.88\text{kcal}$

• 단백질 : $\dfrac{12 \times 4}{100} = 0.48\text{kcal}$

• 지방 : $\dfrac{1.5 \times 9}{100} = 0.135\text{kcal}$

∴ 밀가루 $1g$당 열량 $= 2.88 + 0.48 + 0.135$
$\fallingdotseq 3.5\text{kcal}$

48. 단백질의 소화 효소가 아닌 것은?

① 리파아제
② 키모트립신
③ 아미노 펩티다아제
④ 펩신

해설 리파아제는 지방 분해 효소이다.

49. 성장 촉진작용을 하며 피부나 점막을 보호하고, 부족하면 구각염이나 설염을 유발하는 비타민은?

① 비타민 A

② 비타민 B_1

③ 비타민 B_2

④ 비타민 B_{12}

해설 비타민 B_2(리보플라빈)는 성장 촉진작용을 하며 결핍 시 발육 장애, 구각염, 설염, 피부염을 유발한다.

---

50. 잎을 건조시켜 만든 향신료는?

① 계피   ② 넛메그

③ 올스파이스   ④ 오레가노

해설 오레가노는 꽃이 피는 시기에 수확하며 잎을 말려 향신료로 쓰고, 피자 제조 시 많이 사용한다.

---

51. 필수 지방산의 결핍으로 인해 발생할 수 있는 것은?

① 신경통   ② 결막염

③ 안질   ④ 피부염

해설 필수 지방산은 체내에서 합성되지 않으므로 반드시 음식의 섭취를 통해 공급되어야 하는 지방산으로, 결핍되면 성장이 멈추거나 피부병을 유발한다.

---

52. 부패의 화학적 판정 시 이용되는 지표 물질은?

① 대장균군

② 곰팡이독

③ 휘발성 염기 질소

④ 휘발성유

해설 부패의 화학적 판정에 이용되는 지표 물질은 휘발성 염기 질소, 트리메틸아민, 히스타민 등이다.

---

53. 해수(海水) 세균의 일종으로 식염 농도 3%에서 잘 생육하며, 어패류를 생식할 경우 중독되기 쉬운 균은?

① 보툴리누스균

② 장염 비브리오균

③ 웰치균

④ 살모넬라균

해설 장염 비브리오균은 해수 세균의 일종으로, 3~4%의 식염 농도에서 잘 자란다. 어패류를 생식할 경우 중독되기 쉬우므로 반드시 가열한 후 섭취한다.

---

54. HACCP 적용의 7가지 원칙에 해당하지 않는 것은?

① 검증 방법 설정

② 위해요소 분석

③ 중점관리기준 결정

④ HACCP 팀 구성

해설 HACCP 적용의 7가지 원칙

• 위해요소 분석과 위해 평가

• 중점관리기준 결정

• CCP에 대한 한계 기준 설정

• CCP 모니터링 방법 설정

• 개선 조치 설정

• 기록 유지 및 문서 유지

• 검증 방법 수립

---

55. 식기나 기구의 오용으로 구토, 경련, 설사, 골연화증의 증상을 일으키며 이타이이타이병의 원인이 되는 유해성 금속 물질은?

① 비소(As)   ② 아연(Zn)

③ 카드뮴(Cd)   ④ 수은(Hg)

해설 • 카드뮴 : 이타이이타이병

• 수은 : 미나마타병

---

56. 법정 감염병 중 제2급 감염병에 해당되는 것은?

① 메르스

② 파상풍

③ 세균성 이질

④ 에볼라바이러스병

해설 • 제2급 감염병 : 결핵, 수두, 홍역, 콜레라, 장티푸스, 세균성 이질, A형간염
• 제1급 감염병 : 메르스, 에볼라바이러스병
• 제3급 감염병 : 파상풍

57. 오염된 우유를 먹었을 때 발생할 수 있는 인수공통 감염병이 아닌 것은?

① 파상열   ② 결핵

③ Q열   ④ 야토병

해설 • 인수공통 감염병은 사람과 동물이 같은 병원체에 의해 발생하는 질병이다.
• 야토병은 병에 걸린 토끼고기나 모피에 의해 감염된다.

58. 중독 시 두통, 현기증, 구토, 설사 등과 시신경 염증을 유발시켜 실명의 원인이 되는 화학물질은?

① 카드뮴(Cd)

② PCB

③ 메탄올

④ 유기수은제

해설 메탄올에 중독되면 경증일 때는 두통, 현기증, 구토, 실명을 일으키지만 중증일 때는 정신 이상이나 사망에 이른다.

59. 바이러스가 원인인 감염병은?

① 간염

② 장티푸스

③ 파라티푸스

④ 콜레라

해설 장티푸스, 파라티푸스, 콜레라는 세균성 감염병이다.

60. 허가된 천연 유화제에 해당되는 것은?

① 구연산

② 고시폴

③ 레시틴

④ 세사몰

해설 난황에 들어 있는 레시틴 성분은 천연 유화제로, 마가린이나 마요네즈 등을 만드는 데 이용된다.

1. 식빵을 패닝할 때 일반적으로 권장하는 팬의 온도는?

① 22℃   ② 27℃

③ 32℃   ④ 37℃

해설 팬의 온도가 너무 낮으면 2차 발효시간이 길어지므로 온도는 30~35℃로 하여 팬의 크기에 알맞게 반죽을 담는다.

2. 글레이즈를 할 때 가장 알맞은 온도는?

① 49℃   ② 39℃

③ 29℃   ④ 19℃

해설 글레이즈란 마무리 과정 중 하나로 과자의 표면에 윤기를 주기 위해 시럽, 퐁당, 초콜릿 등을 바르는 작업이며, 온도는 45~50℃가 적합하다.

3. 빵 제품의 껍질색이 연하고 부스러지기 쉬운 경우 가장 크게 영향을 미치는 요인은?

① 지나친 발효   ② 부족한 발효

③ 지나친 반죽   ④ 부족한 반죽

해설 발효가 지나치면 껍질색이 연하고 부스러질 정도로 조직이 거칠다. 내부에 큼직한 구멍이 생기고 브레이크와 슈레드가 생기지 않는다.

4. 굽기 후 빵을 썰어 포장하기에 가장 좋은 온도는?

① 17℃   ② 27℃

③ 37℃   ④ 47℃

해설 빵 포장 온도는 35~40℃가 가장 좋으며, 온도가 너무 높으면 썰기가 나쁘고 너무 낮으면 노화가 빠르다.

5. 일반적으로 우유 1L로 만든 커스터드 크림과 무가당 휘핑크림 1L로 만든 생크림을 혼합하여 만드는 제품은?

① 퐁당

② 마시멜로

③ 퍼지 아이싱

④ 디프로매트 크림

해설 디프로매트 크림은 커스터드 크림과 무가당 휘핑크림을 혼합하여 만든 것이다.

6. 500g의 완제품 식빵 200개를 만들려고 할 때 발효 손실이 1%, 굽기 및 냉각 손실이 12%, 총 배합률이 180%라면 밀가루의 무게는 약 몇 kg인가?

① 47kg   ② 55kg

③ 64kg   ④ 71kg

해설 • 완제품 무게 $= 500g \times 200 = 100000g$

$$= 100kg$$

• 총 반죽 무게

$$= \frac{완제품\ 무게}{(1-굽기 \cdot 냉각\ 손실)(1-발효\ 손실)}$$

$$= \frac{100}{(1-0.12)(1-0.01)} ≒ 115g$$

∴ 밀가루 무게 $= \dfrac{총\ 반죽\ 무게}{총\ 배합률}$

$$= \frac{115}{1.8}$$

$$≒ 64kg$$

7. 2차 발효실의 온도와 습도로 적합한 것은?

① 온도 27~29℃, 습도 90~100%

② 온도 38~40℃, 습도 90~100%

③ 온도 38~40℃, 습도 80~90%

④ 온도 27~29℃, 습도 80~90%

해설 2차 발효실의 온도는 35~40℃, 습도는 75~90%이 적합하다.

8. 제빵용 이스트에 의해 분해가 이루어지지 않는 당은?

① 포도당　　　　② 유당

③ 과당　　　　　④ 맥아당

해설 유당은 락타아제에 의해 분해되며 제빵용 이스트에 의해 분해되지 않는다.

9. 오븐의 온도가 높을 때 식빵 제품에 미치는 영향이 아닌 것은?

① 부피가 작다.

② 껍질색이 진하다.

③ 언더 베이킹이 되기 쉽다.

④ 질긴 껍질이 된다.

해설 오븐의 온도가 높으면 식빵 제품의 껍질색이 진해지고 팽창이 작아지며 언더 베이킹이 되기 쉽다.

10. 식빵 제조 시 설탕을 많이 사용했을 경우 껍질색은 어떻게 되는가?

① 색이 연하다.

② 색이 진하다.

③ 회색을 띤다.

④ 설탕의 양과 무관하다.

해설 당류의 캐러멜화와 메일라드 반응으로 인

해 껍질색이 나는데, 설탕 사용량이 많아지면 껍질색이 진해진다.

11. 연속식 제빵법의 특징이 아닌 것은?

① 발효 손실 감소

② 설비, 설비 면적 감소

③ 노동력 감소

④ 일시적 기계 구입 비용의 경감

해설 연속식 제빵법은 일시적 기계 구입 비용이 많지만 적은 인원으로 많은 빵을 만들 수 있어 대규모 공장의 대량 생산에 적합하다.

12. 원형 팬의 용적 2.4cm³당 1g의 반죽을 담으려고 한다. 안치수로 팬의 지름이 10cm, 높이가 4cm라면 반죽을 약 얼마로 분할하면 되는가?

① 100g　　　　② 130g

③ 170g　　　　④ 200g

해설 틀 부피 = 반지름 × 반지름 × 3.14 × 높이

$$= 5 \times 5 \times 3.14 \times 4$$
$$= 314 \text{cm}^3$$
$$\therefore \text{반죽의 무게} = \frac{\text{틀 부피}}{\text{비용적}} = \frac{314}{2.4}$$
$$\fallingdotseq 130\text{g}$$

13. 액체 발효법에서 발효점을 측정하는 가장 적합한 방법은?

① 산도 측정

② 거품의 상태

③ 부피의 증가

④ 액의 색 변화

해설 액종의 발효 완료점은 pH로 확인하며 pH 4.2~5가 최적인 상태이다.

14. 초콜릿 제품을 생산하는 데 필요한 기구는?

① 디핑 포크(dipping forks)

② 파리산 나이프(parislenne knife)

③ 파이 롤러(pie roller)

④ 워터 스프레이(water spray)

[해설] 디핑 포크는 초콜릿의 겉면을 다른 초콜릿으로 코팅할 때 사용하는 포크로, 무늬를 낼 때 사용한다.

15. 퐁당 아이싱이 끈적거리거나 포장지에 붙는 경향을 감소시키는 방법으로 옳지 않은 것은?

① 아이싱을 다소 덥게 하여(40℃) 사용한다.

② 젤라틴, 한천 등과 같은 안정제를 적절하게 사용한다.

③ 굳은 것은 설탕 시럽을 첨가하거나 데워서 사용한다.

④ 아이싱에 최대의 액체를 사용한다.

[해설] 퐁당 아이싱이 끈적거리거나 포장지에 붙는 경향을 감소시키기 위해서는 최소의 액체를 사용해야 한다.

16. 포장할 경우 일반적인 빵, 과자 제품의 냉각 온도로 가장 적합한 것은?

① 22℃　　　　② 30℃

③ 37℃　　　　④ 47℃

[해설] 포장할 경우 제품의 온도가 35~40℃일 때 빨리 노화되지 않고 포장지에 수분이 응결되지 않는 최적의 상태가 된다.

17. 일반적인 스펀지/도우법에 의해 식빵을 만들 때 스펀지 배합 후의 반죽 온도로 가장 알맞은 온도는 몇 도인가?

① 18℃　　　　② 24℃

③ 30℃　　　　④ 35℃

[해설] • 스펀지 반죽 온도 : 24℃

• 도우 반죽 온도 : 27℃

18. 일반적으로 2차 발효 시기에는 완제품 용적의 몇 %까지 팽창시키는가?

① 30~40%

② 50~60%

③ 70~80%

④ 90~100%

[해설] 2차 발효는 빵의 부피를 최대한으로 키우고 글루텐을 신장시키기 위한 과정으로, 완제품의 70~80%가 될 때까지 팽창시킨다.

19. 빵의 노화를 지연시키는 방법으로 잘못된 것은?

① −18℃에서 밀봉 보관한다.

② 0~10℃에서 보관한다.

③ 당류를 첨가한다.

④ 방습 포장지로 포장한다.

[해설] 빵의 노화는 실온과 냉장 온도 0~10℃에서 가장 빨리 진행된다.

20. 빵의 냉각 방법으로 가장 적합한 것은?

① 바람이 없는 실내

② 강한 송풍을 이용한 급랭

③ 냉동실에서 냉각

④ 수분 분사 방식

[해설] 바람이 없는 실내의 상온에서 냉각하는 자연 냉각이 가장 좋은 방법이다.

21. 빵을 구울 때 글루텐이 응고되기 시작하는 온도는?

① 37℃   ② 54℃

③ 74℃   ④ 97℃

[해설] 74℃에서 단백질이 열변성을 일으키면 단백질의 물이 전분으로 이동하면서 전분의 호화를 돕는다.

22. 스트레이트법에서 반죽시간에 영향을 주는 요인과 거리가 먼 것은?

① 밀가루의 종류

② 이스트 양

③ 물의 양

④ 쇼트닝 양

[해설] 이스트 양은 반죽시간이 아니라 발효시간에 영향을 주는 요인이다.

23. 다음 중 맥아당이 가장 많이 함유되어 있는 식품은?

① 우유   ② 꿀

③ 설탕   ④ 식혜

[해설] 맥아당은 식혜, 조청, 엿기름에 많이 함유되어 있다.

24. 주로 소규모 제과점에서 자주 사용하며, 거품형 케이크 및 빵 반죽이 모두 가능한 믹서는 어느 것인가?

① 수직형 믹서

② 스파이럴 믹서

③ 수평형 믹서

④ 핀 믹서

[해설] 수직형 믹서는 주로 소규모 제과점에서

빵, 과자 반죽을 만들 때 사용한다.

25. 반죽을 발효시키는 목적이 아닌 것은?

① 향 생성

② 글루텐 응고

③ 반죽의 숙성작용

④ 반죽의 팽창작용

[해설] 글루텐 응고는 발효가 아닌 굽기 과정에서 나타나는 현상이다.

26. 다음 설명 중 틀린 것은?

① 높은 온도에서 포장하면 썰기 어렵다.

② 높은 온도에서 포장하면 곰팡이 발생 가능성이 높다.

③ 낮은 온도에서 포장하면 노화가 지연된다.

④ 낮은 온도에서 포장된 빵은 껍질이 건조하다.

[해설] 낮은 온도에서 포장하면 노화 현상이 빨리 일어날 수 있다.

27. 냉동 반죽 제품의 장점이 아닌 것은?

① 계획 생산이 가능하다.

② 인당 생산량이 증가한다.

③ 이스트 사용량이 감소한다.

④ 반죽의 저장성이 향상된다.

[해설] 반죽을 냉동 저장하면 이스트가 일부 사멸하므로 이스트 사용량을 2배로 늘린다.

28. 둥글리기 하는 동안 반죽의 끈적거림을 없애는 방법으로 잘못된 것은?

① 반죽의 최적인 발효상태를 유지한다.

② 덧가루를 사용한다.

[정답] 21. ③   22. ②   23. ④   24. ①   25. ②   26. ③   27. ③   28. ④

③ 반죽에 유화제를 사용한다.

④ 반죽에 파라핀 용액을 10% 첨가한다.

해설 파라핀 용액은 이형제로, 반죽을 팬에서 잘 떨어지게 하기 위한 첨가물이며 반죽 무게의 0.1~0.2%를 첨가한다.

29. 빵의 노화 속도가 가장 빠른 온도는?

① −1~18℃

② 0~10℃

③ 20~30℃

④ 35~45℃

해설 빵의 노화 속도는 냉장 온도에서 가장 빠르다.

30. 다음 중 오븐에서 빵이 갑자기 팽창하는 현상인 오븐 스프링이 발생하는 이유와 거리가 먼 것은?

① 가스압의 증가

② 알코올의 증발

③ 탄산가스의 증발

④ 단백질의 변성

해설 열에 의해 단백질 변성이 되기 시작하면 오븐에서 빵이 팽창을 멈추기 시작한다.

31. 맥아당을 2분자의 포도당으로 분해하는 효소는?

① α−아밀라아제

② β−아밀라아제

③ 디아스타아제

④ 말타아제

해설 맥아당은 이당류로 엿기름의 주성분이며, 말타아제에 의해 포도당 2분자로 분해된다.

32. 전분에 물을 넣고 가열하면 팽윤되고 전분 입자의 미세 구조가 파괴되는데, 이 현상을 무엇이라 하는가?

① 노화

② 호정화

③ 호화

④ 당화

해설 호화는 전분에 물을 넣고 가열했을 때 전분이 팽창하고 점성이 생겨 팽윤되는 현상이다.

33. 믹싱시간, 믹싱 내구성, 흡수율 등 반죽의 배합이나 혼합을 위한 기초 자료를 제공하는 것은?

① 아밀로그래프

② 익스텐소그래프

③ 패리노그래프

④ 알베오그래프

해설 • 아밀로그래프 : 밀가루 호화 정도, 밀가루 전분의 질 측정

• 익스텐소그래프 : 패리노그래프의 결과 보완, 반죽의 신장성 측정

• 알베오그래프 : 반죽의 신장성, 저항력 측정

34. 비터 초콜릿(bitter chocolate) 32% 중에는 코코아가 몇 % 정도 함유되어 있는가?

① 8%

② 12%

③ 20%

④ 24%

해설 비터 초콜릿의 성분

• 코코아 : 5/8(62.5%)

• 카카오버터 : 3/8(37.5%)

∴ 코코아 함량 = $32 \times \dfrac{5}{8} = 20\%$

정답 29. ② 30. ④ 31. ④ 32. ③ 33. ③ 34. ③

35. 다음 중 감미도가 가장 높은 당은?

① 유당　　　　　② 포도당

③ 설탕　　　　　④ 과당

[해설] 상대적 감미도

과당(175) > 자당(설탕, 100) > 포도당(75) > 유당(16)

36. 이스트가 오븐 내에서 사멸되기 시작하는 온도는?

① 40℃　　　　　② 60℃

③ 75℃　　　　　④ 85℃

[해설] 이스트는 온도가 상승하면 활성이 증가하므로 35℃에서 최대가 되고, 그 이상에서는 활성이 감소하여 60℃가 되면 사멸되기 시작한다.

37. 우유 단백질 중 함량이 가장 많은 것은?

① 락토알부민

② 락토글로불린

③ 글루테닌

④ 카세인

[해설] 카세인은 우유 전체의 3%를 차지하며 우유 단백질의 80%를 차지한다.

38. 산화제를 사용하면 −SH기가 S−S 결합으로 바뀌게 된다. 다음 중 이 반응과 관계가 깊은 것은?

① 밀가루의 단백질

② 밀가루의 전분

③ 고구마의 수분

④ 감자의 지방

[해설] S−S 결합은 밀가루 단백질을 구성하는 최소 단위인 아미노산의 배열 형태를 나타낸다.

39. 다음 중 가소성이 크다는 것을 바르게 설명한 것은?

① 저온에서 너무 단단하지 않으면서 고온에서 너무 무르지 않다.

② 저온에서 너무 무르지 않으면서 고온에서 너무 단단하지 않다.

③ 저온에서는 무르고 고온에서는 단단하다.

④ 저온에서는 단단하고 고온에서는 무르다.

[해설] 가소성은 온도에 상관없이 지방 고형질계수의 차가 적으므로 어떤 한도 이상의 힘을 가했을 때 모양이 달라져 그 힘을 없애더라도 달라진 모양 그대로 있는 성질이다.

40. 글루텐의 탄력성을 부여하는 것은?

① 글루테닌　　　　② 글리아딘

③ 글로불린　　　　④ 알부민

[해설] ・글리아딘 : 신장성, 점성 부여

・글루테닌 : 탄력성 부여

41. 동물의 가죽이나 뼈 등에서 추출하며 안정제로 사용되는 것은?

① 젤라틴

② 한천

③ 펙틴

④ 카라기난

[해설] 젤라틴은 동물의 연골이나 껍질에서 나온 콜라겐을 농축한 것으로 끓는 물에만 용해되며 무스 등의 안정제로 사용된다.

42. 노타임 반죽법의 산화제로 옳은 것은?

① 브롬산칼륨

② 프로테아제

③ 소르브산

④ L-시스테인

해설 • 브롬산칼륨 : 지효성

• 요오드산칼륨 : 속효성

43. 글리세린에 대한 설명으로 틀린 것은?

① 무색, 무취의 액체이다.

② 3개의 수산기(−OH)를 가지고 있다.

③ 색과 향의 보존을 도와준다.

④ 탄수화물의 가수분해로 얻는다.

해설 글리세린은 지방의 가수분해로 얻을 수 있는 무색, 무취의 액체이다.

44. 반죽의 pH가 가장 낮아야 좋은 제품은?

① 레이어 케이크

② 스펀지 케이크

③ 파운드 케이크

④ 과일 케이크

해설 과일 케이크는 과일의 산으로 숙성시켜 먹는 제품이므로 반죽의 pH가 낮아야 좋은 제품이다(pH 4.4~5.0).

45. 지방 1g이 생산하는 에너지의 양은?

① 4kcal

② 9kcal

③ 14kcal

④ 12kcal

해설 탄수화물, 단백질은 1g당 4kcal의 열량을, 지방은 1g당 9kcal의 열량을 낸다.

46. 이스트에 거의 들어 있지 않은 효소로 디아스타아제라고도 불리는 것은?

① 인베르타아제

② 아밀라아제

③ 프로테아제

④ 말타아제

해설 아밀라아제는 탄수화물 분해 효소로 동물의 조직, 고등식물, 곰팡이류 등에 존재하며, 디아스타아제라고도 한다.

47. 뼈를 구성하는 무기질 중 그 비율이 가장 중요한 것은?

① P : Cu

② Fe : Mg

③ Ca : P

④ K : Mg

해설 무기질은 체중의 약 4%를 차지하며 그중 75%가 칼슘과 인이다. 칼슘과 인의 이상적인 비율은 2 : 1이다.

48. 펩타이드 사슬이 이중 나선구조를 이루고 있는 것은?

① 비타민 A의 구조

② 글리세롤과 지방산의 에스테르 결합 구조

③ 아밀로펙틴의 가지 구조

④ 단백질의 2차 구조

해설 • 단백질의 1차 구조 : 아미노산과 아미노산의 펩타이드 결합

• 단백질의 2차 구조 : 아미노산 사슬이 코일 구조를 이루고 있다.

49. 강력 밀가루의 단백질 함량으로 가장 적합한 것은?

① 75%

② 10%

③ 14%

④ 18%

해설 • 강력분 : 11~14%

• 중력분 : 10~11%

• 박력분 : 7~9%

정답 43. ④ 44. ④ 45. ② 46. ② 47. ③ 48. ④ 49. ③

50. 독소형 식중독에 해당하는 것은?

① 포도상구균

② 장염 비브리오균

③ 병원성 대장균

④ 살모넬라균

해설 포도상구균은 상처균으로, 균이 발육하면서 엔테로톡신이라는 독소를 생성한다. 화농성 질환이 있는 조리사가 식품을 취급하여 식중독이 발생한다.

51. 소독력이 강한 양이온 계면활성제로 종업원의 손을 소독할 때 사용하거나 용기 및 기구의 소독제로 알맞은 것은?

① 석탄산

② 과산화수소

③ 역성비누

④ 크레졸

해설 역성비누(양성비누)는 무독성이며 살균력이 강하지만 보통 비누와 섞어 쓰거나 유기물이 존재하면 살균력이 떨어진다.

52. 경구 감염병의 예방 대책에 대한 설명으로 틀린 것은?

① 건강유지와 저항력 향상에 노력한다.

② 의식 전환운동, 계몽활동, 위생교육 등을 정기적으로 실시한다.

③ 오염이 의심되는 식품은 폐기한다.

④ 모든 예방 접종은 1회만 실시한다.

해설 간염은 예방 접종을 3회 실시한다.

53. 식품 첨가물 중 보존료의 구비조건과 거리가 먼 것은?

① 사용법이 간단해야 한다.

② 미생물의 발육 저지력이 약해야 한다.

③ 식품에 악영향을 주지 않아야 한다.

④ 값이 저렴해야 한다.

해설 보존료는 식품에 악영향을 주지 않아야 하며, 소량으로도 효과가 크고 지속적이어야 한다.

54. 세균성 식중독 중 일반적으로 잠복기가 가장 짧은 것은?

① 살모넬라 식중독

② 포도상구균 식중독

③ 장염 비브리오균 식중독

④ 클로스트리듐 보툴리눔 식중독

해설 세균성 식중독 중 포도상구균 식중독은 잠복기가 3~4시간으로 가장 짧다.

55. 원인균은 바실러스 안트라시스이며, 수육을 조리하지 않고 섭취할 경우 발생하는 감염병은?

① 야토병

② 탄저

③ 브루셀라병

④ 돈단독

해설 탄저는 조리하지 않은 수육을 섭취했을 때 발생하며, 피부의 상처 부위로 감염된다.

56. 식품 첨가물의 규격과 사용 기준을 정하는 자는?

① 식품의약품안전청장

② 국립보건원장

③ 시, 도 보건연구소장

④ 시, 군 보건소장

해설 식품 첨가물은 보건복지부 장관이 위생상 지장이 없다고 인정하고 지정한 것만 사용 및 판매할 수 있으며, 규격과 사용 기준은 식품의 약품안전청장이 정한다.

57. 메틸알코올 중독 증상과 거리가 먼 것은?

① 두통   ② 구토
③ 실명   ④ 환각

58. 장염 비브리오균에 의한 식중독이 가장 일어나기 쉬운 식품은?

① 식육류
② 어패류
③ 야채류
④ 우유제품

해설 장염 비브리오균은 해수 세균으로 3~4%의 식염 농도에서 잘 자라며, 어패류를 생식했을 때 발생하므로 반드시 가열한 후 섭취한다.

59. 인수공통 감염병의 예방 조치로 바람직하지 않은 것은?

① 우유의 멸균 처리를 철저히 한다.
② 이환된 동물의 고기는 익혀서 먹는다.
③ 가축의 예방 접종을 한다.
④ 외국으로부터 유입되는 가축은 항구나 공항 등에서 검역을 철저히 한다.

해설 인수공통 감염병의 예방 조치
• 검역을 철저히 한다.
• 가축을 예방 접종하고 우유를 철저히 살균한다.
• 이환동물(병에 걸린 동물)을 조기 발견하여 격리하고 치료한다.

60. 복어의 독소 성분은?

① 솔라닌   ② 무스카린
③ 테트로도톡신   ④ 엔테로톡신

해설 • 솔라닌 : 감자
• 무스카린 : 독버섯
• 엔테로톡신 : 황색 포도상구균

1. 식빵 제조에서 소맥분의 4%에 해당하는 탈지분유를 사용할 때 제품에 나타나는 영향으로 틀린 것은?

① 빵의 껍질색이 연해진다.
② 영양 가치를 높인다.
③ 맛이 좋아진다.
④ 제품의 내상이 좋아진다.

해설 탈지분유를 사용하면 빵의 부피가 증가하며, 유당으로 인해 껍질색이 개선되고 기공과 결이 향상된다.

2. 도넛을 만들 때 수분이 적을 경우 나타나는 결점이 아닌 것은?

① 팽창이 부족하다.
② 혹이 튀어 나온다.
③ 형태가 일정하지 않다.
④ 표면이 갈라진다.

해설 도넛은 수분이 적으면 표면이 갈라지고 형태가 일그러지며 팽창이 부족하다.

3. 빵 포장의 목적으로 부적합한 것은?

① 빵의 저장성 증대
② 빵의 미생물 오염 방지
③ 수분 증발 촉진
④ 상품의 가치 향상

해설 포장의 목적 중 하나는 수분 증발을 없애고 노화를 방지하기 위함이다.

4. 다음 중 빵 반죽의 발효와 관계있는 것은?

① 낙산 발효
② 부패 발효
③ 알코올 발효
④ 초산 발효

해설 이스트가 발효하면 알코올과 이산화탄소가 발생한다.

5. 제빵 시 플로어 타임을 길게 주어야 하는 경우는?

① 중력분을 사용할 때
② 반죽 온도가 낮을 때
③ 반죽 온도가 높을 때
④ 반죽의 혼합이 덜 되었을 때

해설 플로어 타임은 분할하기 전에 발효시키는 공정으로, 숙성도를 조절할 수 있으므로 반죽의 온도가 낮을 때는 플로어 타임이나 발효시간을 길게 준다.

6. 다음은 식빵의 배합표이다. ( ) 안에 알맞은 것은?

강력분	100%	1500g
설탕	(㉠)%	75g
이스트	3%	(㉡)g
소금	2%	30g
버터	5%	75g
이스트 푸드	(㉢)%	1.5g
탈지분유	2%	30g
물	70%	1050mL

① ㉠ 5   ㉡ 45   ㉢ 0.01
② ㉠ 5   ㉡ 45   ㉢ 0.1
③ ㉠ 0.5   ㉡ 4.5   ㉢ 0.01
④ ㉠ 50   ㉡ 450   ㉢ 1

해설 베이커스 퍼센트는 밀가루 100을 기준으로 나머지 재료를 계산한다. 밀가루 100에 대하여 15배이므로 나머지 재료도 15배 한다.

7. 스트레이트법으로 일반 식빵을 만들 때 믹싱 후의 반죽 온도로 가장 이상적인 것은?

① 20℃
② 27℃
③ 34℃
④ 41℃

해설 스트레이트법의 반죽 온도는 이스트가 가장 활동하기 좋은 27℃가 가장 이상적이다.

8. 포장 전 빵의 온도가 너무 낮을 때는 어떤 현상이 일어나는가?

① 노화가 빨라진다.
② 썰기가 나쁘다.
③ 포장지에 수분이 응축된다.
④ 곰팡이나 박테리아 번식이 용이하다.

해설 빵의 온도가 너무 낮을 때 포장하면 노화가 빨리 일어나고 껍질이 건조하게 된다. 온도가 너무 높을 때 포장하면 미생물에 오염될 염려가 있다.

9. 빵 제품이 단단하게 굳는 현상을 지연시키기 위해 유지에 첨가하는 유화제가 아닌 것은?

① 모노글리세라이드
② 레시틴

③ 유리지방산
④ 에스에스엘(SSL)

10. 빵 제품의 평가 항목에 대한 설명으로 틀린 것은?

① 외관 평가는 부피, 겉껍질 색상이다.
② 내관 평가는 기공, 속 색, 조직이다.
③ 종류 평가는 크기, 무게, 가격이다.
④ 빵의 식감 평가는 냄새, 맛, 입안에서의 감촉이다.

해설 빵 제품의 평가 항목에는 외부(외관) 평가, 내부(내관) 평가, 식감 평가 등이 있다.

11. 다음 중 제빵에서 사용하는 물로 가장 적합한 것은?

① 연수
② 아연수
③ 아경수
④ 경수

해설 아경수는 글루텐을 경화시키는 효과가 있으며 이스트의 영양 물질이 되므로 제빵에 가장 적합한 물이다.

12. 컵의 무게가 40g, 물을 담은 컵의 무게가 240g, 반죽을 담은 컵의 무게가 180g일 때 반죽의 비중은?

① 0.2   ② 0.4
③ 0.6   ④ 0.7

해설 비중 $= \dfrac{\text{반죽을 담은 컵 무게} - \text{컵 무게}}{\text{물을 담은 컵 무게} - \text{컵 무게}}$

$= \dfrac{180 - 40}{240 - 40} = \dfrac{140}{200}$

$= 0.7$

정답 **7.** ② **8.** ① **9.** ③ **10.** ③ **11.** ③ **12.** ④

13. 설탕 공예용 당액 제조 시 설탕의 재결정을 막기 위해 첨가하는 재료는?

① 포도당　　　　② 주석산
③ 중조　　　　　④ 베이킹파우더

해설 레몬즙, 구연산, 주석산을 첨가하면 설탕의 일부가 분해되어 전화당으로 변하며, 특히 전화당에 들어 있는 과당은 설탕의 재결정을 막아 준다.

14. 튀김 기름의 품질을 저하하는 요인으로만 나열된 것은?

① 수분, 탄소, 질소
② 수분, 공기, 반복 가열
③ 공기, 금속, 토코페롤
④ 공기, 탄소, 사사몰

해설 튀김 기름의 4대 적은 수분, 공기, 온도(열), 이물질의 4가지이다.

15. 빵 반죽의 흡수에 대한 설명으로 잘못된 것은?

① 반죽 온도가 높아지면 흡수율이 감소한다.
② 연수는 경수보다 흡수율이 증가한다.
③ 설탕의 사용량이 많아지면 흡수율이 감소한다.
④ 손상 전분이 적량 이상이면 흡수율이 증가한다.

해설 경수는 흡수율이 증가하고 이스트 사용량이 증가한다.

16. 스펀지/도우법에서 도우 반죽 온도로 가장 적합한 것은?

① 18~20℃　　　　② 23~25℃

③ 26~28℃　　　　④ 28~30℃

해설 • 스펀지 반죽 온도 : 24℃
• 도우 반죽 온도 : 27℃

17. 냉동 반죽법의 단점이 아닌 것은?

① 반죽이 퍼지기 쉽다.
② 가스 보유력이 떨어진다.
③ 휴일 작업에 미리 대처할 수 없다.
④ 이스트가 죽어 가스 발생력이 떨어진다.

해설 휴일 작업에 미리 대처할 수 있다는 것이 냉동 반죽의 가장 큰 장점이다.

18. 빵류의 2차 발효실 상대 습도가 표준 습도보다 낮을 때 나타나는 현상이 아닌 것은?

① 반죽의 껍질 형성이 빠르게 일어난다.
② 오븐에 넣었을 때 팽창이 저하된다.
③ 껍질색이 불균일하게 되기 쉽다.
④ 기포가 생기거나 질긴 껍질이 되기 쉽다.

해설 2차 발효실 상대 습도가 높을 때 빵 표면에 기포가 생기거나 질긴 껍질이 되기 쉽다.

19. 빵의 노화가 가장 빨리 일어나는 온도는?

① −18℃　　　　② 0℃
③ 20℃　　　　　④ 35℃

해설 빵의 노화는 실온과 냉장 온도 0~10℃에서 가장 빨리 일어난다.

20. 오븐 온도가 낮을 때 제품에 미치는 영향으로 알맞은 것은?

① 2차 발효가 지나친 것과 같은 현상이 나타난다.

② 껍질이 급격히 형성된다.

③ 제품의 옆면이 터진다.

④ 제품의 부피가 작아진다.

> 해설 오븐 온도가 낮을 때 제품에 미치는 영향
> • 제품의 부피가 커진다.
> • 풍미가 떨어진다.
> • 껍질이 잘 형성되지 않는다.
> • 옆면이 터지지 않는다.
> • 2차 발효가 지나친 것과 같은 현상이 일어난다.

21. 패닝 시 주의할 사항으로 적합하지 않은 것은?

① 패닝 전 온도를 적정하게 하고 고르게 한다.

② 틀이나 철판의 온도를 25℃로 맞춘다.

③ 반죽의 이음매가 틀의 바닥으로 향하도록 패닝한다.

④ 반죽의 무게와 상태를 정하여 비용적에 맞춰 적당한 반죽량을 넣는다.

> 해설 패닝 시 틀이나 철판의 온도는 32℃~43℃가 적당하다.

22. 발효에 미치는 영향이 가장 적은 것은?

① 이스트 ② 온도

③ 소금 ④ 유지

> 해설 발효에 영향을 미치는 것은 이스트, 온도, 소금, 설탕이 있으며, 유지는 발효에 영향을 미치지 않는다.

23. 반죽법에 대한 설명 중 틀린 것은?

① 스펀지/도우법은 반죽을 2번에 나누어 믹싱하는 방법으로 중종법이라고 한다.

② 직접법은 스트레이트법이라고 하며, 모든 재료를 한번에 넣고 반죽하는 방법이다.

③ 비상 반죽법은 제조시간을 단축할 목적으로 사용하는 반죽법이다.

④ 재반죽법은 직접법의 변형으로 스트레이트법의 장점을 이용한 방법이다.

> 해설 재반죽법은 직접법의 변형으로 스펀지/도우법의 장점을 이용한 방법이다.

24. 냉동 반죽법의 냉동과 해동 방법으로 옳은 것은?

① 급속 냉동, 급속 해동

② 급속 냉동, 완만 해동

③ 완만 냉동, 급속 해동

④ 완만 냉동, 완만 해동

> 해설 영하 25℃로 급속 냉동시켰다가 실온에서 해동시킨다.

25. 식빵은 보통 내부 온도가 35~40℃ 정도가 될 때까지 냉각시킨다. 식빵의 온도를 28℃까지 냉각한 다음 포장했다면 식빵에 미치는 영향으로 옳은 것은?

① 식빵을 슬라이스 하기 어렵다.

② 빵에 곰팡이가 쉽게 발생한다.

③ 빵의 모양이 찌그러지기 쉽다.

④ 노화가 일어나 빨리 딱딱해진다.

26. 빵의 부피가 가장 크게 되는 경우는?

① 숙성이 안 된 밀가루를 사용할 때

② 물을 적게 사용할 때

③ 반죽이 지나치게 믹싱되었을 때

④ 2차 발효가 더 되었을 때

> 해설 2차 발효는 완제품의 크기를 결정해 주는 가장 중요한 단계이다.

27. 날달걀의 수분 함량이 72%이고 분말 달걀의 수분 함량이 4%라면 날달걀 200kg으로 만들 수 있는 분말 달걀의 무게는?

① 52.8kg ② 54.3kg

③ 56.8kg ④ 58.3kg

해설 분말 달걀의 무게

$$= \frac{(1-\text{날달걀의 수분 함량}) \times \text{날달걀의 무게}}{1-\text{분말 달걀의 수분 함량}}$$

$$= \frac{(1-0.72) \times 200}{1-0.04}$$

$$= \frac{0.28 \times 200}{0.96}$$

$$\fallingdotseq 58.3\text{kg}$$

28. 단백질을 분해하는 효소는?

① 아밀라아제

② 리파아제

③ 프로테아제

④ 치마아제

해설 • 아밀라아제 : 전분 분해효소

• 리파아제 : 지방 분해효소

• 치마아제 : 단당류 분해효소

29. 우유에 함유된 질소 화합물 중 가장 많은 양을 차지하는 것은?

① 시스테인

② 글리아딘

③ 카세인

④ 락토알부민

해설 카세인은 우유를 구성하는 아미노산의 구성 성분으로 우유 단백질의 80%를 차지한다.

30. 강력분의 특성으로 틀린 것은?

① 중력분에 비해 단백질 함량이 많다.

② 박력분에 비해 점탄성이 크다.

③ 박력분에 비해 글루텐 함량이 적다.

④ 경질소맥을 원료로 한다.

해설 강력분은 글루텐 함량이 11~15%로 박력분의 글루텐 함량 7~9%보다 많다.

31. 지방은 지방산과 무엇이 결합하여 이루어지는가?

① 글리세롤

② 나트륨

③ 아미노산

④ 리보오스(리보스)

해설 지방 = 지방산 + 글리세롤

32. 생이스트(fresh yeast)에 대한 설명으로 틀린 것은?

① 중량의 65~70%가 수분이다.

② 20℃ 정도의 상온에서 보관해야 한다.

③ 자기소화를 일으키기 쉽다.

④ 곰팡이 등의 배지 역할을 할 수 있다.

해설 이스트는 4℃부터 휴지상태이므로 냉장온도에서 보관한다.

33. 다음 중 찬물에 잘 녹는 것은?

① 한천

② 시엠시

③ 젤라틴

④ 일반 펙틴

해설 시엠시(CMC)는 찬물에도 잘 용해되며 공예할 때 자주 사용된다.

정답 **27.** ④ **28.** ③ **29.** ③ **30.** ③ **31.** ① **32.** ② **33.** ②

34. 다음과 같은 조건에서 나타나는 현상과 밑줄 친 물질을 바르게 연결한 것은?

> 초콜릿의 보관 방법이 적절치 않아 공기 중의 수분이 표면에 부착된 후 그 수분이 증발해 버려 어떤 물질이 결정 형태로 남아 흰색이 되었다.

① 팻 블룸(fat bloom) – 카카오메스
② 팻 블룸(fat bloom) – 글리세린
③ 슈거 블룸(sugar bloom) – 카카오버터
④ 슈거 블룸(sugar bloom) – 설탕

해설 템퍼링이 잘못되면 카카오버터에 의한 팻 블룸이 생기며, 보관이 잘못되면 설탕에 의한 슈거 블룸이 생긴다.

35. 패리노그래프(farinograph)의 기능 및 특징이 아닌 것은?

① 흡수율 측정
② 믹싱시간 측정
③ 500BU를 중심으로 그래프 작성
④ 전분의 호화력 측정

해설 전분의 호화력을 측정하는 기계는 아밀로그래프이다.

36. 일반적으로 양질의 빵 속을 만들기 위한 아밀로그래프의 범위는?

① 0~150BU
② 200~300BU
③ 400~600BU
④ 800~1000BU

37. 유지의 경화 공정과 관계가 없는 물질은?

① 콜레스테롤
② 수소
③ 촉매제
④ 불포화 지방산

해설 콜레스테롤은 동맥경화증의 하나이다.

38. 다음 중 전분당이 아닌 것은?

① 물엿
② 설탕
③ 포도당
④ 이성화당

해설 전분당은 녹말을 산이나 효소로 가수분해하여 얻은 당류를 말하며, 설탕은 사탕수수나 사탕무를 추출하여 얻은 당이다.

39. 영구적 경수(센물)를 사용할 때의 조치할 사항으로 잘못된 것은?

① 소금 증가
② 효소 강화
③ 이스트 증가
④ 광물질 감소

해설 경수를 사용할 때는 이스트 푸드나 소금을 감소시킨다.

40. 젤라틴에 대한 설명이 아닌 것은?

① 순수한 젤라틴은 무색, 무미, 무취이다.
② 해조류인 우뭇가사리에서 추출된다.
③ 끓는 물에만 용해되며 냉각되면 단단한 겔(gel) 상태가 된다.
④ 설탕의 양이 많으면 겔 상태가 된다.

해설 해조류인 우뭇가사리에서 추출되는 것은 한천이다.

41. 다음 중 카카오버터의 결정이 거칠어지고 설탕의 결정이 석출되어 초콜릿 조직이 노화되는 현상은?

① 블룸
② 템퍼링
③ 콘칭
④ 페이스트

해설 블룸은 온도의 변화에 따라 초콜릿 표면에 일어나는 현상으로 팻 블룸(지방 블룸)과 슈거 블룸(설탕 블룸)이 있다.

42. 생크림의 보존 온도로 가장 적합한 것은?

① −18℃ 이하
② −10∼−5℃
③ 0∼10℃
④ 15∼18℃

해설 생크림은 냉장 온도 0∼10℃에서 보관해야 하며 재냉동하지 않는다.

43. 스펀지/도우법과 비교한 스트레이트법의 장점에 해당하는 것은?

① 노동력이 적게 든다.
② 노화가 느리다.
③ 기계에 대한 내구성이 증가한다.
④ 잘못된 공정을 수정하기 어렵다.

해설 스트레이트법의 장점
• 제조 공정이 단순하다.
• 노동력이 적게 든다.
• 제조 설비가 간단하다.
• 발효 손실이 적다.

44. 둥글리기가 끝난 반죽을 성형하기 전에 짧

은 시간 동안 발효시키는 목적으로 적합하지 않은 것은?

① 가스 발생으로 반죽의 유연성을 회복하기 위하여
② 가스 발생으로 반죽을 부풀리기 위하여
③ 성형할 때 끈적거리지 않도록 반죽 표면에 얇은 막을 만들기 위하여
④ 둥글리기 하는 과정에서 손상된 글루텐 구조를 재정돈하기 위하여

해설 가스 발생으로 반죽을 부풀리기 위한 제조 공정은 1차 발효 또는 2차 발효이다.

45. 다음 중 이당류가 아닌 것은?

① 포도당
② 맥아당
③ 설탕
④ 유당

해설 포도당은 단당류이다.

46. 비타민과 생체에서의 주요 기능이 잘못 연결된 것은?

① 비타민 B_1 – 당질대사의 보조 효소
② 나이아신 – 항펠라그라 인자
③ 비타민 K – 항혈액응고 인자
④ 비타민 A – 항빈혈인자

해설 • 비타민 A : 기관지염, 폐렴, 시력이 약해진다.
• 항빈혈인자 : 비타민 B_{12}

47. 유당불내증이 있을 경우 소장 내에서 분해가 되어 생성되지 못하는 단당류는?

① 설탕
② 맥아당
③ 과당

④ 갈락토오스

해설 유당은 소장에서 분해되어 포도당과 갈락토오스를 생성한다.

48. 다음 중 효소와 활성 물질이 잘못 짝지어진 것은?

① 펩신 – 염산
② 트립신 – 트립신 활성효소
③ 트립시노겐 – 지방산
④ 키모트립신 – 트립신

해설 트립시노겐 – 엔테로키나아제

49. 인체 내에서 합성할 수 없어 식품으로 섭취해야 하는 지방산이 아닌 것은?

① 리놀레산
② 리놀렌산
③ 올레산
④ 아라키돈산

해설 리놀레산, 리놀렌산, 아라키돈산 등은 모두 불포화 지방산으로 체내에서 합성되지 않아 반드시 식품에서 섭취해야 한다.

50. 다음에서 설명하는 균은?

> • 식품 중에 증식하여 엔테로톡신(enterotoxin) 생성
> • 잠복기는 평균 3시간
> • 주요 증상은 구토, 복통, 설사

① 살모넬라균
② 포도상구균
③ 클로스트리듐 보툴리눔
④ 장염 비브리오균

51. 밀가루 등으로 오인되어 식중독이 유발된 사례가 있으며, 습진성 피부질환 등의 증상을 보이는 것은?

① 수은   ② 비소
③ 납   ④ 아연

해설 • 수은 : 미나마타병
• 카드뮴 : 이타이이타이병

52. 다음 중 곰팡이독이 아닌 것은?

① 아플라톡신
② 시트리닌
③ 삭시톡신
④ 파툴린

해설 삭시톡신은 자연독 식중독으로, 독성이 복어독과 비슷하며 청산나트륨의 1000배에 해당한다.

53. 단백질 식품이 미생물 분해작용에 의해 형태, 색, 경도, 맛 등의 본래 성질을 잃고 악취를 발생시키거나 유해물질을 생성하여 먹을 수 없게 되는 현상은?

① 변패   ② 산패
③ 부패   ④ 발효

해설 부패는 식품이 미생물이나 효소의 작용에 의해 분해되어 변질이 일어나 먹을 수 없게 되는 현상을 말한다.

54. 저장미에 발생한 곰팡이가 원인이 되는 황변미 현상을 방지하기 위한 수분 함량은?

① 13% 이하   ② 14~15%
③ 15~17%   ④ 17% 이상

해설 • 쌀의 수분 함량 : 11~14%

정답 48. ③ 49. ③ 50. ② 51. ② 52. ③ 53. ③ 54. ①

• 저장용 쌀의 수분 함량 : 13% 이하

55. 미생물에 의한 부패나 변질을 방지하고 화학적인 변화를 억제하며 보존성을 높이고 영양가 및 신선도를 유지하는 목적으로 첨가하는 것은?

① 감미료
② 보존료
③ 산미료
④ 조미료

해설 보존료에는 부패 세균의 발육을 억제시키는 방부제와 곰팡이의 발육을 억제시키는 방미제가 있다.

56. 인수공통 감염병 중 오염된 우유나 유제품을 통해 사람에게 감염되는 것은?

① 결핵   ② 탄저
③ 야토병   ④ 구제역

57. 일반적으로 잠복기가 가장 긴 것은?

① 유행성 간염
② 디프테리아
③ 페스트
④ 세균성 이질

해설 • 유행성 간염 : 25일
• 디프테리아 : 3~5일
• 페스트 : 2~5일
• 세균성 이질 : 2~7일

58. 감염형 식중독을 일으키는 균은?

① 고초균
② 병원성 대장균
③ 포도상구균
④ 보툴리누스균

해설 감염형 식중독에는 살모넬라균 식중독, 장염 비브리오균 식중독, 병원성 대장균 식중독 등이 있다.

59. 빵, 케이크류에 사용이 허가된 보존료는?

① 탄산수소나트륨
② 포름알데히드
③ 탄산암모늄
④ 프로피온산

해설 프로피온산은 빵의 부패 원인이 되는 곰팡이나 부패균에 유효하며, 빵 발효에 필요한 효모에는 작용하지 않으므로 빵, 케이크류에 사용할 수 있다.

60. 사람과 동물이 같은 병원체에 의해 발생하는 감염병과 거리가 먼 것은?

① 결핵
② 탄저
③ 브루셀라증
④ 동양모양선충

해설 결핵, 탄저, 브루셀라증은 인·축공통감염병이며, 동양모양선충은 사람의 소장 상부에 기생한다.

4회 기출 모의고사

1. 위해요소 중점관리기준(HACCP)의 구성요소로 알맞지 않은 것은?

① CCP

② GMP

③ SSOP

④ HACCP PLAN

해설 HACCP의 구성요소
- HACCP PLAN : HACCP 관리계획
- SSOP : 표준위생 관리기준
- GMP : 우수 제조기준

2. 도넛의 설탕이 수분을 흡수하여 녹는 현상을 방지하기 위한 방법으로 잘못된 것은?

① 도넛에 묻히는 설탕의 양을 늘린다.

② 튀김 시간을 늘린다.

③ 포장용 도넛의 수분은 38% 전후로 한다.

④ 냉각 중 환기를 더 많이 시키면서 충분히 냉각시킨다.

해설 포장용 도넛의 수분은 21~25%로 한다.

3. 식물계에는 존재하지 않는 당은?

① 과당

② 유당

③ 설탕

④ 맥아당

해설 유당은 포유동물의 젖(유즙)에 존재하는 동물성 당류이다.

4. 분할을 할 때 반죽의 손상을 줄일 수 있는 방법이 아닌 것은?

① 스트레이트법보다 스펀지법으로 반죽한다.

② 반죽 온도를 높인다.

③ 단백질의 양이 많은 질 좋은 밀가루로 만든다.

④ 가수량이 최적인 상태의 반죽을 만든다.

해설 반죽 온도를 높이면 글루텐 경도가 낮아지므로 분할할 때 반죽이 더 쉽게 손상된다.

5. 빵의 포장 재료가 갖추어야 할 조건이 아닌 것은?

① 방수성이 있을 것

② 위생적일 것

③ 상품의 가치를 높일 수 있을 것

④ 통기성이 있을 것

해설 빵의 포장 재료는 방습성이 있어야 하며 통기성은 없어야 한다.

6. 식빵의 옆면이 움푹 들어간 원인으로 알맞은 것은?

① 믹서의 속도가 너무 높았다.

② 팬 용적에 비해 반죽의 양이 너무 많았다.

③ 믹싱시간이 너무 길었다.

④ 2차 발효가 부족했다.

해설 식빵의 옆면이 움푹 들어간 원인
- 2차 발효시간이 길었다.
- 아랫불 온도가 낮았다.
- 지친 반죽을 썼다.
- 비용적이 맞지 않았다.
- 팬 용적보다 반죽의 양이 많았다.

정답 1. ① 2. ③ 3. ② 4. ② 5. ④ 6. ②

7. 단과자빵을 만들 때 일반적인 이스트 사용량은?

① 0.1～1%　　　　② 3～7%

③ 8～10%　　　　④ 12～14%

8. 빵 발효에서 다른 조건이 같을 때 발효 손실에 대한 설명으로 틀린 것은?

① 반죽 온도가 낮을수록 발효 손실이 크다.

② 발효시간이 길수록 발효 손실이 크다.

③ 소금이나 설탕의 사용량이 많을수록 발효 손실이 작다.

④ 발효 온도가 높을수록 발효 손실이 크다.

해설 반죽 온도가 높을수록, 습도가 낮을수록 발효 손실이 크다.

9. 일반적인 빵 반죽(믹싱)에서 최적의 반죽 단계는?

① 픽업 단계　　　　② 클린업 단계

③ 발전 단계　　　　④ 최종 단계

해설 일반적인 빵 반죽에서 최적의 반죽 단계는 반죽에 윤이 나고 탄성과 신장성이 최대가 되는 최종 단계이다.

10. 제빵 시 소금의 사용량이 적정량보다 많을 때 나타나는 현상이 아닌 것은?

① 부피가 작다.

② 과발효가 일어난다.

③ 껍질색이 검다.

④ 발효 손실이 적다.

해설 소금의 사용량이 적정량보다 적으면 발효가 지친 반죽이 된다.

11. 제빵 시 팬 기름의 조건으로 적합하지 않은 것은?

① 발연점이 낮을 것

② 무취일 것

③ 무색일 것

④ 산패가 잘 안 될 것

해설 일반적으로 팬 기름은 발연점이 높은 것을 사용하며, 많이 사용할 경우 밑 껍질이 두껍고 어두워지므로 반죽 무게의 0.1 ～ 0.2% 정도를 사용한다.

12. 고율 배합에 대한 설명으로 틀린 것은?

① 믹싱 중 공기 혼입이 많다.

② 설탕의 사용량이 밀가루 사용량보다 많다.

③ 화학적 팽창제를 많이 쓴다.

④ 촉촉한 상태를 오랫동안 유지시켜 신선도를 높이고 부드러움이 지속된다.

해설 고율 배합은 설탕 사용량이 많으며, 저율 배합보다 비중이 낮고 제품이 가벼우며 굽는 온도가 낮다.

13. 빵을 포장할 때 가장 적합한 빵의 온도와 수분 함량은?

① 30℃, 30%　　　　② 35℃, 38%

③ 42℃, 45%　　　　④ 48℃, 55%

해설 빵 속 수분은 38% 정도로, 온도는 35～40℃ 정도로 맞추면 빵을 포장하기에 알맞다.

14. 언더 베이킹(under baking)에 대한 설명으로 틀린 것은?

① 제품의 윗부분이 올라간다.

② 제품의 중앙 부분이 터지기 쉽다.

③ 케이크 속이 익지 않을 수도 있다.

④ 제품의 윗부분이 평평하다.

해설 언더 베이킹은 고온에서 단시간 구운 것으로, 껍질색이 진하게 나오고 제품 내 수분이 많아 주저앉기 쉬우며, 윗면이 볼록 나오고 갈라진다.

15. 제빵 제조 시 물의 기능이 아닌 것은?

① 글루텐 형성을 돕는다.

② 반죽 온도를 조절한다.

③ 이스트의 먹이 역할을 한다.

④ 효소의 활성화에 도움을 준다.

해설 제빵 제조 시 물은 이스트의 먹이 역할이 아니라 이스트가 먹이를 섭취할 때 매개체 역할을 한다.

16. 아이싱에 많이 사용되는 퐁당(fondant)을 만들 때 끓이는 온도로 가장 적합한 것은?

① 106~110℃

② 114~118℃

③ 120~124℃

④ 130~134℃

해설 퐁당은 설탕과 물, 물엿을 114~118℃로 끓여 시럽을 만들며, 38~44℃까지 냉각한 다음 주걱 등으로 휘저어 크림을 만든다.

17. 도넛의 흡유량이 높았을 때 그 원인은?

① 휴지시간이 짧다.

② 고율 배합 제품이다.

③ 튀김시간이 짧다.

④ 튀김 온도가 높다.

해설 도넛의 흡유량이 높은 원인

• 반죽의 수분이 너무 많을 때

• 글루텐이 부족할 때

• 믹싱시간이 짧을 때

• 저온에서 튀길 때

• 설탕의 사용량이 너무 많을 때

18. 다음 기계 설비 중 대량 생산업체에서 주로 사용하는 설비로 가장 알맞은 것은?

① 터널 오븐

② 데크 오븐

③ 전자레인지

④ 생크림용 탁상 믹서

해설 터널 오븐은 대량 생산업체에서 주로 사용하며, 반죽을 넣는 입구와 제품을 꺼내는 출구가 다르다.

19. 2차 발효 시 발효실의 평균 온도와 습도로 알맞은 것은?

① 28~30℃, 60~65%

② 30~35℃, 65~95%

③ 35~40℃, 75~90%

④ 40~45℃, 80~95%

해설 2차 발효실의 온도와 습도

• 발효 온도 : 35~40℃

• 발효 습도 : 75~90%

20. 냉동 반죽법에서 1차 발효시간이 길어질 경우 일어나는 현상은?

① 제품의 부피가 커진다.

② 냉동 저장성이 짧아진다.

③ 이스트의 손상이 적어진다.

④ 반죽 온도가 낮아진다.

정답 15. ③ 16. ② 17. ② 18. ① 19. ③ 20. ②

21. 스트레이트법과 비교할 때 스펀지/도우법의 특징이 아닌 것은?

① 저장성 증가

② 공정시간의 단축

③ 제품의 부피 증가

④ 이스트 사용량 감소

해설 스펀지/도우법은 반죽을 2번에 걸쳐 하며, 발효시간이 길기 때문에 설비, 경비, 노동력이 많이 들고 공정시간이 긴 단점이 있다.

22. 냉동 반죽의 가스 보유력 저하 요인이 아닌 것은?

① 냉동 반죽의 얼음 결정

② 해동 시 탄산가스 확산으로 기포 수 감소

③ 냉동 시 탄산가스 용해도 증가에 의한 기포 수 감소

④ 냉동과 해동 및 냉동 저장에 따른 냉동 반죽의 물성 강화

해설 냉동 반죽은 냉동 저장 시 이스트가 죽어 가스 발생력이 작고 가스 보유력이 저하되며, 이스트가 죽어서 나온 환원성 물질로 인해 반죽이 퍼지는 상태가 된다.

23. 발효에 영향을 주는 요소로 알맞지 않은 것은?

① 이스트의 양

② 쇼트닝의 양

③ 온도

④ pH

해설 발효에 영향을 주는 요소
• 이스트의 양
• 반죽 온도(0.5℃ 상승하면 15분 단축)
• pH(4.5~4.9)
• 이스트 푸드

24. 달걀흰자에 소금을 넣었을 때 기포성에 미치는 영향은?

① 거품 표면의 변성을 방지한다.

② 거품 표면의 변성을 촉진시킨다.

③ 거품이 모두 제거된다.

④ 거품의 부피 및 양이 많이 증가한다.

해설 달걀흰자에 소금을 넣으면 청정제의 용도로 사용되며, 거품 표면의 변성을 촉진시킨다.

25. 식빵을 굽기한 다음 포장 온도로 가장 적합한 것은?

① 25~30℃

② 35~40℃

③ 42~47℃

④ 50~55℃

해설 빵의 온도가 낮으면 노화가 빠르고, 온도가 높으면 곰팡이와 박테리아 번식이 쉬우므로 포장 온도는 35~40℃가 가장 적합하다.

26. 굽기를 할 때 일어나는 반죽의 변화가 아닌 것은?

① 오븐 팽창

② 단백질의 열변성

③ 전분의 호화

④ 전분의 노화

해설 전분의 노화는 α-전분을 실온이나 냉장 온도에 방치하여 일어나는 현상이다.

27. 베이커스 퍼센트(baker's percent)에 대한 설명으로 맞는 것은?

① 전체 재료의 양을 100%로 하는 것이다.

② 물의 양을 100%로 하는 것이다.

③ 밀가루의 양을 100%로 하는 것이다.

④ 물과 밀가루의 양의 합을 100%로 하는 것이다.

해설 베이커스 퍼센트는 밀가루의 양을 100이라 할 때 각 재료의 양을 %로 나타낸 것으로, 빵과 과자를 만들 때 기준이 된다.

28. 반죽의 혼합 과정 중 유지를 첨가하는 방법으로 옳은 것은?

① 밀가루 및 기타 재료와 함께 계량하여 혼합하기 전에 첨가한다.

② 반죽이 수화되어 덩어리를 형성하는 클린업 단계에서 첨가한다.

③ 반죽의 글루텐 형성 중간 단계에 첨가한다.

④ 반죽의 글루텐 형성 최종 단계에 첨가한다.

해설 유지는 반죽이 수화된 후 한 덩어리가 된 상태에서 넣는다. 반죽 시 유지를 처음부터 넣으면 삼투압의 영향으로 반죽시간이 길어진다.

29. 식빵의 표면에 작은 물방울이 생기는 원인으로 거리가 먼 것은?

① 수분의 과다 보유

② 발효 부족

③ 오븐의 윗불 온도가 높음

④ 지나친 믹싱

해설 식빵의 표면에 물방울이 생기는 원인
- 반죽이 질 때
- 발효가 부족할 때
- 2차 발효실 습도가 높을 때
- 오븐의 윗불 온도가 높을 때

30. 빵 제품에서 나타날 수 있는 노화현상이

아닌 것은?

① 조직의 경화

② 맛과 향의 증진

③ 전분의 결정화

④ 소화율의 저하

해설 전분이 노화되면 딱딱하게 굳는 경화가 일어나며, 노화된 전분은 소화율이 45% 정도 밖에 되지 않는다.

31. 분할기에 의한 기계 분할을 할 때 분할의 기준이 되는 것은?

① 무게　　　　② 모양

③ 배합률　　　④ 부피

해설 손으로 하는 분할은 무게를 기준으로 하며, 기계 분할은 부피를 기준으로 한다.

32. 탈지분유를 빵에 넣으면 발효 시 pH 변화에 어떤 영향을 미치는가?

① pH 저하를 촉진시킨다.

② pH 상승을 촉진시킨다.

③ pH 변화에 대한 완충 역할을 한다.

④ pH를 중성으로 유지하게 된다.

33. 빵 반죽을 정형기에 통과시켰을 때 아령 모양이 되었다면 정형기의 압력상태는?

① 압력이 강하다.

② 압력이 약하다.

③ 압력이 적당하다.

④ 압력과 상관이 없다.

해설 정형기 압력이 아령 모양이 되었다면 정형기의 압력이 강한 상태이다.

34. 패리노그래프(farinograph)의 기능이 아닌 것은?

① 밀가루의 흡수율 측정
② 필요한 산화제 첨가량 측정
③ 믹싱시간 측정
④ 믹싱 내구성 측정

해설 필요한 산화제 첨가량을 측정하는 기능이 있는 것은 익스텐소그래프이다.

35. 다음 중 일시적 경수에 대하여 바르게 설명한 것은?

① 탄산염에 기인한다.
② 끓여도 제거되지 않는다.
③ 모든 염이 황산염의 형태로만 존재한다.
④ 연수로 변화시킬 수 없다.

해설 일시적 경수는 끓이면 연수가 되는 물을 말하며, 열에 불안정한 탄산염에 기인한다.

36. 베이킹파우더의 일반적인 구성 물질이 아닌 것은?

① 중조   ② 전분
③ 주석산   ④ 암모늄

해설 • 중조 : CO_2가스 생성
• 주석산 : 속효성
• 황산알루미늄소다 : 지효성
• 전분 또는 밀가루 : 중조와 산염 격리

37. 제빵에서 밀가루, 이스트, 물과 함께 기본적인 필수 재료는?

① 유지   ② 분유
③ 소금   ④ 설탕

해설 제빵의 기본 3재료 : 밀가루, 소금, 물

38. 다음 중 동물성 단백질은?

① 덱스트린   ② 아밀로오스
③ 글루텐   ④ 젤라틴

해설 젤라틴은 동물의 껍질이나 뼈 등에 존재하는 단백질인 콜라겐을 정제한 것이다.

39. 자당을 인베르타아제로 가수분해하여 전화당을 10.52% 얻었다면 포도당과 과당의 비율은?

① 포도당 5.26%, 과당 5.26%
② 포도당 7.0%, 과당 3.52%
③ 포도당 3.52%, 과당 7.0%
④ 포도당 2.63%, 과당 7.89%

해설 자당은 포도당 1분자와 과당 1분자가 결합된 것으로, 자당을 가수분해하면 포도당과 과당의 결합이 끊어지고 혼합되어 전화당이 된다.

40. 제과·제빵에서 유지의 기능이 아닌 것은?

① 흡수율 증가
② 연화 작용
③ 공기 포집
④ 보존성 향상

해설 유지의 기능
• 내상을 균일하고 부드럽게 한다.
• 반죽의 윤활제 역할을 한다.
• 맛과 향을 더해 식감을 개선한다.
• 공기 포집으로 인해 빵의 부피를 크게 한다.
• 빵의 보존성을 향상시킨다.

41. 다음 원료 중 초콜릿에 일반적으로 사용되는 원료가 아닌 것은?

① 카카오버터   ② 전지분유
③ 이스트   ④ 레시틴

정답 **34.** ② **35.** ① **36.** ④ **37.** ③ **38.** ④ **39.** ① **40.** ① **41.** ③

42. 다음 중 건조 글루텐에 가장 많이 들어 있는 성분은?

① 단백질
② 전분
③ 지방
④ 회분

해설 젖은 글루텐에서 흡수한 수분의 양을 빼고 나면 건조 글루텐이 되고, 그 건조 글루텐에 가장 많이 들어 있는 성분은 단백질이다.

43. 제빵용 밀가루에 함유된 손상 전분의 함량은 어느 정도가 적합한가?

① 0%
② 6%
③ 10%
④ 11%

해설 제빵에서 밀가루에 함유된 손상 전분의 함량은 4.5~8%가 적합하다.

44. 퐁당 크림을 부드럽게 하고 수분 보유력을 높이기 위해 일반적으로 첨가하는 것은?

① 한천, 젤라틴
② 물, 레몬
③ 소금, 크림
④ 물엿, 전화당 시럽

해설 물엿과 전화당 시럽은 수분 보습성이 우수하며 당의 재결정 방지 효과가 있다.

45. 냉장의 목적과 가장 관계가 먼 것은?

① 식품의 보존기간 연장
② 미생물의 멸균
③ 세균의 증식 억제
④ 식품의 자기호흡 지연

해설 미생물은 생육 온도보다 낮은 온도에서 활동이 둔해지고 증식되지 않으므로 냉장은 식품의 단기 저장에 이용된다.

46. 2가지 식품으로 음식을 만들 때 단백질의 상호 보조 효력이 가장 큰 것은?

① 밀가루와 현미가루
② 쌀과 보리
③ 시리얼과 우유
④ 밀가루와 건포도

해설 시리얼은 곡물을 압착하여 구운 다음 비타민과 무기질을 첨가한 것이므로 우유와 곁들여 먹을 때 기름띠가 생기지 않아서 좋다.

47. 건조된 아몬드 100g에 탄수화물 16g, 단백질 18g, 지방 54g, 무기질 3g, 수분 6g, 기타 성분 등을 함유하고 있다면, 이 아몬드 100g의 열량은?

① 약 200kcal
② 약 364kcal
③ 약 622kcal
④ 약 751kcal

해설 탄수화물, 단백질은 1g당 4kcal, 지방은 1g당 9kcal의 열량을 낸다.

$$\therefore \text{열량} = (16 \times 4) + (18 \times 4) + (54 \times 9)$$
$$= 64 + 72 + 486$$
$$= 622 \text{kcal}$$

48. 산과 알칼리 및 열에서 비교적 안정하고 칼슘의 흡수를 도우며, 골격 발육과 관계가 깊은 비타민은?

① 비타민 A
② 비타민 B_1
③ 비타민 D
④ 비타민 E

해설 비타민 D(칼시페롤)는 칼슘과 인의 흡수를 도와 뼈를 정상적으로 발육시키며, 자외선을 받으면 생성된다.
• 결핍 : 구루병, 골연화증, 골다공증
• 함유 식품 : 간유, 난황, 버섯, 버터

정답 42. ① 43. ② 44. ④ 45. ② 46. ③ 47. ③ 48. ③

49. 발효 과정에서 탄산가스의 보호막 역할을 하는 것은?

① 설탕   ② 글루텐
③ 이스트   ④ 탈지분유

해설 글루텐의 얇은 막은 탄산가스를 보호하는 보호막 역할을 한다.

50. 혈당의 저하와 가장 관계가 깊은 것은?

① 인슐린   ② 리파아제
③ 프로테아제   ④ 펩신

해설 인슐린은 식후에 혈당이 오르면 췌장에서 분비되는데, 혈당을 간과 근육세포, 지방세포 안으로 이동시켜 간과 근육에서 글리코겐 합성을 촉진시키거나 지방으로 전환하여 혈당을 낮춘다.

51. 식품 첨가물 중 보존료의 조건이 아닌 것은?

① 변패를 일으키는 각종 미생물의 증식을 억제할 것
② 무미, 무취이고 자극성이 없을 것
③ 식품의 성분과 잘 반응하여 성분을 변화시킬 것
④ 장기간 효력을 나타낼 것

해설 보존료(방부제)는 미생물의 발육을 억제하는 정균작용, 살균작용, 식품 또는 세균이 생산하는 효소작용을 억제한다.

52. 캐러멜화 반응을 일으키는 것은?

① 비타민   ② 지방
③ 단백질   ④ 당류

해설 캐러멜화 반응은 당류가 열을 받아 분해되어 캐러멜이 생기면서 착색 물질인 캐러멜이 빵 껍질에 색을 주는 현상이다.

53. 일반적으로 화농성 질환 또는 식중독의 원인이 되는 병원성 포도상구균은?

① 백색 포도상구균
② 적색 포도상구균
③ 황색 포도상구균
④ 표피 포도상구균

해설 화농성균이 자라면서 엔테로톡신이라는 독소가 형성되는데, 이는 열에 강해 재료 보관이나 조리사의 식품 취급에 주의해야 한다. 원인균은 황색 포도상구균이다.

54. 살모넬라, 탄저, 브루셀라증과 같이 사람과 가축의 양쪽에 이환되는 감염병은?

① 법정 감염병   ② 경구 감염병
③ 급성 감염병   ④ 인수공통 감염병

해설 인수공통 감염병은 사람과 동물의 양쪽에 이환되는 병으로, 동물이 사람에게 전파되는 감염형병이 70%에 이르는 것으로 알려져 있다.

55. 대장균 O-157이 내는 독성 물질은?

① 베로톡신
② 테트로도톡신
③ 삭시톡신
④ 베네루핀

해설 O-157균은 일반 대장균과는 달리 베로톡신이라는 강력한 독소를 만들어 내는데, 이 독소는 체내에 침입하면 심한 복통과 통증을 유발하며 적혈구를 파괴한다.

56. 기생충과 숙주와의 연결이 잘못된 것은?

① 유구조충(갈고리촌충) - 돼지
② 아니사키스 - 해산어류
③ 간흡충 - 소

④ 폐디스토마 – 다슬기

해설 간흡충(간디스토마) – 왜우렁이

57. 팽창제에 대한 설명으로 틀린 것은?

① 반죽 중에서 가스가 발생하여 제품에 독특한 다공성 세포 구조를 부여한다.
② 식품 첨가물 공전에는 팽창제로 암모늄 명반이 지정되어 있다.
③ 화학적 팽창제는 가열에 의해 발생하는 유리 탄산가스나 암모니아 가스만으로 팽창하는 것은 아니다.
④ 천연 팽창제로는 효모가 대표적이다.

58. 유지의 산패 요인과 거리가 먼 것은?

① 광선
② 수분
③ 금속
④ 질소

해설 유지의 산패는 유지를 방치하여 열, 광선, 수분, 금속, 효소 등에 의해 빛깔, 냄새, 맛 등이 변하는 현상이다.

59. 세균성 식중독의 특징이 아닌 것은?

① 1차 감염만 된다.
② 많은 양의 균 또는 독소에 의해 발생한다.
③ 소화기계 감염병보다 잠복기가 짧다.
④ 발병 후 면역이 획득된다.

해설 세균성 식중독의 특징
• 2차 감염이 없다.
• 잠복기가 짧다.
• 면역성이 없다.
• 식중독균에 오염된 식품이나 많은 양의 균에 오염된 식품의 섭취로 발병한다.

60. 2020년에 개정된 법정 감염병은 제1~4급 감염병으로 분류한다. 바이러스성 호흡기 질환인 코로나바이러스 감염증–19와 같이 제1급에 해당하는 법정 감염병은?

① 메르스
② 유행성이하선염
③ 지카바이러스 감염증
④ 사람유두종바이러스 감염증

해설 코로나바이러스 감염증–19와 메르스는 발생 또는 유행 즉시 신고하고 음압 격리가 필요한 감염병으로, 제1급 감염병에 해당한다.

1. 무게가 90g인 빵 520개를 만들기 위해 필요한 밀가루의 양은?(배합률은 180%, 발효 및 굽기 손실은 무시한다.)

① 10kg   ② 18kg

③ 26kg   ④ 31kg

해설 빵 520개의 무게 = 90g × 520

$$= 46800g = 46.8kg$$

$$\therefore \text{밀가루 무게} = \frac{\text{총 반죽 무게}}{\text{총 배합률}}$$

$$= \frac{46.8}{1.8}$$

$$= 26kg$$

2. 스펀지에서 드롭 또는 브레이크 현상이 일어나는 가장 적당한 시기는 반죽이 몇 배 정도 부푼 후인가?

① 1.5배   ② 2~3배

③ 3~4배   ④ 4~5배

해설 스펀지/도우법의 1차 발효 부피 완료점은 반죽이 4~5배 증가한 상태이며, 스트레이트법은 3~3.5배 증가한 상태이다.

3. 연속식 제빵법에 관한 설명으로 틀린 것은?

① 액체 발효법을 이용하여 연속적으로 제품을 생산한다.

② 발효 손실 감소, 인력 감소 등의 장점이 있다.

③ 3~4기압의 디벨로퍼로 반죽을 만들기 때문에 많은 양의 산화제가 필요하다.

④ 자동화 시설을 갖추기 위해 설비 면적이 많이 필요한 단점이 있다.

해설 연속식 제빵법은 자동화 설비를 사용하므로 설비 면적이 많이 줄어드는 장점이 있다.

4. 제빵 공정 중에서 시간보다 상태로 판단하는 것이 좋은 공정은?

① 포장   ② 분할

③ 2차 발효   ④ 성형

해설 1차 발효나 2차 발효는 발효시간이 아니라 발효상태로 확인하는 것이 좋다.

5. 일반적으로 식빵 제조에서 1차 발효 손실은 몇 % 정도 되는가?

① 1~2%   ② 7~9%

③ 10~13%   ④ 15~17%

6. 다음 중 중간 발효가 필요한 이유로 가장 알맞은 것은?

① 탄력성을 갖기 위하여

② 모양을 일정하게 하기 위하여

③ 반죽 온도를 낮게 하기 위하여

④ 반죽에 유연성을 부여하기 위하여

해설 중간 발효는 가스 발생으로 반죽의 유연성을 회복시키기 위해 필요하다.

7. 액체 발효법에서 액종 발효 시 완충제 역할을 하는 재료는?

① 탈지분유　　② 설탕
③ 소금　　　　④ 쇼트닝

해설 완충제 역할을 하는 재료는 분유, 탄산칼슘, 염화암모늄 등이 있다.

8. 지질의 대사 산물이 아닌 것은?

① 물
② 수소
③ 이산화탄소
④ 에너지

해설 지방(지질)은 산화 과정을 거쳐 1g당 9kcal의 에너지를 방출하고 이산화탄소와 물이 된다.

9. 제빵 공정 중 패닝 시 틀(팬)의 온도로 가장 적합한 것은?

① 20℃　　　　② 32℃
③ 55℃　　　　④ 70℃

해설 이스트의 활동을 감안한다면 제빵 공정 중 팬의 온도는 32℃가 가장 적합하다.

10. 발효가 지나친 반죽으로 빵을 구웠을 때에 해당하는 제품의 특성이 아닌 것은?

① 빵 껍질색이 밝다.
② 신 냄새가 있다.
③ 부피가 작다.
④ 제품의 조직이 고르다.

해설 제품의 조직이 고르다는 것은 발효가 적절하게 잘 되었다는 것이다.

11. 전분에 글루코아밀라아제(glucoamylase)가 작용하면 어떻게 변화되는가?

① 포도당으로 가수분해된다.
② 맥아당으로 가수분해된다.
③ 과당으로 가수분해된다.
④ 덱스트린으로 가수분해된다.

12. 스트레이트법에 의한 제빵 반죽을 할 때 일반적으로 유지를 첨가하는 단계는?

① 픽업 단계
② 클린업 단계
③ 발전 단계
④ 렛다운 단계

해설 스트레이트법에서는 모든 재료를 섞은 후 클린업 단계에서 유지를 넣는다.

13. 버터크림 당액 제조 시 설탕에 대한 물 사용량으로 알맞은 것은?

① 25%　　　　② 80%
③ 100%　　　④ 125%

해설 당액이란 설탕 시럽을 의미하며 버터크림에 부드러움을 주기 위해 첨가한다. 물은 설탕이 녹을 만큼의 최소 분량인 25%를 넣는다.

14. 노인의 경우 필수 지방산의 흡수를 위해 어떤 종류의 기름을 섭취하는 것이 좋은가?

① 콩기름
② 닭기름
③ 돼지기름
④ 쇠기름

해설 리놀레산, 리놀렌산, 아라키돈산 등의 필수 지방산은 콩기름, 옥수수기름, 참기름 등 식물성 기름에 많이 함유되어 있다.

15. 진한 껍질색 빵에 대한 설명과 관계없는 것은?

① 설탕과 우유의 사용량 감소
② 1차 발효 감소
③ 오븐 온도 감소
④ 2차 발효 습도 조절

해설 빵의 껍질색은 레시피와 오븐의 온도 및 2차 발효와 관계되는 것이며, 1차 발효와는 관계가 없다.

16. 빵의 부피와 가장 관련이 깊은 것은?

① 소맥분의 전분 함량
② 소맥분의 수분 함량
③ 소맥분의 회분 함량
④ 소맥분의 단백질 함량

17. 600g짜리 빵 10개를 만들려고 한다. 발효 손실은 2%, 굽기 및 냉각 손실은 12%일 때 반죽해야 할 총 반죽의 무게는?

① 6.17kg
② 6.24kg
③ 6.96kg
④ 7.36kg

해설 완제품 무게 $= 600g \times 10 = 6000g = 6kg$
$\therefore$ 총 반죽 무게
$$= \frac{완제품 \ 무게}{(1-굽기 \cdot 냉각 \ 손실)(1-발효 \ 손실)}$$
$$= \frac{6}{(1-0.12)(1-0.02)}$$
$$\fallingdotseq 6.96kg$$

18. 냉동 제품의 해동 및 재가열 목적으로 주로 사용하는 오븐은?

① 적외선 오븐
② 릴 오븐
③ 데크 오븐
④ 대류식 오븐

해설 릴 오븐, 데크 오븐, 대류식 오븐은 빵을 구울 때 사용하며, 적외선 오븐은 음식을 데우거나 냉동 제품을 해동시킬 때 사용한다.

19. 반죽 온도가 25℃일 때 반죽의 흡수율이 61%인 조건에서 반죽 온도를 30℃로 조정하면 흡수율은?

① 55%　　　　② 58%
③ 62%　　　　④ 65%

해설 반죽 온도가 5℃ 상승하면 흡수율은 3% 감소하므로 58%가 된다.

20. 도넛에 기름이 많이 흡수되는 이유에 대한 설명으로 틀린 것은?

① 믹싱이 부족하다.
② 반죽에 수분이 많다.
③ 배합에 설탕과 팽창제가 많다.
④ 튀김 온도가 높다.

해설 튀김 온도가 높으면 튀김시간이 짧아지므로 도넛에 기름이 적게 흡수된다.

21. 2차 발효 시 기본 3요소가 아닌 것은?

① 온도　　　　② pH
③ 습도　　　　④ 시간

해설 2차 발효의 기본 3요소
• 온도 : 35~38℃
• 습도 : 75~90%
• 시간 : 30~65분

22. 노화에 대한 설명으로 틀린 것은?

① α화 전분이 β화 전분으로 변하는 것

② 빵의 속이 딱딱해지는 것

③ 수분이 감소하는 것

④ 빵 내부에 곰팡이가 피는 것

해설 곰팡이가 피는 것은 부패에 대한 설명이다.

23. 저율 배합의 특징으로 옳은 것은?

① 저장성이 짧다.

② 제품이 부드럽다.

③ 저온에서 굽기를 한다.

④ 대표적인 제품으로 브리오슈가 있다.

해설 저율 배합은 설탕의 함량이 적으므로 저장성이 짧다.

24. 빵 제품의 제조 공정에 대한 설명으로 옳지 않은 것은?

① 반죽은 무게 또는 부피에 의해 분할한다.

② 둥글리기에서 과다한 덧가루를 사용하면 제품에 줄무늬가 생긴다.

③ 중간 발효시간은 일반적으로 10~20분이며 27~29℃에서 실시한다.

④ 성형은 반죽을 일정한 형태로 만드는 1단계 공정으로 이루어진다.

해설 성형은 밀어 펴기, 말기, 봉하기의 3단계 공정으로 이루어진다.

25. 1차 발효실의 상대 습도는 몇 %로 유지하는 것이 좋은가?

① 55~65%

② 65~75%

③ 75~85%

④ 85~95%

해설 1차 발효실의 온도와 습도
온도 : 27℃, 습도 75~80%

26. 빵이 팽창하는 원인이 아닌 것은?

① 이스트에 의한 발효 활동의 생성물에 의한 팽창

② 효소와 설탕, 소금에 의한 팽창

③ 탄산가스, 알코올, 수증기에 의한 팽창

④ 글루텐의 공기 포집에 의한 팽창

해설 효소는 화학 반응에서 촉매 역할을 하는 단백질이며, 설탕과 소금은 감미와 흡수율, 글루텐 강화와 관련이 있다.

27. 냉각으로 인한 빵 속 수분 함량으로 적합한 것은?

① 5%

② 15%

③ 25%

④ 38%

해설 오븐에서 막 꺼냈을 때 빵 표면의 수분 함량은 12%이고, 빵이 냉각되었을 때 빵 속의 수분 함량은 38%이다.

28. 냉동 반죽법에서 믹싱 후 1차 발효시간으로 가장 적합한 것은?

① 0~20분

② 50~60분

③ 80~90분

④ 110~120분

해설 냉동 반죽법은 노타임법을 사용하므로 1차 발효시간이 거의 없다.

29. 냉각 손실에 대한 설명으로 틀린 것은?

① 냉각하는 동안 수분이 증발하여 무게가 감소한다.

② 여름보다 가을에 냉각 손실이 많다.

③ 상대 습도가 높으면 냉각 손실이 적다.

④ 냉각 손실은 5% 정도가 적당하다.

해설 냉각 손실은 평균 2%의 무게 감소 현상이 일어난다.

30. 다음 중 제과·제빵 작업에 종사해도 무관한 질병은?

① 콜레라

② 장티푸스

③ 유행성 감기

④ 세균성 이질

해설 일반 유행성 감기는 법정 감염병이 아니다.

31. 설탕의 전체 고형물을 100%로 볼 때 포도당과 물엿의 고형물 함량은?

① 포도당 91%, 물엿 80%

② 포도당 80%, 물엿 20%

③ 포도당 80%, 물엿 50%

④ 포도당 80%, 물엿 5%

32. 달걀이 오래되면 어떤 현상이 생기는가?

① 비중이 무거워진다.

② 점도가 감소한다.

③ pH가 떨어져 산패한다.

④ 기실이 없어진다.

해설 달걀이 오래되면 기실이 커지고 비중이 감소하며 pH가 높아진다. pH가 떨어지면 산패가 아닌 부패가 일어난다.

33. 다음 중 pH가 중성인 것은?

① 식초

② 중조

③ 수산화나트륨 용액

④ 증류수

해설 • 식초 : pH 2.4~3.4

• 중조 : pH 8.4~8.8

• 수산화나트륨 용액 : pH 10 이상

• 증류수 : pH 7(중성)

34. 코팅용 초콜릿이 갖추어야 할 성질은?

① 융점이 항상 높을 것

② 융점이 항상 낮을 것

③ 융점이 겨울에는 낮고 여름에는 높을 것

④ 융점이 겨울에는 높고 여름에는 낮을 것

해설 파타글라세(코팅용 초콜릿)는 카카오메스에서 카카오버터를 제거한 다음 식물성 유지와 설탕을 넣어 만든 것으로, 융점이 겨울에는 낮고 여름에는 높아야 한다.

35. 글루텐을 형성하는 단백질 중 수용성 단백질은?

① 글리아딘

② 글루테닌

③ 메소닌

④ 글로불린

해설 글루텐을 형성하는 단백질 중 수용성 단백질은 알부민과 글로불린이다.

36. 다음 중 우유 단백질이 아닌 것은?

① 카세인

② 락토오스

③ 락토알부민

④ 락토글로불린

해설 락토오스는 포유류의 젖 속에 들어 있는 이당류로 탄수화물이다.

37. 식품의 조리 및 취급 과정에서 교차오염이 발생하는 경우와 거리가 먼 것은?

① 씻지 않은 손으로 샌드위치 만들기

② 생고기를 자른 가위로 냉면 면발 자르기

③ 생선을 다듬던 도마로 샐러드용 채소 썰기

④ 반죽에 생고구마 조각을 얹어 쿠키 굽기

해설 생고구마 조각을 얹어 오븐에서 굽기 과정을 거치는 것은 교차오염과 거리가 멀다.

38. 50g의 밀가루에서 15g의 젖은 글루텐을 채취했다면 이 밀가루의 건조 글루텐 함량은 몇 %인가?

① 10%　　　　　② 20%

③ 30%　　　　　④ 40%

해설 젖은 글루텐 $= \dfrac{젖은 글루텐 무게}{밀가루 무게} \times 100$

$= \dfrac{15}{50} \times 100 = 30\%$

∴ 건조 글루텐 $= \dfrac{젖은 글루텐}{3} = \dfrac{30}{3} = 10\%$

39. 강력분의 특징과 거리가 먼 것은?

① 초자질이 많은 경질소맥으로 제분한다.

② 제분율을 높여 고급 밀가루를 만든다.

③ 상대적으로 단백질 함량이 높다.

④ 믹싱과 발효 내구성이 크다.

해설 제분율이 낮을수록 껍질 부위가 적게 들어가 입자가 가늘고 색깔이 희며 고급 밀가루가 된다.

40. 기본적인 유화 쇼트닝은 모노－디글리세리드 역가를 기준으로 유지에 대해 몇 %를 첨가하는 것이 가장 적당한가?

① 1～2%

② 3～4%

③ 6～8%

④ 10～12%

41. 다음 중 2차 발효 시 습도가 부족하여 일어나는 현상은?

① 흰 반점

② 질긴 껍질

③ 윗면이 터짐

④ 단단한 겉껍질

해설 습도가 부족하여 일어나는 현상

• 제품의 윗면이 터지거나 갈라진다.

• 광택이 부족하며 얼룩이 생기기 쉽다.

• 껍질색이 불균일해지기 쉽다.

• 오븐에 넣었을 때 팽창이 저하된다.

42. 물에 대한 설명으로 틀린 것은?

① 물은 경도에 따라 크게 연수와 경수로 나눈다.

② 경수는 물 100mL 중 칼슘, 마그네슘 등의 염이 10～20mg 정도 함유된 것이다.

③ 연수는 물 100mL 중 칼슘, 마그네슘 등의 염이 10mg 이하로 함유된 것이다.

④ 일시적 경수란 물을 끓이면 물속의 무기물이 불용성 탄산염으로 침전되는 것이다.

해설 경수는 물 100mL 중 칼슘, 마그네슘 등의 염이 20mg 이상 함유된 것으로 바닷물, 광천수, 온천수 등이 경수에 해당한다.

43. 술에 대한 설명으로 틀린 것은?

① 제과, 제빵에서 술을 사용하면 바람직하지 못한 냄새를 없앨 수 없다.

② 양조주란 곡물이나 과실을 원료로 하여 효모를 발효시킨 것이다.

③ 증류주란 발효시킨 양조주를 증류한 것이다.

④ 혼성주란 증류주를 기본으로 정제당을 넣고 과실 등의 추출물로 향미를 낸 것으로 대부분 알코올 농도가 낮다.

해설 혼성주란 양조주, 증류주에 과일, 견과 등을 담가 그 맛과 향을 들인 술이므로 대부분 알코올 농도가 높다.

44. 식물성 안정제가 아닌 것은?

① 젤라틴

② 한천

③ 로커스트빈 검

④ 펙틴

해설 젤라틴은 동물의 연골, 껍질 등에서 추출한 콜라겐을 정제한 것이다.

45. 반죽의 물리적 성질을 시험하는 기계가 아닌 것은?

① 패리노그래프

② 수분활성도 측정기

③ 익스텐소그래프

④ 폴링 넘버

해설 수분활성도 측정기는 반죽 속에 함유되어 있는 수분의 결합 형태를 측정하는 기계이다.

46. 제과 · 제빵 공장 설계 시 환경에 대한 조

건으로 알맞지 않은 것은?

① 바다 가까운 곳에 위치해야 한다.

② 환경 및 주위가 깨끗한 곳이어야 한다.

③ 양질의 물을 충분히 얻을 수 있어야 한다.

④ 폐수 및 폐기물 처리에 편리한 곳이어야 한다.

해설 바다가 가까운 곳은 습한 환경이므로 밀가루를 사용하는 제과 · 제빵 공장의 환경에 적합하지 않다.

47. 1일 2000kcal를 섭취하는 성인의 경우 알맞은 탄수화물 섭취량은?

① 1100~1400g

② 850~1050g

③ 500~725g

④ 275~350g

해설 탄수화물의 1일 섭취량은 1일 섭취하는 총 열량의 65%가 적합하며, 1g당 4kcal의 열량을 낸다.

∴ 탄수화물 섭취량 = $2000 \times 0.65 \div 4 = 325g$

48. 태양광선 비타민이라고도 불리며 자외선에 의해 체내에서 합성되는 비타민은?

① 비타민 A　　② 비타민 B

③ 비타민 C　　④ 비타민 D

해설 자외선에 의해 7 – 디하이드로 콜레스테롤은 비타민 D_3로, 에르고스테롤은 비타민 D_2로 변한다.

49. 식빵에 당질 50%, 지방 5%, 단백질 9%, 수분 24%, 회분 2%가 들어 있다면 식빵을 100g 섭취했을 때의 열량은?

---

① 281kcal

② 301kcal

③ 326kcal

④ 506kcal

해설 식빵 1g의 열량

= 탄수화물 + 단백질 + 지방

= $(0.5 \times 4) + (0.09 \times 4) + (0.05 \times 9)$

= $2 + 0.36 + 0.45 = 2.81$kcal

∴ 식빵 100g의 열량 = 2.81×100

　　　　　　　　　 = 281kcal

50. 다음 중 식품별 부족한 영양소가 잘못 짝지어진 것은?

① 콩류 – 트레오닌

② 곡류 – 리신

③ 채소류 – 메티오닌

④ 옥수수 – 트립토판

해설 콩에는 메티오닌이 부족하다.

51. 소독제로 가장 많이 사용되는 알코올의 농도는?

① 30%

② 50%

③ 70%

④ 100%

해설 알코올이 70%인 수용액은 살균력이 강하여 금속, 유리기구, 손 소독 등에 많이 사용된다.

52. 다음 중 곰팡이의 대사 산물이 사람이나 동물에 어떤 질병이나 이상한 생리작용을 유발하는 것은?

① 만성 감염병

② 급성 감염병

③ 화학적 식중독

④ 진균독 식중독

해설 곰팡이 식중독을 진균독 식중독이라 하며 아플라톡신 중독, 맥각 중독, 황변미 중독 등이 있다.

53. 발효시간을 연장해야 하는 경우는?

① 식빵의 반죽 온도가 27℃이다.

② 발효실 온도가 24℃이다.

③ 이스트 푸드가 충분하다.

④ 1차 발효실 상대 습도가 80%이다.

해설 발효실 온도는 27℃가 적합하며, 온도가 낮으면 발효시간이 길어진다.

54. 기구, 용기 또는 포장 제조에 함유될 수 있는 유해 금속과 거리가 먼 것은?

① 납

② 카드뮴

③ 칼슘

④ 비소

해설 칼슘은 인체 내 무기질 중 가장 많이 존재하며, 뼈와 치아의 구성 성분이다.

55. 균체의 독소 중 뉴로톡신(neurotoxin)을 생산하는 식중독균은?

① 포도상구균

② 클로스트리듐 보툴리눔균

③ 장염 비브리오균

④ 병원성 대장균

해설 클로스트리듐 보툴리눔균의 독소는 뉴로톡신이다. 완전히 가열 살균되지 않은 통조림이 원인이며 치사율이 가장 높다.

56. 식품 첨가물에 관한 설명 중 틀린 것은?

① 식품의 조리 가공에 있어서 상품적, 영양적, 위생적 가치를 향상시킬 목적으로 사용한다.

② 식품에 의도적으로 미량 첨가되는 물질이다.

③ 자연의 동식물에서 추출된 천연 식품 첨가물은 식품의약품안전청장의 허가 없이도 사용이 가능하다.

④ 식품에 첨가하거나 혼합, 침윤 등의 방법에 의해 사용된다.

[해설] 어떤 식품 첨가물도 식품의약품안전처장의 허가를 받아야 한다.

57. 부패를 판정하는 방법으로 사람에 의한 관능검사를 실시할 때 검사하는 항목이 아닌 것은?

① 색 　　　　　② 맛
③ 냄새 　　　　④ 균 수

[해설] 관능검사는 식품, 주류, 향수 등의 품질을 인간의 오감, 즉 시각, 청각, 촉각, 미각, 후각에 의해 평가하는 검사이며, 균 수는 오감을 통해 확인이 불가능하다.

58. 경구 감염병 중 바이러스에 의해 감염되어 발병하는 것은?

① 성홍열

② 장티푸스

③ 홍역

④ 아메바성 이질

[해설] 바이러스성 경구 감염병 : 소아마비, 전염성 설사증, 유행성 간염, 홍역 등

59. 경구 감염병의 예방 대책으로 틀린 것은?

① 환자 및 보균자의 발견과 격리

② 음료수의 위생 유지

③ 식품 취급자의 개인위생 관리

④ 숙주 감수성 유지

[해설] 숙주 감수성은 숙주에 침입한 병원체에 대항하여 감염이나 발병을 저지할 수 없는 상태를 말한다.

60. 급성 감염병을 일으키는 병원체로, 포자는 내열성이 강하며 생물학전이나 생물 테러에 사용될 수 있는 위험성이 높은 병원체는?

① 브루셀라균

② 탄저균

③ 결핵균

④ 리스테리아균

[해설] 탄저의 원인은 바실러스 안트라시스이며, 상처를 통해 침입하여 악성 농포를 만들기 때문에 피부 상처 부위로 감염되기 쉽다.

1회

2020년 복원문제

1. 굽기 중 오븐에서 일어나는 변화로 가장 높은 온도에서 발생하는 것은?

① 이스트 사멸
② 전분의 호화
③ 단백질의 변성
④ 설탕의 캐러멜화

해설 ① 60℃ ② 60℃ 전후 ③ 74℃ ④ 160℃

2. 호밀빵을 만들 때 호밀을 사용하는 이유로 알맞지 않은 것은?

① 독특한 맛
② 색상
③ 조직의 특성
④ 구조력 향상

3. 식빵 제조 시 최대의 부피를 얻을 수 있는 유지의 비율은?(단, 다른 재료의 양은 모두 동일하다고 본다.)

① 2%
② 4%
③ 8%
④ 12%

4. 다음 중 빵 도넛 반죽을 휴지시키는 이유가 아닌 것은?

① 밀어 펴기 작업이 쉬워진다.
② 흐트러진 구조를 재정돈한다.

③ 각 재료에서 수분이 발산된다.
④ 이산화탄소가 발생하여 반죽이 부푼다.

해설 휴지시키는 이유는 다음 작업을 용이하게 하기 위한 것이다.

5. 빵 제품의 노화 지연 방법으로 옳은 것은?

① −18℃ 냉동 보관
② 냉장 보관
③ 저배합, 고속 믹싱 제조
④ 수분 30~60% 유지

해설 빵을 −18℃ 이하에서 저장하면 노화가 일어나지 않는다.

6. 도넛에 설탕 아이싱을 사용할 때의 온도로 적합한 것은?

① 20℃ 전후
② 25℃ 전후
③ 40℃ 전후
④ 60℃ 전후

해설 아이싱에 적합한 온도는 40℃ 전후이다.

7. 스펀지/도우법에 있어서 스펀지 반죽에 사용하는 일반적인 밀가루 사용 범위는?

① 0~20%
② 20~40%
③ 40~60%
④ 60~100%

정답 1. ④ 2. ④ 3. ② 4. ③ 5. ① 6. ③ 7. ④

8. 스트레이트법과 비교한 스펀지/도우법에 대한 설명으로 옳은 것은?

① 노화가 빠르다.
② 발효 내구성이 좋다.
③ 속 결이 거칠고 부피가 작다.
④ 발효 향과 맛이 나쁘다.

[해설] 반죽을 1번하는 스트레이트법과 반죽을 2번하는 스펀지/도우법은 발효 내구성에서 차이가 있다.

9. 제조 공정상 비상 반죽법에서 가장 많은 시간을 단축할 수 있는 공정은?

① 재료 계량
② 믹싱
③ 1차 발효
④ 굽기

[해설] 비상 반죽법은 1차 발효시간이 15~30분으로 시간을 단축할 수 있는 공정이다.

10. 모닝빵을 1000개 만드는 데 한 사람이 3시간 걸렸다. 1500개 만드는 데 30분 내에 끝내려면 몇 사람이 작업해야 하는가?

① 2명
② 3명
③ 9명
④ 5명

[해설] 한 사람이 30분 동안 만들 수 있는 빵의 수

$= \dfrac{1000}{6}$개

구하는 사람 수를 x라 하면
x명이 30분 동안 빵 1500개를 만드는 관계식은

$\dfrac{1000}{6} \times x = 1500$

$\therefore x = \dfrac{1500 \times 6}{1000} = 9$명

11. 빵 제조 시 밀가루를 체로 치는 이유가 아닌 것은?

① 제품의 착색
② 입자의 균질성
③ 공기의 혼입
④ 불순물의 제거

[해설] 밀가루를 전처리하는 이유
• 불순물의 제거
• 산소의 혼입(이스트가 호흡하기 좋게 함)
• 2가지 이상의 재료가 섞이게 함
• 입자의 균질성

12. 빵이나 과자 속에 함유되어 있는 지방이 리파아제에 의해 소화가 되면 무엇으로 분해되는가?

① 동물성 지방 + 식물성 지방
② 글리세롤 + 지방산
③ 포도당 + 과당
④ 트립토판 + 리신

[해설] 지방은 리파아제에 의해 글리세롤과 지방산으로 분해된다.

13. 중간 발효에 대한 설명으로 틀린 것은?

① 글루텐 구조를 재정돈한다.
② 오버헤드 프루프라고 한다.
③ 가스 발생으로 반죽의 유연성을 회복한다.
④ 탄력성과 신장성에 나쁜 영향을 미친다.

14. 빵이나 카스텔라 등을 부풀게 하기 위해 첨가하는 합성 팽창제(baking powder)의 주성분은?

① 염화나트륨

② 탄산나트륨

③ 탄산수소나트륨

④ 탄산칼슘

15. 재료의 계량에 대한 설명으로 틀린 것은?

① 가루 재료는 서로 섞어 체질한다.

② 저울을 사용하여 정확히 계량한다.

③ 이스트, 소금, 설탕을 함께 계량한다.

④ 사용할 물은 반죽 온도에 맞도록 조절한다.

해설 이스트를 계량할 때 소금이나 설탕은 서로 접촉하지 않도록 한다.

16. 패닝에 대한 설명으로 틀린 것은?

① 비용적의 단위는 cm^3/g이다.

② 철판의 온도를 60℃로 맞춘다.

③ 반죽은 적정 분할량을 넣는다.

④ 반죽의 이음매가 틀의 바닥을 향하여 놓이도록 한다.

해설 패닝 시 철판의 온도는 32℃가 적합하다.

17. 액체 발효법(액종법)에 대한 설명으로 옳은 것은?

① 균일한 제품을 생산하기 어렵다.

② 발효 손실에 따른 생산의 손실을 줄일 수 있다.

③ 공간 확보와 설비 비용이 많이 든다.

④ 한번에 많은 양을 발효시킬 수 없다.

해설 액종법으로 만든 반죽은 발효시간이 짧아 발효에 따른 글루텐의 숙성과 향을 기대할 수 없다.

18. 제빵 시 성형(make-up)의 범위에 들어가지 않는 것은?

① 둥글리기

② 분할

③ 정형

④ 2차 발효

해설 제빵에서 성형은 1차 발효가 끝난 후부터 팬에 넣기까지의 공정으로 분할 → 둥글리기 → 중간 발효 → 정형 → 패닝을 말한다.

19. 반죽의 발효에 영향을 주지 않는 재료는?

① 쇼트닝

② 설탕

③ 이스트

④ 이스트 푸드

해설 이스트의 양이 많으면 발효 속도가 빨라 반죽시간이 짧아지고, 설탕은 가스 발생력을 좋게 하며, 이스트 푸드는 이스트의 발효를 촉진시키고 빵 반죽의 질을 좋게 한다.

20. 반죽의 신장성에 대한 저항을 측정하는 방법은?

① 믹소그래프

② 익스텐소그래프

③ 레오그래프

④ 패리노그래프

해설 • 믹소그래프 : 밀가루의 흡수율, 글루텐의 발달 정도 측정

• 레오그래프 : 반죽이 기계적인 발달을 할 때 일어나는 변화 측정

• 패리노그래프 : 밀가루의 흡수율, 반죽의 내구성, 믹싱시간 측정

정답 15. ③ 16. ② 17. ② 18. ④ 19. ① 20. ②

21. 완제품 50g짜리 식빵을 100개 만들려고 한다. 발효 손실 2%, 굽기 손실 12%, 총배합률 180%일 때, 분할 반죽 무게는?

① 약 4.68kg
② 약 5.68kg
③ 약 6.68kg
④ 약 7.68kg

해설 완제품 무게 $= 50g \times 100 = 5000g = 5kg$

∴ 반죽 무게 $= \dfrac{\text{완제품 무게}}{1-\text{굽기 손실}}$

$\qquad\qquad = \dfrac{5}{1-0.12}$

$\qquad\qquad \fallingdotseq 5.68kg$

22. 빵을 포장하는 프로필렌 포장지의 기능이 아닌 것은?

① 수분 증발 억제로 노화 지연
② 빵의 풍미 성분의 손실 지연
③ 포장 후 미생물의 오염 최소화
④ 빵의 로프균 오염 방지

해설 포장을 잘못했을 때 균이 침투되어 단백질이 분해되면서 실처럼 생기는 균이 로프균이다.

23. 믹싱의 효과와 거리가 먼 것은?

① 원료의 균일한 분산
② 반죽의 글루텐 형성
③ 이물질 제거
④ 반죽에 공기 혼입

해설 이물질 제거는 믹싱이 아니라 체질을 함으로써 얻을 수 있는 효과이다.

24. 빵의 제품 평가에서 브레이크와 슈레드 부족 현상의 원인으로 알맞지 않은 것은?

① 발효시간이 짧거나 길었다.
② 21~35℃에서 보관한다.
③ 2차 발효실 습도가 낮았다.
④ 오븐의 증기가 너무 많았다.

해설 브레이크와 슈레드 부족 현상의 원인
• 연수를 사용한 경우
• 이스트 양이 부족한 경우
• 진반죽일 경우
• 2차 발효시간이 긴 경우
• 습도는 낮고 온도는 높은 경우
• 오븐의 증기가 부족한 경우

25. 굳어진 아이싱 크림을 여리게 하는 방법으로 부적합한 것은?

① 중탕으로 가열한다.
② 설탕 시럽을 더 넣는다.
③ 전분이나 밀가루를 넣는다.
④ 소량의 물을 넣고 중탕으로 가온한다.

해설 아이싱의 끈적거림을 방지하기 위해 전분이나 밀가루를 넣으면 더 되직해져서 사용하기 부적합하다.

26. 냉동 반죽 제품의 장점이 아닌 것은?

① 이스트 사용량이 감소한다.
② 인당 생산량이 증가한다.
③ 계획 생산이 가능하다.
④ 반죽의 저장성이 향상된다.

해설 냉동 반죽법에서 냉동 저장 시 이스트가 일부 사멸하므로 이스트 양을 2배로 늘려준다.

27. 다음 중 단순 단백질이 아닌 것은?

① 알부민

② 글로불린

③ 헤모글로빈

④ 프롤라민

해설 헤모글로빈은 색소 단백질이며 복합 단백질이다.

28. 식빵을 포장하기에 가장 적합한 온도는?

① 20~24℃

② 25~29℃

③ 30~34℃

④ 35~40℃

해설 온도가 기준보다 낮으면 노화가 빠르고, 높으면 식빵을 썰기 나쁘며 곰팡이가 번식하기 쉬우므로 식빵을 포장하기에 가장 적합한 온도는 35~40℃이다.

29. 팽창제에 대한 설명 중 틀린 것은?

① 반죽을 부풀게 한다.

② 가스를 발생시키는 물질이다.

③ 제품에 질긴 성질을 준다.

④ 제품에 부드러운 조직을 부여한다.

해설 팽창제는 빵이나 과자를 부풀려 부피를 크게 하고 부드러움을 주기 위해 첨가한다.

30. 다음 중 빵 굽기 과정에 대한 설명이 아닌 것은?

① 이산화탄소의 방출과 노화를 촉진시킨다.

② 빵의 풍미 및 색깔을 좋게 한다.

③ 제빵 제조 공정의 최종 단계로 빵의 형태를 만든다.

④ 전분의 호화로 식품의 가치를 향상시킨다.

해설 빵 굽기 과정에서 이산화탄소와 수분이 방출되는 것은 호화의 일부분이며, 노화라고 하지 않는다.

31. 호밀빵을 굽기 전 윗면에 커팅이 필요한 이유는?

① 반죽의 팽창을 줄이기 위하여

② 맛을 좋게 하기 위하여

③ 불규칙한 터짐을 방지하기 위하여

④ 커팅을 하지 않아도 제품의 상태는 변함 없다.

해설 호밀빵은 굽기 중 불규칙한 터짐을 방지하기 위해 윗면에 커팅이 필요하다.

32. 밀가루와 밀의 현탁액을 일정한 온도로 균일하게 상승시킬 때 일어나는 정도의 변화를 계속적으로 자동 기록하는 장치는?

① 아밀로그래프

② 모세관 점도계

③ 피셔 점도계

④ 브룩필드 점도계

해설 아밀로그래프는 온도의 변화에 따라 점도에 미치는 밀가루의 α-아밀라아제 효과를 측정하는 장치이다.

33. 유당에 대한 설명으로 틀린 것은?

① 우유에 함유된 당으로 입상형, 분말형, 미분말형 등이 있다.

② 감미도는 설탕 100일 때 16 정도이다.

③ 환원당으로 아미노산의 존재 시 갈변반응을 일으킨다.

④ 포도당이나 자당에 비해 용해도가 높고 결정화가 느리다.

해설 유당은 용해도가 가장 낮고 감미도 또한 16으로 가장 낮으며 결정화가 느리다.

34. 초콜릿의 코코아와 카카오버터 함량으로 옳은 것은?

① 코코아 3/8, 카카오버터 5/8

② 코코아 2/8, 카카오버터 6/8

③ 코코아 5/8, 카카오버터 3/8

④ 코코아 4/8, 카카오버터 4/8

해설 • 초콜릿 = 코코아 + 카카오버터

• 코코아 : 62.5%(5/8)

• 카카오버터 : 37.5%(3/8)

35. 다음의 당류 중에서 상대적 감미도가 두 번째로 큰 것은?

① 과당　　　　　② 설탕

③ 포도당　　　　④ 맥아당

해설 과당(175) > 설탕(100) > 포도당(75) > 맥아당(32)

36. 달걀흰자의 약 13%를 차지하며 철과의 결합 능력이 강하여 미생물이 이용하지 못하는 항세균 물질은?

① 오브알부민(ovalbumin)

② 콘알부민(conalbumin)

③ 오보뮤코이드(ovomucoid)

④ 아비딘(avidin)

해설 달걀흰자의 단백질 구성 성분 : 오브알부민(54%), 콘알부민(13%), 오보뮤코이드(11%), 아비딘(0.005%)

37. 이스트에 대한 설명 중 옳지 않은 것은?

① 제빵용 이스트는 온도 20~25℃에서 발효력이 최대가 된다.

② 주로 출아법에 의해 증식한다.

③ 생이스트의 수분 함유율은 70~75%이다.

④ 엽록소가 없는 단세포 생물이다.

해설 이스트는 온도 30~38℃, pH 4.5~4.9에서 발효력이 최대가 된다.

38. 빵 효모의 발효에 가장 적합한 pH는?

① pH 2~4

② pH 4~6

③ pH 6~8

④ pH 8~10

해설 • 효모의 최적의 pH : 4.7

• 정상 반죽의 pH : 5.7

39. 제빵에 가장 적합한 물의 경도는?

① 0~60ppm

② 60~120ppm

③ 120~180ppm

④ 180ppm 이상

해설 제빵에 가장 적합한 물은 아경수로, 경도는 120~180ppm 미만이다.

40. 빵 제조 시 설탕의 사용 효과와 가장 거리가 먼 것은?

① 효모의 영양원

② 빵의 노화 지연

③ 글루텐 강화

④ 빵의 색 부여

해설 설탕과 유지는 글루텐 형성을 방해하며 소금은 글루텐을 강화시킨다.

41. 다음 중 전분의 종류에 따른 물리적 성질

과 가장 거리가 먼 것은?

① 냄새

② 호화 온도

③ 팽윤

④ 반죽의 점도

[해설] 전분은 냄새가 없으며, 전분의 종류에 따라 호화 온도, 팽윤, 반죽의 점도 등 물리적 반응 정도가 다르다.

42. 다음 중 다당류에 속하지 않는 것은?

① 섬유소

② 전분

③ 글리코겐

④ 맥아당

[해설] 맥아당은 포도당 2개가 결합한 이당류이다.

43. 쿠키에 사용하는 재료이며 퍼짐에 중요한 영향을 주는 당류는?

① 분당   ② 설탕

③ 포도당   ④ 물엿

[해설] 입자가 고운 설탕을 쓰면 퍼짐 결핍 현상이 생긴다.

44. 아이싱에 사용하여 수분을 흡수하므로 아이싱이 젖거나 묻어나는 것을 방지하는 흡수제로 알맞지 않은 것은?

① 밀 전분

② 옥수수 전분

③ 설탕

④ 타피오카 전분

[해설] 흡수제는 아이싱이 젖거나 끈적거려 달라

붙는 현상을 없애기 위해 사용하는 것으로 밀 전분, 옥수수 전분, 타피오카 전분 등이 있다.

45. 다음 중 단일 불포화 지방산은?

① 올레산

② 팔미트산

③ 리놀렌산

④ 아라키돈산

[해설] 올레산은 이중 결합이 1개인 단일 불포화 지방산이며 리놀레산, 리놀렌산, 아라키돈산은 이중 결합이 2개 이상인 다가 불포화 지방산이다.

46. 단백질의 소화 효소가 아닌 것은?

① 펩티다아제

② 트립신

③ 리파아제

④ 펩신

[해설] 펩신, 트립신, 펩티다아제는 단백질 가수분해 효소이며, 리파아제는 지방 가수분해 효소이다.

47. 식자재의 교차오염을 예방하기 위한 보관 방법으로 잘못된 것은?

① 원재료와 완성품을 구분하여 보관한다.

② 바닥과 벽으로부터 일정 거리를 띄우고 보관한다.

③ 뚜껑이 있는 청결한 용기에 덮개를 덮어서 보관한다.

④ 식자재와 비식자재를 식품 창고에 함께 보관한다.

[해설] 식자재와 비식자재는 같은 창고에 보관하지 않고 구분한다.

정답 42. ④ 43. ② 44. ③ 45. ① 46. ③ 47. ④

48. 생리기능의 조절 작용을 하는 영양소는?

① 탄수화물, 지방
② 탄수화물, 단백질
③ 지방, 단백질
④ 무기질, 비타민

해설 생리기능의 조절 작용을 하는 영양소는 무기질, 비타민, 물이다.

49. 굽기에 대한 설명으로 가장 적합한 것은?

① 저율 배합은 낮은 온도에서 장시간 굽는다.
② 저율 배합은 높은 온도에서 단시간 굽는다.
③ 고율 배합은 낮은 온도에서 단시간 굽는다.
④ 고율 배합은 높은 온도에서 장시간 굽는다.

해설 저율 배합은 높은 온도에서 짧은 시간 굽고, 고율 배합은 낮은 온도에서 장시간 굽는다.

50. 하루 2400kcal를 섭취하는 사람의 이상적인 탄수화물 섭취량은?

① 140~150g   ② 200~230g
③ 260~320g   ④ 330~420g

해설 탄수화물의 1일 섭취량은 1일 섭취하는 총 열량의 65%가 적합하며, 탄수화물은 1g당 4kcal의 열량을 낸다.
∴ 탄수화물 섭취량 = 2400×0.65÷4 = 390g

51. 식품 첨가물 사용 시 유의할 사항 중 잘못된 것은?

① 사용 대상 식품의 종류를 잘 파악한다.
② 첨가물의 종류에 따라 사용량을 지킨다.
③ 첨가물의 종류에 따라 사용 조건을 제한하지 않는다.
④ 보존 방법이 명시된 것은 반드시 보존 기준을 지킨다.

해설 보존료의 경우 데히드로초산염은 치즈, 버터, 마가린에 사용하며 프로피온산염은 빵, 생과자에 사용한다.

52. 살균이 불충분한 육류 통조림으로 인해 식중독이 발생했을 경우와 가장 관련이 깊은 식중독균은?

① 살모넬라균
② 시겔라균
③ 황색 포도상구균
④ 보툴리누스균

해설 보툴리누스균은 뉴로톡신을 생성하여 식중독을 일으킨다. 통조림, 햄, 소시지 등이 원인 식품이며 치사율이 30~80%로 가장 높다.

53. 보툴리누스 식중독에서 나타날 수 있는 주요 증상 및 증후가 아닌 것은?

① 구토 및 설사   ② 호흡 곤란
③ 출혈   ④ 사망

해설 보툴리누스 식중독에서 나타날 수 있는 증상은 구토 및 설사, 시력 저하, 동공 확장, 신경 마비, 호흡 곤란, 사망 등이 있으며, 식중독 중에서 치사율이 가장 높다.

54. 인수공통 감염병으로만 짝지어진 것은?

① 폴리오, 장티푸스
② 탄저, 리스테리아증
③ 결핵, 유행성 간염
④ 홍역, 브루셀라증

해설 인수공통 감염병은 사람과 가축에게 똑같이 발생하는 감염병으로 탄저, 야토병, 결핵, 돈단독, 리스테리아증, Q열, 파상열 등이 있다.

55. 다음 중 부패 세균이 아닌 것은?

① 어위니아균　　② 슈도모나스균
③ 고초균　　　　④ 티포이드균

해설 티포이드균은 사람이나 동물에 티푸스성 질환을 일으키며, 식중독의 원인균이다.

56. 환경 중의 가스를 조절하여 채소와 과일의 변질을 억제하는 방법은?

① 변형 공기 포장
② 무균 포장
③ 상업적 살균
④ 통조림

해설 변형 공기 포장법은 식품을 부패시키는 미생물이 자라는 것을 억제하기 위해 음식물을 포장할 때 질소와 이산화탄소를 넣는 식품 포장법이다.

57. 쥐 또는 곤충류에 의해 발생할 수 있는 식중독은?

① 살모넬라 식중독
② 클로스트리듐 보툴리눔 식중독
③ 포도상구균 식중독
④ 장염 비브리오 식중독

해설 살모넬라균은 가축의 배설물에서 쉽게 발견된다.

58. 빵을 제조하는 과정에서 반죽 후 분할기로부터 분할할 때나 구울 때 달라붙지 않게 할 목적으로 허용된 첨가물은?

① 글리세린
② 프로필렌글리콜
③ 초산 비닐수지
④ 유동 파라핀

해설 빵을 제조하는 과정에서 반죽을 분할할 때나 구울 때 달라붙지 않게 할 목적으로 허용된 첨가물은 이형제이며, 유동 파라핀 1가지이다.

59. 독소형 세균성 식중독의 원인균은?

① 황색 포도상구균
② 살모넬라균
③ 장염 비브리오균
④ 대장균

해설 독소형 세균성 식중독의 원인균에는 황색 포도상구균, 보툴리누스균, 웰치균 등이 있다.

60. 생산 공장 시설의 효율적인 배치에 대한 설명 중 적합하지 않은 것은?

① 작업용 바닥 면적은 그 장소를 이용하는 사람 수에 따라 달라진다.
② 판매장소와 공장 면적의 배분 비율(판매 3 : 공장 1)로 구성되는 것이 바람직하다.
③ 공장의 소요 면적은 주방 설비의 설치 면적과 기술자의 작업을 위한 공간 면적으로 이루어진다.
④ 공장의 모든 업무가 효율적으로 진행되기 위한 기본은 주방의 위치와 규모에 대한 설계이다.

해설 생산 공장 및 매장의 시설은 판매 1 : 공장 3의 규모로 구성되는 것이 이상적이다.

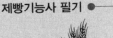

1. 다음 중 보관 장소가 나머지 재료와 크게 다른 것은?

① 설탕
② 소금
③ 생이스트
④ 밀가루

[해설] 생이스트는 냉장고에 보관한다.

2. 일반적인 도넛의 튀김 온도로 가장 적합한 범위는?

① 170~176℃
② 180~195℃
③ 200~210℃
④ 220~230℃

[해설] 튀김 온도가 지나치게 낮으면 제품에 기름이 많이 흡수되므로 튀김 온도는 180~195℃가 적합하다.

3. 빵을 포장하는 포장재의 특성으로 적합하지 않은 성질은?

① 위생성
② 보호성
③ 작업성
④ 단열성

[해설] 빵을 단열성이 있는 포장재로 포장하면 미생물에 오염될 요인이 크다.

4. 제빵 시 적정량보다 많은 분유를 사용했을 경우의 결과로 잘못된 것은?

① 양 옆면과 바닥이 움푹 들어가는 현상이 생긴다.
② 캐러멜화에 의해 껍질색이 검어진다.

③ 모서리가 예리한 편이며 터지거나 슈레드가 적다.
④ 세포벽이 두꺼워 황갈색을 나타낸다.

[해설] 단백질이 함유된 분유를 많이 사용했을 경우 구조력이 강해지므로 양 옆면과 바닥이 움푹 들어가는 현상이 생기지 않는다.

5. 빵 굽기 과정에서 오븐 스프링(오븐 팽창)에 의한 반죽의 부피 팽창 정도로 가장 알맞은 것은?

① 처음 크기의 약 1/2까지
② 처음 크기의 약 1/3까지
③ 처음 크기의 약 1/5까지
④ 처음 크기의 약 1/6까지

[해설] 오븐 스프링(오븐 팽창)은 2차 발효된 반죽이 처음 크기의 약 1/3까지 급격히 팽창되는 현상이다.

6. 스펀지/도우법에서 스펀지 발효시간은?

① 1시간~2시간 30분
② 3시간~4시간 30분
③ 5시간~6시간
④ 7시간~8시간

[해설] 스펀지/도우법에서 스펀지는 27℃의 발효실에서 75~80%의 상대 습도로 3시간~4시간 30분 정도 발효시킨다.

7. 다음 중 제빵에 가장 적합한 물은?

① 경수
② 아경수
③ 아연수
④ 연수

해설 제빵에 가장 적합한 물은 아경수로, 물의 경도는 120～180ppm 미만이다.

8. 빵 발효에 영향을 주는 요소에 대한 설명으로 틀린 것은?

① 사용하는 이스트 양이 많으면 발효시간이 감소한다.
② 삼투압이 높으면 발효가 지연된다.
③ 제빵용 이스트는 약알칼리성에서 가장 잘 발효된다.
④ 적정량의 손상 전분은 발효성 탄수화물을 공급한다.

해설 제빵용 이스트는 약산성에서 가장 잘 발효된다.

9. 영구적 경수는 주로 어떤 물질에서 기인하는가?

① $CaSO_4$, $MgSO_4$
② $CaCO_3$, $MgCO_3$
③ Na_2CO_3, Na_2SO_4
④ $CaCO_3$, Na_2CO_3

해설 영구적 경수는 황산염($CaSO_4$, $MgSO_4$)에 기인하며, 끓여도 성질이 변하지 않는다.

10. 제빵에 사용되는 효모와 가장 거리가 먼 효소는?

① 프로테아제
② 셀룰라아제

③ 인베르타아제
④ 말타아제

해설 셀룰라아제는 섬유소(셀룰로오스)를 분해하는 효소로, 각종 달팽이류 및 미생물체에 존재하며 사람의 소화기관에는 존재하지 않는다.

11. 도넛에 묻힌 설탕이 녹는 현상(발한현상)을 감소시키기 위한 조치로 틀린 것은?

① 냉각 중 환기를 많이 시킨다.
② 충분히 냉각시킨다.
③ 도넛에 묻히는 설탕의 양을 증가시킨다.
④ 가급적 짧은 시간 동안 튀긴다.

해설 발한 현상을 감소시키기 위해 점착력이 있는 기름을 사용하거나 튀김시간을 늘린다.

12. 아이싱의 끈적거림을 방지하는 방법으로 잘못된 것은?

① 액체를 최소량으로 사용한다.
② 40℃ 정도로 가온한 아이싱 크림을 사용한다.
③ 안정제를 사용한다.
④ 케이크 제품이 냉각되기 전에 아이싱한다.

해설 바로 구운 제품은 냉각시킨 후, 냉동 제품은 해동시킨 후 아이싱을 한다.

13. 유당(lactose)의 설명으로 틀린 것은?

① 포유동물의 젖에 많이 함유되어 있다.
② 사람에 따라 유당을 분해하는 효소가 부족하여 소화시키지 못하는 경우가 있다.
③ 비환원당이다.
④ 유산균에 의해 젖산을 생성한다.

해설 유당은 이당류에 속하고 환원당이며, 설탕이 비환원당이다.

14. 판 젤라틴을 전처리하기 위한 물의 온도로 알맞은 것은?

① 10~20℃

② 30~40℃

③ 60~70℃

④ 80~90℃

15. 비용적이 2.5cm³/g인 제품을 다음과 같은 원형 팬을 사용하여 만들려고 한다. 필요한 반죽의 무게는?(단, 소수 첫째 자리에서 반올림하시오.)

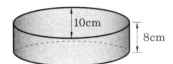

① 약 100g　　　② 약 251g

③ 약 628g　　　④ 약 1570g

해설 틀 부피 = (반지름×반지름×3.14)×높이

= $(5×5×3.14)×8$

= $628cm^3$

∴ 반죽의 무게 = $\dfrac{\text{틀 부피}}{\text{비용적}}$ = $\dfrac{628}{2.5}$ ≒ 251g

16. 빵, 과자 배합표의 자료 활용법으로 적합하지 않은 것은?

① 원가 산출

② 빵의 생산기준 파악

③ 재료의 사용량 파악

④ 국가별 빵의 종류 파악

해설 빵, 과자 배합표로는 국가별 빵의 종류는 파악할 수 없지만 국가별 빵의 특성은 파악할 수 있다.

17. 유화제를 사용하는 목적이 아닌 것은?

① 물과 기름이 잘 혼합되도록 한다.

② 빵이나 케이크를 부드럽게 한다.

③ 빵이나 케이크가 노화되는 것을 지연시킨다.

④ 달콤한 맛이 나게 한다.

해설 유화제는 물질의 표면장력을 떨어뜨려 계면활성을 활발하게 하고, 부피와 조직을 개선하며 노화를 지연시키는 데 목적이 있다.

18. 제빵 배합표 작성 시 베이커스 퍼센트(baker's %)에서 기준이 되는 재료는?

① 설탕

② 물

③ 밀가루

④ 유지

해설 베이커스 퍼센트는 밀가루의 양을 100이라 할 때 각 재료의 양을 %로 나타낸 것으로, 기준이 되는 재료는 밀가루이다.

19. 무게에 관한 설명 중 옳은 것은?

① 1kg은 10g이다.

② 1kg은 100g이다.

③ 1kg은 1000g이다.

④ 1kg은 10000g이다.

20. 빵의 원재료 중 밀가루의 글루텐 함량이 많을 때 나타나는 결함이 아닌 것은?

① 겉껍질이 두껍다.

② 기공이 불규칙하다.

③ 비대칭성이다.

④ 윗면이 검다.

해설 반죽 시 글루텐을 많이 발전시키면 껍질색이 연하고 옆면이 움푹 들어가며, 기공이 거칠고 불규칙적이다.

21. 빵의 품질 평가 방법에 있어서 외부 평가 기준이 아닌 것은?

① 조직
② 굽기의 균일함
③ 껍질의 성질
④ 터짐과 광택 부족

해설 조직은 빵의 품질 평가 방법에 있어서 내부 평가 기준에 해당한다.

22. 다음 표에 나타난 배합 비율을 이용하여 빵 반죽 1802g을 만들려고 한다. 다음 재료 중 계량된 무게가 잘못된 것은?

순서	재료명	비율(%)	무게(g)
1	강력분	100	1000
2	물	63	(㉠)
3	이스트	2	20
4	이스트 푸드	0.2	(㉡)
5	설탕	6	(㉢)
6	쇼트닝	4	40
7	분유	3	(㉣)
8	소금	2	20
합계		180.2	1802

① ㉠ 630g
② ㉡ 2.4g
③ ㉢ 60g
④ ㉣ 30g

해설 베이커스 퍼센트는 밀가루 100을 기준으로 한다. 밀가루 100에 대하여 무게가 10배이므로 나머지 재료도 10배 하면 ㉡은 2g이 되어야 맞다.

23. 다음 중 제빵 제조 공정의 4대 주요 관리 항목에 속하지 않는 것은?

① 시간 관리
② 온도 관리
③ 공정 관리
④ 영양 관리

해설 제빵 제조 공정의 4대 주요 관리 항목은 시간, 온도, 습도, 공정이다.

24. 팬에 바르는 기름은 무엇이 높은 것을 선택해야 하는가?

① 크림성
② 산가
③ 발연점
④ 가소성

해설 팬에 바르는 기름은 발연점이 높은 것을 사용하며, 반죽 무게의 0.1~0.2% 정도를 사용한다.

25. ppm을 나타낸 것으로 옳은 것은?

① g당 무게의 백분율
② g당 무게의 만분율
③ g당 무게의 십만분율
④ g당 무게의 백만분율

해설 ppm은 g당 무게의 백만분율로 1/1000000이다.

26. 성형 시 둥글리기의 목적에 대한 설명과 거리가 먼 것은?

① 겉껍질을 형성한다.
② 가스 포집을 돕는다.
③ 끈적거림을 없앤다.
④ 껍질색을 좋게 한다.

해설 빵의 껍질색은 배합비, 발효 정도, 굽는 온도와 시간에 영향을 받는다.

27. 다당류 중 포도당으로만 구성되어 있는 탄수화물이 아닌 것은?

① 셀룰로오스
② 전분
③ 펙틴
④ 글리코겐

해설 펙틴은 포도당에 유리산, 암모늄, 칼륨 등이 결합된 복합 다당류로, 잼이나 젤리를 만드는 데 이용된다.

28. 빵 반죽의 흡수율에 영향을 미치는 요소에 대한 설명으로 옳은 것은?

① 설탕이 5% 증가하면 흡수율은 1%씩 감소한다.
② 빵 반죽에 알맞은 물은 경수(센물)보다 연수(단물)이다.
③ 반죽 온도가 5℃ 오르면 흡수율은 3% 증가한다.
④ 유화제 사용량이 많으면 물과 기름의 결합이 좋아져 흡수율이 감소된다.

해설 • 빵 반죽에 알맞은 물은 아경수이다.
• 반죽 온도가 5℃ 오르면 흡수율은 3% 감소한다.
• 유화제 사용량은 수분 보유력에 영향을 미친다.

29. 펀치의 효과와 거리가 먼 것은?

① 이스트의 활성을 돕는다.
② 반죽의 온도를 균일하게 한다.
③ 산소 공급으로 반죽의 산화 숙성을 진전시킨다.
④ 성형을 용이하게 한다.

해설 펀치는 1차 발효 중 반죽을 가볍게 두드리는 것을 말하며, 성형을 용이하게 하는 공정은 중간 발효이다.

30. 냉동 반죽을 2차 발효시키는 방법 중 가장 알맞은 것은?

① 냉장고에서 15~16시간 냉장 해동시킨 후 온도 30~33℃, 상대 습도 80%의 2차 발효실에서 발효시킨다.
② 실온(25℃)에서 30~60분간 자연 해동시킨 후 온도 30℃, 상대 습도 85%의 2차 발효실에서 발효시킨다.
③ 냉동 반죽을 온도 30~33℃, 상대 습도 80%의 2차 발효실에 넣어 해동시킨 후 발효시킨다.
④ 냉동 반죽을 온도 38~43℃, 상대 습도 90%의 고온다습한 2차 발효실에 넣어 해동시킨 후 발효시킨다.

31. 상대적 감미도가 알맞게 연결된 것은?

① 과당 : 135
② 포도당 : 75
③ 맥아당 : 16
④ 전화당 : 100

해설 상대적 감미도
과당(175) > 전화당(130) > 포도당(75) > 맥아당(32)

32. 빵을 만들 때 사용되는 밀가루는?

① 박력분　　② 중력분
③ 강력분　　④ 대두분

해설 빵을 만들 때는 단백질 함량이 많은 강력분을 사용한다.

33. 젤리 형성의 3요소가 아닌 것은?

① 당분　　② 유기산

③ 펙틴   ④ 염

해설 젤리 형성의 3요소
당분 60~65%, 유기산 0.3%, 펙틴 1.0~1.5%

34. 일반적인 생이스트의 저장 온도로 알맞은 것은?

① −15℃

② −10~−15℃

③ 0~5℃

④ 15~20℃

해설 생이스트는 압착효모라 하며 수분이 70%를 차지한다. 저장 기간이 짧으며 냉장 온도에서 저장해야 한다.

35. 일반적으로 가소성 유지 제품(쇼트닝, 마가린, 버터 등)은 상온에서 고형질이 얼마나 들어있는가?

① 20~30%

② 50~60%

③ 70~80%

④ 90~100%

해설 가소성 유지 제품인 쇼트닝, 마가린, 버터 등은 고형질이 20~30% 범위에 있다.

36. 이스트 푸드에 관한 사항 중 틀린 것은?

① 물 조절제 – 칼슘염

② 이스트 영양분 – 암모늄염

③ 반죽 조절제 – 산화제

④ 이스트 조절제 – 글루텐

37. 밀가루의 물성을 전문적으로 시험하는 기

계만 나타낸 것은?

① 패리노그래프, 가스크로마토그래피, 익스텐소그래프

② 패리노그래프 익스텐소그래프, 아밀로그래프

③ 패리노그래프, 아밀로그래프, 파이브로 미터

④ 아밀로그래프, 익스텐소그래프, 펑츄어 테스터

해설 · 패리노그래프 : 밀가루의 흡수율, 반죽의 내구성, 믹싱시간 측정
· 익스텐소그래프 : 반죽의 신장성 측정
· 아밀로그래프 : 밀가루의 호화 정도, 전분의 질 측정

38. 코코아에 대한 설명으로 잘못된 것은?

① 코코아에는 천연 코코아와 더치 코코아가 있다.

② 더치 코코아는 천연 코코아를 알칼리 처리하여 만든다.

③ 더치 코코아는 색상이 진하고 물에 잘 분산된다.

④ 천연 코코아는 중성을, 더치 코코아는 산성을 나타낸다.

해설 천연 코코아는 산성을, 더치 코코아는 알카리성을 나타낸다.

39. 제빵 시 적절한 2차 발효점은 완제품 용적의 몇 %가 가장 적합한가?

① 40~45%

② 50~55%

③ 70~80%

④ 90~95%

해설 2차 발효점은 제빵 시 오븐 팽창을 고려하여 완제품 용적의 70~80% 정도가 가장 적합하다.

정답 **34.** ③ **35.** ① **36.** ④ **37.** ② **38.** ④ **39.** ③

40. 바게트 배합률에서 비타민 C를 30ppm 사용하려고 할 때, 이 용량을 %로 바르게 나타낸 것은?

① 0.3%

② 0.03%

③ 0.003%

④ 0.0003%

[해설] ppm은 백만분율, %는 백분율이므로 $1\% = 10000\text{ppm}$, 즉 $1\text{ppm} = \dfrac{1}{10000}\%$이다.

∴ $30\text{ppm} = \dfrac{30}{10000}\% = 0.003\%$

41. 일반적으로 제빵에 사용하는 밀가루의 단백질 함량은?

① 7~9%　　　　② 9~10%

③ 11~13%　　　④ 14~16%

[해설] 제빵에 사용하는 밀가루는 단백질 함량이 11~13%로 높은 강력분이다.

42. 달걀흰자가 288g 필요할 때 전란 60g짜리 달걀은 몇 개 정도 필요한가? (단, 달걀 중 난백의 함량은 60%이다.)

① 6개　　　　　② 8개

③ 10개　　　　　④ 13개

[해설] • 달걀흰자의 함량 = 60%

• 달걀 1개의 흰자의 양 = $60\text{g} \times 0.6 = 36\text{g}$

∴ 필요한 달걀의 수 = $\dfrac{288\text{g}}{36\text{g}} = 8$개

43. 화이트 초콜릿에 들어 있는 카카오버터의 함량은?

① 70% 이상　　　② 20% 이상

③ 10% 이하　　　④ 5% 이하

44. 제빵용 이스트에 들어 있지 않은 효소는?

① 치마아제

② 인베르타아제

③ 락타아제

④ 말타아제

[해설] 제빵용 이스트에는 락타아제가 들어 있지 않아 유당을 분해하지 못하며, 분해되지 못한 유당은 껍질색을 개선하는 데 도움을 준다.

45. 중간 발효에 대한 설명으로 옳은 것은?

① 상대 습도 85% 전후로 시행한다.

② 중간 발효 중 습도가 높으면 껍질이 형성되어 빵 속에 단단한 소용돌이가 생성된다.

③ 중간 발효 온도는 27~29℃가 적당하다.

④ 중간 발효가 잘되면 글루텐이 잘 발달된다.

[해설] 중간 발효는 온도 27~29℃, 습도 75% 전후에서 한다. 이때 습도가 낮으면 껍질이 형성되어 빵 속에 단단한 소용돌이가 생성된다.

46. 전화당의 특성이 아닌 것은?

① 껍질색이 빨리 형성되게 한다.

② 제품에 신선한 향을 부여한다.

③ 설탕의 결정화를 감소, 방지한다.

④ 가스 발생력을 증가시킨다.

[해설] 가스 발생력을 증가시키는 것과 관련이 있는 것은 맥아당과 포도당이다.

47. 빵을 구웠을 때 갈변이 되는 것은 어떤 반응에 의한 것인가?

① 비타민 C의 산화에 의하여

② 효모에 의한 갈색 반응에 의하여

③ 마이야르 반응과 캐러멜화 반응이 동시에 일어나므로

④ 클로로필(chlorophyll)이 열에 의해 변성되므로

해설　빵을 구웠을 때 당류가 고온 160℃에서 분해되면서 설탕의 마이야르 반응과 캐러멜화 반응이 동시에 일어나 갈변이 된다.

48. 티아민(thiamin)의 생리작용과 관계가 없는 것은?

① 각기병　　　　　② 구순구각염
③ 에너지 대사　　　④ TPP로 전환

해설　구순구각염은 비타민 B_2(리보플라빈)의 결핍증이다.

49. 빵의 노화 방지에 유효한 첨가물은?

① 이스트 푸드
② 산성 탄산나트륨
③ 모노글리세라이드
④ 탄산암모늄

해설　모노글리세라이드는 가장 많이 사용하는 계면활성제의 하나로, 빵의 수분을 보유하여 노화를 방지하는 유화제이다.

50. 성장기 어린이, 빈혈 환자, 임산부 등 생리적 요구가 높을 때 흡수율이 높아지는 영양소는?

① 철분　　　　　② 나트륨
③ 칼륨　　　　　④ 아연

해설　철분(Fe)은 헤모글로빈의 구성 성분으로 간, 난황, 육류, 녹황색 채소류 등에 함유되어 있으며, 결핍되면 빈혈이 생긴다.

51. 음식물을 통해서만 얻을 수 있는 아미노산과 거리가 먼 것은?

① 메티오닌(methionine)
② 리신(lysine)
③ 트립토판(tryptophan)
④ 글루타민(glutamine)

해설　음식물을 통해서만 얻을 수 있는 아미노산은 필수 아미노산으로 트레오닌, 메티오닌, 트립토판, 리신, 류신 등이 있다.

52. 절대적으로 공기와의 접촉이 차단된 상태에서만 생존할 수 있어 산소가 있으면 사멸되는 균은?

① 호기성균　　　　② 편성 호기성균
③ 통성 호기성균　　④ 편성 혐기성균

해설　편성 혐기성균은 산소가 없는 상태에서 증식되는 것으로 산소가 있으면 사멸된다.

53. 다음 중 인수공통 감염병은?

① 폴리오　　　　　② 이질
③ 야토병　　　　　④ 전염성 설사병

해설　인수공통 감염병 : 결핵, 탄저, 살모넬라, 선모충, Q열, 광견병, 페스트, 야토병, 파상열

54. 표면장력을 변화시켜 빵과 과자의 부피와 조직을 개선하고 노화를 지연시키기 위해 사용하는 것은?

① 계면활성제　　　② 소포제
③ 피막제　　　　　④ 산화방지제

해설　계면활성제는 물과 기름의 표면장력을 떨어뜨려 혼합을 용이하게 하는 첨가물이다.

정답　48. ②　49. ③　50. ①　51. ④　52. ④　53. ③　54. ①

55. 다음 중 주로 어패류에 의해 감염되는 식중독균은?

① 대장균

② 살모넬라균

③ 장염 비브리오균

④ 리스테리아균

해설 장염 비브리오균은 해수 세균으로 3~4%의 식염 농도에서 잘 자라며, 어패류를 생식했을 때 발생하므로 반드시 가열한 후 섭취한다.

56. 병원성 대장균의 특징이 아닌 것은?

① 감염 시 주증상은 급성 장염이다.

② 그람 양성균이며 포자를 형성한다.

③ 락토오스를 분해하여 산과 가스(CO_2)를 생산한다.

④ 열에 약하며 75℃에서 3분간 가열하면 사멸된다.

해설 병원성 대장균은 그람 음성균이며 포자를 형성하지 않는다.

57. 경구 감염병을 일으키는 것으로 바르게 연결되지 않은 것은?

① 곰팡이에 의한 것 – 아플라톡신

② 바이러스에 의한 것 – 유행성 간염

③ 원충류에 의한 것 – 아메바성 이질

④ 세균에 의한 것 – 장티푸스

해설 경구 감염병에는 바이러스성 감염, 원충성 감염, 세균성 감염 등이 있다. 누룩곰팡이가 재래식 된장이나 곶감에 들어가 아플라톡신 독소를 생성하면 곰팡이 식중독을 일으킨다.

58. 페디스토마의 제1중간 숙주는?

① 돼지고기

② 쇠고기

③ 참붕어

④ 다슬기

해설 폐흡충(폐디스토마)
• 제1중간 숙주 : 다슬기
• 제2중간 숙주 : 가재, 게

59. 식중독에 대한 설명 중 틀린 것은?

① 클로스트리듐 보툴리눔균은 혐기성 세균이므로 통조림 또는 진공 포장 식품에서 증식하여 독소형 식중독을 일으킨다.

② 장염 비브리오균은 감염형 식중독 세균이며 원인 식품은 식육이나 유제품이다.

③ 리스테리아균은 균 수가 적어도 식중독을 일으키며, 냉장 온도에서도 증식이 가능하므로 식품을 냉장 상태로 보존하더라도 안심할 수 없다.

④ 바실러스 세레우스균은 토양 또는 곡류 등 탄수화물 식품에서 식중독을 일으킬 수 있다.

해설 장염 비브리오균은 감염형 식중독 세균으로 어패류, 해조류를 생식했을 때 발생하므로 반드시 가열한 후 섭취한다.

60. 식품과 부패에 관여하는 주요 미생물의 연결이 옳지 않은 것은?

① 곡류 – 곰팡이

② 육류 – 세균

③ 어패류 – 곰팡이

④ 통조림 – 포자 형성 세균

해설 어패류는 수분활성도가 높아 곰팡이가 아니라 세균이 부패에 관여한다.

1. 스펀지/도우법에서 스펀지 반죽의 재료에 해당하지 않는 것은?

① 설탕　　　② 물
③ 이스트　　④ 밀가루

해설 스펀지/도우법은 밀가루, 물, 이스트를 섞어 2시간 이상 발효시킨 스펀지를 나머지 재료와 섞어 만드는 방법이다.

2. 빵의 부피가 가장 크게 되는 경우는?

① 숙성이 안 된 밀가루 사용
② 2차 발효가 많이 된 것
③ 반죽이 너무 지나치게 된 것
④ 물을 적게 사용한 반죽

해설 2차 발효가 많이 되면 빵의 부피가 크다.

3. 제품의 특성상 일반적으로 노화가 가장 빠른 것은?

① 식빵
② 도넛
③ 단과자빵
④ 카스텔라

해설 식빵은 설탕과 유지의 함량이 적어 노화가 빠르게 진행된다.

4. 아이싱에 이용되는 퐁당(fondant)은 설탕의 어떤 성질을 이용하는가?

① 설탕의 보습성
② 설탕의 재결정성
③ 설탕의 용해성
④ 설탕이 자당으로 변하는 현상

5. 여름철 빵의 부패 원인균인 곰팡이 및 세균을 방지하기 위한 방법으로 틀린 것은?

① 작업자 및 기계, 기구를 청결히 하고 공장 내부의 공기를 순환시킨다.
② 이스트 첨가량을 늘리고 발효 온도를 약간 낮게 유지하면서 충분히 굽는다.
③ 초산, 젖산 및 사워 등을 첨가하여 반죽의 pH를 낮게 유지한다.
④ 보존료로 소르빈산을 반죽에 첨가한다.

해설 빵이나 과자에 사용되는 보존료는 프로피온산 칼슘, 프로피온산 나트륨이며, 소르빈산은 식육, 어육 제품에 사용되는 보존료이다.

6. 분할에 대한 설명으로 옳은 것은?

① 1배합당 식빵류는 30분 내에 분할한다.
② 기계 분할은 발효 과정의 진행과는 무관하며, 시간에 제한을 받지 않는다.
③ 기계 분할은 손 분할에 비해 약한 밀가루로 만든 반죽의 분할에 유리하다.
④ 손 분할은 오븐 스프링이 좋아 부피가 양호한 제품을 만들 수 있다.

해설 손 분할은 기계 분할과 달리 글루텐이 파괴되지 않으므로 더 좋은 부피를 얻을 수 있다.

정답 1. ①　2. ②　3. ①　4. ②　5. ④　6. ④

7. 빵을 구워서 잰 직후의 수분 함량과 냉각 후 포장하기 직전의 수분 함량으로 가장 적합한 것은?

① 35%, 27%

② 45%, 38%

③ 60%, 52%

④ 68%, 60%

8. 500g의 식빵을 2개 만들려고 한다. 총 배합률은 180%이고 발효 손실은 1%, 굽기 손실은 12%일 때 사용할 밀가루 무게는 약 얼마인가?(단, 답은 소수 첫째 자리에서 반올림한다.)

① 319g   ② 638g

③ 568g   ④ 284g

해설 • 빵 2개의 무게 = $500g \times 2 = 1000g$

• 총 반죽 무게 = $\dfrac{완제품\ 무게}{(1-굽기\ 손실)(1-발효\ 손실)}$

$= \dfrac{1000}{(1-0.12)(1-0.01)}$

$≒ 1148g$

∴ 밀가루 무게 = $\dfrac{총\ 반죽\ 무게}{총\ 배합률}$

$= \dfrac{1148}{1.8}$

$≒ 638g$

9. 반죽형 과자 반죽의 믹싱법과 장점이 잘못 짝지어진 것은?

① 크림법 – 제품의 부피를 크게 함

② 블렌딩법 – 제품의 내상이 부드러움

③ 설탕/물법 – 계량의 정확성과 운반의 편리성

④ 1단계법 – 사용 재료의 절약

해설 1단계법 – 노동력과 제조 시간의 절약

10. 스펀지/도우법에서 스펀지 밀가루 사용량을 증가시킬 때 나타나는 결과가 아닌 것은?

① 도우 제조 시 반죽시간이 길어짐

② 완제품의 부피가 커짐

③ 도우 발효시간이 짧아짐

④ 반죽의 신장성이 좋아짐

해설 스펀지 밀가루 사용량이 증가하면 본 반죽 제조 시 밀가루 사용량이 감소하므로 도우 반죽 제조 시 반죽시간이 짧아진다.

11. 제빵에서의 수분 분포에 관한 설명으로 틀린 것은?

① 물이 반죽에 균일하게 분산되는 시간은 보통 10분 정도이다.

② 1차 발효와 2차 발효를 거치는 동안 반죽이 다소 건조해진다.

③ 발효를 거치는 동안 전분의 가수분해에 의해 반죽 내 수분의 양이 변화한다.

④ 소금은 글루텐을 단단하게 하여 글루텐 흡수량의 약 8%를 감소시킨다.

해설 반죽은 1, 2차 발효 시 적정 온도와 습도를 유지하기 때문에 반죽이 건조해지지 않는다.

12. 식빵 반죽을 혼합할 때 반죽의 온도 조절에 가장 크게 영향을 미치는 원료는?

① 밀가루

② 설탕

③ 물

④ 이스트

해설 반죽의 온도에 영향을 주는 요소는 물, 밀가루, 실내온도, 마찰열, 반죽의 재료 등이 있으며, 반죽의 온도 조절에 가장 크게 영향을 미치는 것은 물이다.

13. 반죽 제조 단계 중 렛다운 상태까지 믹싱하는 제품으로 알맞은 것은?

① 밤식빵
② 단팥빵
③ 옥수수식빵
④ 잉글리시 머핀

해설 비상 반죽법으로 만드는 제품과 흐름성이 좋은 제품은 5단계(렛다운 단계)까지 믹싱한다.

14. 다크 초콜릿을 템퍼링(tempering)할 때 맨 처음 녹이는 공정의 온도 범위로 가장 적합한 것은?

① 10~20℃
② 20~30℃
③ 30~40℃
④ 40~50℃

해설 템퍼링은 초콜릿이 안정되게 굳도록 하기 위한 온도 조절을 하는 것으로, 처음 녹이는 공정의 온도는 40~50℃가 적합하다.

15. 달걀에 대한 설명으로 틀린 것은?

① 노른자의 수분 함량은 50% 정도이다.
② 전란의 수분 함량은 75% 정도이다.
③ 노른자에는 유화 기능을 갖는 레시틴이 함유되어 있다.
④ 달걀은 −10~−5℃로 냉동 저장해야 품질을 보장할 수 있다.

16. 도넛에서 발한 현상을 제거하는 방법은?

① 도넛에 묻히는 설탕의 양을 감소시킨다.
② 기름을 충분히 예열시킨다.
③ 점착력이 없는 기름을 사용한다.
④ 튀김시간을 증가시킨다.

해설 발한 현상을 제거하는 방법 : 설탕의 사용량 증가, 충분히 냉각 후 아이싱, 튀김시간의 증가, 점착력이 있는 기름 사용

17. 냉동 반죽법에 적합한 반죽의 온도는?

① 18~22℃
② 26~30℃
③ 32~36℃
④ 38~42℃

해설 냉동 반죽법은 이스트의 활동을 최대한 억제해야 되기 때문에 반죽의 온도는 20℃로 하는 것이 가장 적합하다.

18. 하나의 스펀지 반죽으로 2~4개의 도우를 만들어 노동력과 시간이 절약되는 방법은?

① 비상 스펀지법
② 마스터 스펀지법
③ 가당 스펀지법
④ 오버나이트 스펀지법

해설 마스터 스펀지법은 스펀지법의 가장 큰 단점인 생산성 저하를 보완하기 위한 방법이다.

19. 굽기 중 과일 충전물이 끓어 넘치는 원인을 찾기 위해 점검할 사항이 아닌 것은?

① 배합의 부정확 여부를 확인한다.
② 충전물의 온도가 높은지 점검한다.
③ 바닥 껍질이 너무 얇은지 점검한다.
④ 파이 반죽에 구멍이 없어야 하며, 파이 반죽 사이가 잘 봉해져 있는지 확인한다.

해설 파이 반죽에 구멍이 있어야 하며, 파이 반죽 사이가 잘 봉해져 있는지 점검한다.

20. 단과자빵의 껍질에 흰 반점이 생긴 경우 그 원인에 해당하지 않는 것은?

① 반죽 온도가 높았다.

② 발효하는 동안 반죽이 식었다.

③ 숙성이 덜 된 반죽을 그대로 정형하였다.

④ 2차 발효 후 찬 공기를 오래 쐬었다.

해설 굽기가 끝난 빵은 반죽 온도와 관계가 없다.

21. 2차 발효에 대한 설명으로 틀린 것은?

① 이산화탄소를 생성시켜 최대한의 부피를 얻고 글루텐을 신장시키는 과정이다.

② 2차 발효실의 온도는 반죽의 온도보다 같거나 높아야 한다.

③ 2차 발효실의 습도는 평균 75~90% 정도이다.

④ 2차 발효실의 습도가 높을 경우 겉껍질이 형성되고 터짐 현상이 발생한다.

해설 2차 발효실의 습도가 낮을 경우 겉껍질이 형성되고 터짐 현상이 발생한다.

22. 스펀지/도우법에서 스펀지 반죽을 할 때 사용하는 일반적인 밀가루의 사용 범위는?

① 0~20%   ② 20~40%

③ 40~60%   ④ 60~100%

해설 • 강력분 : 60~100%

• 생이스트 : 1~3%

• 이스트 푸드 : 0~0.75%

• 물 : 스펀지 밀가루의 55~60%

23. 카세인이 산이나 효소에 의해 응고되는 성질은 어떤 식품의 제조에 사용되는가?

① 버터   ② 치즈

③ 생크림   ④ 아이스크림

해설 카세인은 열에는 응고되지 않지만 산과 효소 레닌에 의해 응고되어 치즈나 요구르트를 만들 수 있다.

24. 냉동빵 혼합 시 흔히 사용하는 제법이며, 환원제로 시스테인(cystein)을 사용하는 제법은 어느 것인가?

① 스트레이트법

② 스펀지/도우법

③ 액체 발효법

④ 노타임법

해설 노타임법은 무발효 반죽법으로 산화제와 환원제를 사용한다.

25. 안치수가 다음 그림과 같은 식빵 철판의 틀 부피는?

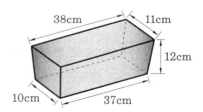

① 4205cm³

② 4700cm³

③ 4725cm³

④ 5000cm³

해설 옆면이 경사진 사각 팬의 틀 부피

= 평균 가로×평균 세로×높이

$$= \frac{38+37}{2} \times \frac{10+11}{2} \times 12$$

$$= 37.5 \times 10.5 \times 12$$

$$= 4725 cm^3$$

26. 팬 오일의 조건이 아닌 것은?

① 발연점이 130℃ 정도 되는 기름을 사용한다.

② 산패되기 쉬운 지방산이 적어야 한다.

③ 보통 반죽 무게의 0.1~0.2%를 사용한다.

④ 면실유, 대두유 등의 기름을 사용한다.

해설 팬 오일로는 발연점이 210℃ 정도로 높은 면실유나 대두유가 적당하다.

27. 빵의 품질 평가 방법 중 내부 특성에 대한 평가 항목이 아닌 것은?

① 기공

② 속 색

③ 조직

④ 입안에서의 감촉

해설 • 내부 평가 : 기공, 조직, 속 색
• 외부 평가 : 균형, 터짐, 껍질 상태, 부피

28. 분할된 반죽을 둥그렇게 말아 하나의 피막을 형성하도록 하는 기계는?

① 믹서(mixer)

② 오버헤드 프루퍼(overhead proofer)

③ 정형기(moulder)

④ 라운더(rounder)

해설 라운더는 둥글리기를 하는 기구로, 손으로 둥글리기 할 때보다 반죽의 손상이 많다.

29. 대형 공장에서 사용되며 온도 조절이 쉬운 장점이 있는 반면 넓은 면적이 필요하고 열 손실이 큰 단점이 있는 오븐은?

① 회전식 오븐(rack oven)

② 데크 오븐(deck oven)

③ 터널 오븐(tunnel oven)

④ 릴 오븐(reel oven)

해설 터널 오븐은 반죽이 들어가는 입구와 제품이 나오는 출구가 다른 오븐으로, 대형 공장에서 많이 사용한다.

30. 다음 당류 중 물에 잘 녹지 않는 것은?

① 과당

② 유당

③ 포도당

④ 맥아당

해설 유당은 동물성 당류로, 결정화되기 쉽고 분해 시 포도당과 갈락토오스를 생성한다. 포유동물의 유즙에 존재하며 정장작용 효과가 있다.

31. 제빵에 가장 적합한 물의 광물질 함량은?

① 1~60ppm

② 61~120ppm 미만

③ 120~180ppm 미만

④ 180ppm 이상

해설 제빵에 가장 적합한 물은 아경수이며 광물질 함량은 120~180ppm 미만이다.

32. 코코아에 대한 설명 중 옳은 것은?

① 초콜릿 리큐어를 압착 건조한 것이다.

② 코코아버터를 만들고 남은 박(press cake)을 분쇄한 것이다.

③ 카카오 니브스를 건조한 것이다.

④ 비터 초콜릿을 건조 분쇄한 것이다.

해설 코코아는 카카오매스를 압착하여 카카오버터와 카카오박으로 분리한 후 카카오박을 200메시 정도로 곱게 분말화한 것이다.

33. 아밀로그래프의 기능이 아닌 것은?

① 전분의 점도 측정
② 아밀라아제의 효소 능력 측정
③ 점도를 BU 단위로 측정
④ 전분의 다소(多少) 측정

해설 아밀로그래프로 전분의 많고 적음은 측정할 수 없다.

34. 유지를 구성하는 분자가 아닌 것은?

① 질소   ② 수소
③ 탄소   ④ 산소

해설 질소는 단백질을 특징짓는 원소이다.

35. 다음 중 환원당이 아닌 당은?

① 포도당   ② 과당
③ 자당   ④ 맥아당

해설 자당은 감미도 100으로 단맛의 기준이 되며, 높은 온도에서도 자기의 성질을 바꾸지 않는 비환원당이다.

36. 달걀흰자 540g을 얻으려고 한다. 달걀 한 개의 평균 무게가 60g이라면 몇 개의 달걀이 필요한가?

① 10개   ② 15개
③ 20개   ④ 25개

해설 • 달걀흰자의 함량 = 60%
• 달걀 1개의 흰자의 양 = 60g × 0.6 = 36g
∴ 필요한 달걀의 수 = $\dfrac{540g}{36g}$ = 15개

37. 제과·제빵에서 안정제의 기능으로 알맞지 않는 것은?

① 파이 충전물의 증점제 역할을 한다.
② 제품의 수분 흡수율을 감소시킨다.
③ 아이싱의 끈적거림을 방지한다.
④ 토핑물을 부드럽게 만든다.

해설 제과·제빵에서 안정제는 제품의 수분 흡수율을 증가시킨다.

38. 제빵 시 제품의 수분 보습성을 좋게 하는 재료는?

① 설탕   ② 물엿
③ 분당   ④ 포도당

해설 물엿은 설탕에 비해 감미도는 낮지만 점성, 보습성이 뛰어나 제품의 조직을 부드럽게 한다.

39. 글리세롤 1분자에 지방산, 인산, 콜린이 결합한 지질은?

① 레시틴
② 에르고스테롤
③ 콜레스테롤
④ 세파

해설 레시틴은 가수분해하여 콜린, 인산, 글리세롤, 지방산을 생성한다.

40. 빵 반죽의 특성인 글루텐을 형성하는 밀가루 단백질 중에서 탄력성과 가장 관계가 깊은 것은?

① 알부민(albumin)
② 글로불린(globulin)
③ 글루테닌(glutenin)
④ 글리아딘(gliadin)

해설 글루텐을 형성하는 밀가루 단백질
• 글리아딘 : 신장성, 점성 부여

• 글루테닌 : 탄력성 부여

41. 아밀로펙틴이 요오드 반응에서 나타내는 색은?

① 적자색　　　　② 청색
③ 황색　　　　　④ 흑색

해설 아밀로펙틴은 요오드 반응에서 적자색 반응을 나타내며 아밀로오스는 청색 반응을 나타낸다.

42. 다음 중 밀가루의 전분 함량으로 가장 적합한 것은?

① 35%　　　　　② 50%
③ 70%　　　　　④ 85%

해설 밀가루는 70%가 전분이며 단백질 12%, 수분 10~14%, 지방 1~2%, 회분 0.33~0.45%로 구성되어 있다.

43. 설탕을 포도당과 과당으로 분해하는 효소로 알맞은 것은?

① 인베르타아제
② 치마아제
③ 말타아제
④ α-아밀라아제

해설 • 치마아제 : 단당류를 이산화탄소와 알코올로 분해
• 말타아제 : 맥아당을 2개의 포도당으로 분해
• α-아밀라아제 : 전분을 덱스트린, 엿당 등으로 분해

44. 노타임법에 의한 빵 제조에 대한 설명으로 잘못된 것은?

① 믹싱시간을 20~25% 길게 한다.
② 산화제와 환원제를 사용한다.
③ 물의 양을 1% 정도 줄인다.
④ 설탕의 사용량을 다소 감소시킨다.

해설 노타임법에 의해 빵을 제조하면 반죽의 믹싱시간을 25% 정도 줄일 수 있다.

45. 다음 중 단당류가 아닌 것은?

① 갈락토오스
② 포도당
③ 과당
④ 맥아당

해설 • 단당류 : 과당, 포도당, 갈락토오스
• 이당류 : 자당, 맥아당, 유당

46. 식물성 검류가 아닌 것은?

① 젤라틴
② 펙틴
③ 구아 검
④ 아라비아 검

해설 젤라틴은 동물의 연골이나 껍질에서 나온 콜라겐을 농축한 것으로 끓는 물에만 용해되며 무스 등의 안정제로 사용된다.

47. 비타민과 결핍 증상이 서로 잘못 짝지어진 것은?

① 비타민 B_1 - 각기병
② 비타민 C - 괴혈병
③ 비타민 B_2 - 야맹증
④ 나이아신 - 펠라그라

해설 • 비타민 A : 야맹증
• 비타민 B_2 : 설염, 구각염, 피부염, 발육장애

정답 41. ①　42. ③　43. ①　44. ①　45. ④　46. ①　47. ③

48. 다음 중 조리사의 직무가 아닌 것은?

① 집단 급식소에서의 식단에 따른 조리 업무

② 구매 식품의 검수 지원

③ 집단 급식소의 운영일지 작성

④ 급식 설비 및 기구의 위생, 안전 실무

49. 식품 첨가물의 사용에 대한 설명 중 틀린 것은?

① 식품 첨가물 공전에서 식품 첨가물의 규격 및 사용 기준을 제한하고 있다.

② 식품 첨가물은 안전성이 입증된 것으로 최대 사용량의 원칙을 적용한다.

③ GRAS란 역사적으로 인체에 해가 없는 것이 인정된 화합물을 의미한다.

④ ADI란 1일 섭취 허용량을 의미한다.

해설 식품 첨가물은 식품의 제조, 가공, 보존을 위해 사용되는 물질로, 최소 사용량의 원칙을 적용한다.

50. 무기질에 대한 설명으로 틀린 것은?

① 나트륨은 결핍증이 없으며 소금, 육류 등에 많다.

② 마그네슘은 결핍되면 근육 약화, 경련 등이 생기며 생선, 견과류 등에 많다.

③ 철은 결핍되면 빈혈 증상이 생기며 시금치, 두류 등에 많다.

④ 요오드는 결핍되면 갑상선종이 생기며 유제품, 해조류 등에 많다.

해설 나트륨은 결핍되면 구토, 설사 증상이 나타나며 소금, 치즈, 김치에 많다.

51. 단백질의 소화, 흡수에 대한 설명으로 알

맞지 않은 것은?

① 단백질은 위에서 소화되기 시작한다.

② 펩신은 육류 속 단백질의 일부를 폴리펩타이드로 만든다.

③ 췌장에서 분비된 트립신에 의해 십이지장에서 더 작게 분해된다.

④ 소장에서 단백질이 완전히 분해되지는 않는다.

해설 단백질은 아미노산을 최소 단위로 하는 폴리펩타이드로, 소장에서 완전히 분해된다.

52. 다음 식품 첨가물 중에서 보존제로 허용되지 않는 것은?

① 소르빈산 칼륨

② 말라카이트 그린

③ 데히드로초산

④ 안식향산 나트륨

해설 • 소르빈산 칼륨 : 식육, 어육 제품, 팥앙금
• 데히드로초산 : 버터, 마가린
• 안식향산 나트륨 : 청량음료, 간장

53. 탄수화물이 많은 식품을 고온에서 가공하거나 튀길 때 생성되는 발암성 물질은?

① 니트로사민(nitrosamine)

② 다이옥신(dioxin)

③ 벤조피렌(benzopyrene)

④ 아크릴아미드(acrylamide)

해설 아크릴아미드는 탄수화물 식품을 고온에서 가공할 때 생성되는 발암성 물질이며, 주로 감자 튀김에서 검출된다.

54. 우리나라의 식품위생법에서 규정하고 있

는 내용이 아닌 것은?

① 건강기능 식품의 검사
② 건강진단 및 위생교육
③ 조리사 및 영양사의 면허
④ 식중독에 관한 조사 보고

55. 작업장의 방충, 방서용 금속망의 그물로 적당한 크기는?

① 5mesh
② 15mesh
③ 20mesh
④ 30mesh

> **해설** 작업장의 방충, 방서용 금속망은 30메시(mesh)가 적당하다.

56. 발생 또는 유행 즉시 신고하고 음압 격리가 필요한 감염병은?

① 결핵
② 보툴리눔 독소증
③ 장티푸스
④ 브루셀라증

> **해설** 제1급 감염병은 발생 또는 유행 즉시 신고하고 음압 격리가 필요한 감염병으로 보툴리누스 독소증, 신종인플루엔자, 신종 감염병 증후군, 중증 급성 호흡기 증후군(SARS) 등이 있다.

57. 클로스트리듐 보툴리눔 식중독과 관계 있는 것은?

① 화농성 질환의 대표균
② 저온 살균 처리로 예방
③ 감염형 식중독
④ 높은 치사율

> **해설** 클로스트리듐 보툴리눔 식중독은 독소형 식중독으로, 내열성이 강하며 치사율이 높다.

58. 살모넬라균 식중독에 대한 설명으로 옳은 것은?

① 해수 세균에 해당한다.
② 살모넬라균 독소의 섭취로 인해 발병한다.
③ 극소량의 균량 섭취로 발병한다.
④ 10만 이상의 살모넬라균을 다량으로 섭취하여 발병한다.

> **해설** 살모넬라균 식중독은 다량의 균을 섭취하여 발병한다.

59. 병원성 대장균 식중독의 가장 적합한 예방 대책은?

① 곡류의 수분을 10% 이하로 조정한다.
② 어류의 내장을 제거하고 충분히 세척한다.
③ 어패류는 민물로 깨끗이 씻는다.
④ 건강 보균자나 환자의 분변 오염을 방지한다.

> **해설** 병원성 대장균은 환자나 보균자의 분변에 감염되므로 분변 오염이 되지 않도록 주의한다.

60. 다음 중 감염병과 관련 내용이 바르게 연결되지 않은 것은?

① 콜레라 – 외래 감염병
② 파상열 – 바이러스성 인수공통 감염병
③ 장티푸스 – 고열 수반
④ 세균성 이질 – 점액성 혈변

> **해설** 파상열 – 세균성 인수공통 감염병

정답 55. ④ 56. ② 57. ④ 58. ④ 59. ④ 60. ②

제과 · 제빵기능사 필기

2020년 5월 20일 인쇄
2020년 5월 25일 발행

저자 : 이승식 · 김지은 · 홍여주
펴낸이 : 이정일

펴낸곳 : 도서출판 **일진사**
www.iljinsa.com

(우)04317 서울시 용산구 효창원로 64길 6
대표전화 : 704-1616, 팩스 : 715-3536
등록번호 : 제1979-000009호(1979.4.2)

값 15,000원

ISBN : 978-89-429-1635-1